中国应急管理学会蓝皮书系列

中国应急教育与校园安全发展报告

Annual Report on Education for Emergency and
Campus Safety 2024

主 编 高 山
副主编 张桂蓉

2024

中国社会科学出版社

图书在版编目（CIP）数据

中国应急教育与校园安全发展报告.2024／高山主编.--北京：中国社会科学出版社，2024.12.
ISBN 978-7-5227-4555-8

Ⅰ.X925

中国国家版本馆CIP数据核字第2024W7M148号

出版人		赵剑英
责任编辑		王　琪
责任校对		杜若普
责任印制		张雪娇

出　　版		中国社会科学出版社
社　　址		北京鼓楼西大街甲158号
邮　　编		100720
网　　址		http://www.csspw.cn
发 行 部		010-84083685
门 市 部		010-84029450
经　　销		新华书店及其他书店
印　　刷		北京明恒达印务有限公司
装　　订		廊坊市广阳区广增装订厂
版　　次		2024年12月第1版
印　　次		2024年12月第1次印刷
开　　本		710×1000　1/16
印　　张		16.5
插　　页		2
字　　数		260千字
定　　价		98.00元

凡购买中国社会科学出版社图书，如有质量问题请与本社营销中心联系调换
电话：010-84083683
版权所有　侵权必究

中国应急管理学会蓝皮书系列
编写指导委员会

主任委员

  洪　毅

副主任委员（以姓氏笔画为序）

  马宝成　王　浩　王亚非　王沁林　冉进红
  闪淳昌　刘铁民　李　季　杨庆山　杨泉明
  吴　旦　余少华　应松年　沈晓农　陈兰华
  范维澄　周国平　郑国光　钱建平　徐海斌
  薛　澜

秘书长

  钟开斌

委　员（以姓氏笔画为序）

  孔祥涛　史培军　朱旭东　全　勇　刘国林
  孙东东　李　明　李　京　李雪峰　李湖生
  吴宗之　何国家　张　强　张成福　张海波
  周科祥　高小平　黄盛初　寇丽萍　彭宗超
  程晓陶　程曼丽　曾　光

前　　言

　　安全是人类生存和发展的基本要求，校园安全是师生人身、财产安全的基本保障，事关千万家庭的幸福安宁和社会的和谐稳定。2023年，各类校园安全事件层出不穷，表现出关注度高、敏感性强、涵盖范围广、案件类型多等综合特点。面对由先进科技、社会动态及教育环境等变化所衍生的一系列校园安全威胁，师生的自我保护意识与技能、学校的预防与应对措施需要与时俱进，进一步提升。然而，目前大多数学校在人防、物防及技防措施上仍未能满足维护校园安全的实际需要。因应这一挑战，应急教育已成为校园安全管理不可或缺的一环，对保障校园安全具有决定性影响。校园火灾、食物中毒、校园欺凌、电信诈骗等事故频发，不仅暴露出我国在校园安全管理中的薄弱之处，也凸显了应急教育的力度不足。完善校园安全管理、优化校园应急教育策略是保障教育活动顺利开展、学生健康成长的重要前提，亟须得到妥善解决。

　　中国应急管理学会校园安全专业委员会长期致力于校园安全领域研究，旨在提高中国应急教育与校园安全管理理论研究水平和实践工作能力，以充分发挥中国应急管理学会智库作用和社会服务功能。自2016年起，《中国应急教育与校园安全发展报告》已连续发布八年，为政府部门、学界研究人员、教育工作者以及社会公众了解、研究和跟踪中国应急教育和校园安全管理情况提供了翔实资料。《中国应急教育与校园安全发展报告2024》聚焦总结2023年校园安全与应急教育发展状况，概括该领域在学术层面的研究进展，着重分析校园安全典型事件并展示校园安全管理以及应急教育的优秀做法，为开展相关领域的交流合作贡献智库力量。

　　本书由八个章节组成：第一章为校园安全发展概况，对2023年校园安全事件进行了详细的分类，分析了校园安全事件的特征和诱因、新变化，以及校园安全管理的新挑战，并对2024年的校园安全趋势做出预测。第二章为校园应急教育发展概观，着重介绍2023年校园应急教育的建设成效与短板，分析未来应急教育的发展方向。第三章为国内外校园安全研究的趋势与重点领域，从发文量趋势、文献期刊分析和研究者合作情况等方面对全球校园安全研究文献进行计量分析，总结校园安全的研究热点并探讨校园安全的潜在议题。第四章为校园网络舆情风险分析与综合治理对策，在总结校园网络舆情风险的现状的基础之上，通过建立理论框架，引入QCA方法，对校园网络舆情风险的典型案例进行分析并提出综合治理对策。第五章为青少年心理健康风险分析与多元共治实践，对青少年心理健康的现状及其影响因素进行了概述，对青少年心理健康政策和服务实践的发展进行了梳理，并对保护青少年心理健康应采取的措施、行动进行展望。第六章为大学生交通安全行为调查与综合治理对策，对大学生交通安全行为进行阐述，并从典型的交通安全事故入手进行案例调查与分析，提出大学生交通安全行为治理的具体对策。第七章为大学生电信网络诈骗风险调查与综合治理对策，阐释了大学生网络安全风险的定义、类型，并对典型案例进行分析，探究网络安全风险感知的影响机制，提出综合治理对策。第八章为数智赋能校园安全管理的新进展，介绍了数智赋能校园安全管理的发展背景、现状和典型案例，对数字技术在校园安全管理中的应用前景进行了展望。

  本书通过对2023年中国应急教育与校园安全现状的总结与回顾，进行了校园安全领域的典型案例研究，并提出了有针对性的政策建议。从梳理和分析情况来看，校园安全管理方法亟待改进、校园应急教育质量有待提高。校园安全管理与应急教育是一项长期而艰巨的任务，需要全社会的共同努力和持续关注。中国应急管理学会校园安全专业委员会期待通过本书的发布，引起社会各界对应急教育与校园安全的重视，与政府、学校、家庭等共同参与应急教育与校园安全的建设，共同推动应急教育与校园安全事业的蓬勃发展，共同书写应急教育与校园安全发展的新篇章。

编 者

2024年8月于长沙

目 录

第一章　校园安全发展概况 …………………………………………（1）
　第一节　2023 年校园安全事件概况 …………………………………（1）
　第二节　2023 年校园安全管理概况 …………………………………（17）
　第三节　2024 年校园安全发展趋势 …………………………………（24）

第二章　校园应急教育发展概观 ……………………………………（31）
　第一节　应急教育的发展 ……………………………………………（32）
　第二节　校园应急教育建设成效与短板 ……………………………（42）
　第三节　未来应急教育的发展方向 …………………………………（51）

第三章　国内外校园安全研究的趋势与重点领域 …………………（55）
　第一节　全球校园安全研究的文献计量分析 ………………………（55）
　第二节　全球校园安全研究主要内容分析 …………………………（66）
　第三节　校园安全研究热点和潜在议题 ……………………………（74）

第四章　校园网络舆情风险分析与综合治理对策 …………………（83）
　第一节　校园网络舆情风险治理研究现状 …………………………（83）
　第二节　理论框架与分析方法 ………………………………………（87）
　第三节　校园网络舆情风险分析 ……………………………………（92）
　第四节　校园网络舆情风险典型案例 ………………………………（102）
　第五节　校园网络舆情风险的综合治理对策 ………………………（107）

第五章　青少年心理健康风险分析与多元共治实践 …………（114）
第一节　青少年心理健康概述 …………………………………（114）
第二节　青少年心理健康发展现状与影响因素的实证分析 ……（121）
第三节　青少年心理健康保护的政策发展 ……………………（131）
第四节　青少年心理健康保护的服务实践 ……………………（140）
第五节　新时代青少年心理健康保护的行动展望 ……………（149）

第六章　大学生交通安全行为调查与综合治理对策 ……………（153）
第一节　大学生交通安全行为概述 ……………………………（154）
第二节　大学生交通安全事故典型案例分析 …………………（159）
第三节　大学生交通安全行为的调查 …………………………（166）
第四节　大学生交通安全行为的综合治理对策 ………………（177）

第七章　大学生电信网络诈骗风险调查与综合治理对策 ………（185）
第一节　大学生网络安全风险概述 ……………………………（186）
第二节　大学生电信网络诈骗风险感知的调查与分析 ………（198）
第三节　大学生电信网络诈骗风险的综合治理对策 …………（213）

第八章　数智赋能校园安全管理的新进展 ………………………（218）
第一节　数智赋能校园安全管理的发展背景 …………………（218）
第二节　数智赋能校园安全管理的发展现状 …………………（234）
第三节　数智赋能校园安全管理的典型案例 …………………（241）
第四节　数智赋能校园安全管理的展望 ………………………（248）

主要参考文献 ………………………………………………………（251）

后　记 ………………………………………………………………（257）

第 一 章

校园安全发展概况

校园安全作为教育工作的重要组成部分，是学生健康成长、全面发展的前提和保障，也是社会安全体系的重要环节。教育部发展规划司公布的《2023年全国教育事业发展基本情况》显示，全国现有各级各类学校49.83万所，各级各类学历教育在校生2.91亿人，专任教师1891.78万人。[①] 面对如此庞大的统计数据，校园安全实实在在地关系到了千万个家庭的幸福安宁。校园安全问题燃点低，社会关注度高。因而，对校园安全发展概况进行总结是预防校园安全事故、维护社会稳定的现实需求，对于筑牢校园安全防线，绷紧校园安全之弦具有重要意义。本章将基于权威媒体报道总结2023年校园安全事件概况，回顾2023年校园安全管理状况，并以此研判2024年校园安全发展趋势。

第一节 2023年校园安全事件概况

"办好人民满意的教育"[②] 是中国教育改革发展的基本方向，解决人民群众关心的教育热点问题是办好人民满意的教育的关键抓手。随着中国全面深化改革进入"深水区"，存量风险逐渐显现，新兴风险应势而生，纷至沓来的风险挑战也使校园安全事件层出不穷。2023年，公安机关共整治校园周边治安乱点11万处，化解处置各类校园

[①] 教育部发展规划司：《2023年全国教育事业发展基本情况》，http：//www.moe.gov.cn/fbh/live/2024/55831/sfcl/202403/t20240301_1117517.html，最后访问日期：2024年5月22日。

[②] 习近平：《高举中国特色社会主义伟大旗帜 为全面建设社会主义现代化国家而团结奋斗——在中国共产党第二十次全国代表大会上的报告》，人民出版社2022年版，第14页。

安全隐患45万处。① 2023年的校园安全事件在类型、特征、变化以及诱因等方面表现出新特点，本节通过对新发展概况的梳理，在深入了解和分析2023年校园安全形势的同时，为2024年校园安全工作提供数据和理论的参考借鉴。

一　校园安全事件的类型

校园所处安全环境日趋复杂，面对的风险也日益多元和复杂化，先进科技、社会动态及教育环境变化衍生出了一系列新型校园安全事件。例如，随着互联网和智能设备在学生中的普及，通过社交媒体、即时通信软件等途径对学生进行言语攻击、恐吓乃至个人信息泄露的网络欺凌成为校园安全中出现的新问题之一。另外，智能监控、个性化学习系统等人工智能技术在校园中的应用使校内人员隐私保护成为新的校园安全挑战。为适应时代发展，应对校园安全事件的类型变化，需要对当前校园安全事件进行更加细致的观察与分析，以进一步对现有校园安全事件的分类进行适时调整。

新型校园安全事件涉及一系列先进科技、社会动态及教育环境变化所衍生的安全问题。因而，对校园安全事件类型进行划分时应遵循以下几个原则。第一，全面性。类型划分需要覆盖所有可能出现的安全事件。第二，可操作性。类型划分应具体到足以指导学校制定具体应对措施。第三，灵活性。类型划分需适应学校不断变化的环境。第四，扩展性。随着新威胁的出现，类型划分应具有一定的扩展性。遵循以上类型划分原则，本书展开了对2023年校园安全事件类型的划分工作。

一方面，在中国知网平台对2023年全年发表期刊文献进行知识检索，共检索出与"校园安全""学校安全""校园事件"主题相关的学术文献共计422篇。针对2023年全年在知网平台上线的422篇学术文献进行关键词共现（见图1-1），剔除与具体校园安全事件名称无关的关键词，形成2023年学术界关注的校园安全事件关键词共现图（见图1-2）。从图1-2中可以看出，一方面2023年相关主题学术论文中对校园的网络安

---

① 公安部：《2023年共化解处置各类校园安全隐患45万处》，https://news.cnr.cn/dj/20240223/t20240223_526605831.shtml，最后访问日期：2024年5月22日。

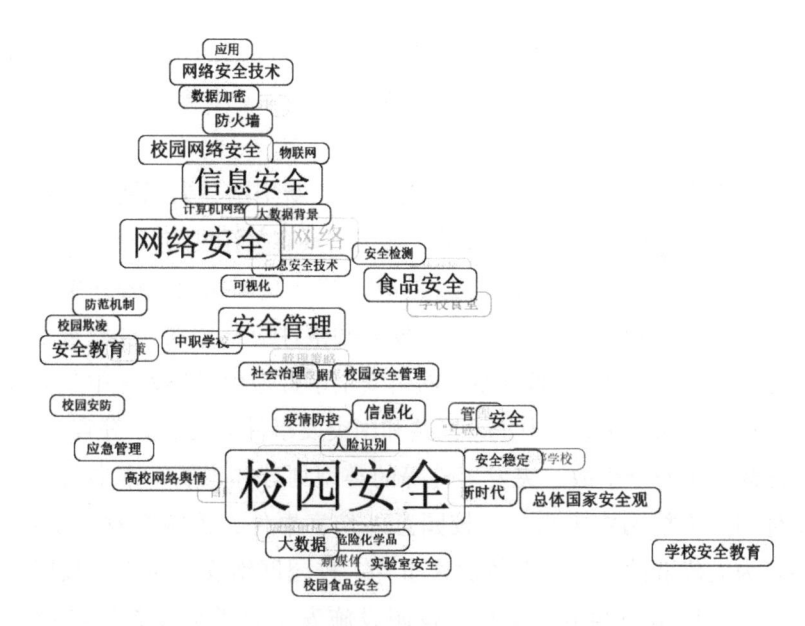

图1-1　2023年校园安全主题学术文献关键词共现

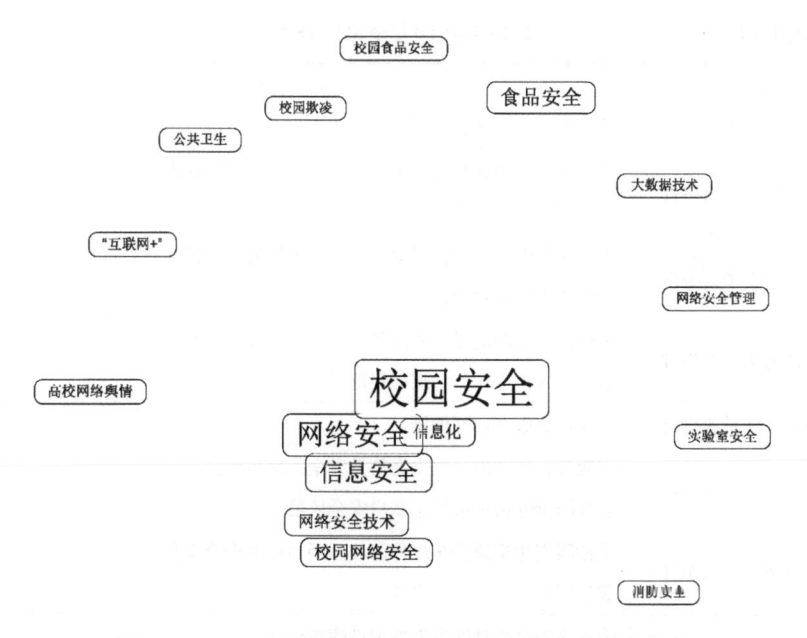

图1-2　2023年学术界关注的校园安全事件关键词共现

全、大数据安全等与新兴技术发展紧密相关的新型安全事件关注度较高；同时，消防安全、食品安全、实验室安全、公共卫生等校园安全事件也是研究重点。

另一方面，搜集、汇总2023年光明网、新华网、央视网等各权威新闻平台中出现的校园安全事件报道，筛选出具有关注度与代表性的292起校园安全事故案例，并进行归类。同时，结合《国家突发公共事件总体应急预案》《教育系统事故灾难类突发公共事件应急预案》《教育系统突发公共事件应急预案》《教育系统网络安全事件应急预案》《中华人民共和国未成年人保护法》《中华人民共和国突发事件应对法》等官方政策、法律法规对于安全事故、突发事件等的类型划分和说明，本书将校园安全事件划分为校园灾害事件、校园意外伤害事件、校园突发治安事件、校园行为失范事件、校园个体健康事件、校园网络安全事件、校园周边安全事件、校园公共卫生事件、校园设施安全事件以及校园欺凌事件（见表1-1）。

表1-1　　　　　　2023年校园安全事件分类

事件类型	子类型说明
校园灾害事件	①洪涝灾害②地震灾害③滑坡灾害④火灾事故
校园意外伤害事件	①校园活动造成意外伤害②教师体罚造成意外伤害③校内交通事故造成意外伤害
校园突发治安事件	①故意损毁公共财物②偷盗③校外人员闯入校园实施伤害④校内人员故意伤害
校园行为失范事件	①校内人员的道德品质问题②校内人员社交关系问题③校内人员违反行为道德规范
校园个体健康事件	①身体健康②心理健康
校园网络安全事件	①有害程序②网络攻击③信息安全④网络诈骗⑤校园贷⑥网络舆情⑦账户安全风险
校园周边安全事件	①校园周边交通安全事件②校园周边食品安全事件③校园周边环境安全事件
校园公共卫生事件	①食品安全事件②突发性传染病事件③噪声、灰尘、垃圾、雾霾、化学物质等造成身体伤害事件

续表

事件类型	子类型说明
校园设施安全事件	①教学设施安全②宿舍设施安全③食堂设施安全④消防设施安全⑤燃煤气设施安全⑥道路设施安全⑦户外运动设施安全⑧校车等其他附属设施安全
校园欺凌事件	①校园关系欺凌②校园网上欺凌③校园敲诈欺凌

（一）校园灾害事件

校园灾害事件是指由于自然的或人为的因素造成学校校舍的倒塌、损毁，校园淹没、道路阻塞等危及学校人员、物资、教学秩序的安全事件。近年来的校园灾害事件中，发生频率相对较高且造成校内人员财物损失较大的自然灾害类型主要有校园洪涝灾害、校园地震灾害以及校园滑坡灾害。而人为因素造成的校园灾害事件，则主要集中在校园火灾事故这一类型上。

（二）校园意外伤害事件

校园内发生的意外伤害事件往往源于人为因素，且出人意料的是，在事故发生时肇事者虽有过失，却无明确目的和动机。校园意外伤害事件主要包括学生在校内的跌倒与摔伤，体育活动中的扭伤、拉伤和骨折，科学实验或工艺课程中的化学烧伤和割伤，校园内交通事故造成的意外伤害，等等。

（三）校园突发治安事件

校园突发治安事件是指那些在校园中突如其来、由个人或群体出于某种特定需求，在挑选了适当作案的时间、地点和环境后，采用非法手段进行违法行为，进而导致情况恶化、扩散，干扰并破坏了学校的安全秩序，对教师和学生的身心健康以及财产安全构成威胁的事件。这些突发治安事件具体包括蓄意破坏学校公共财产、进行偷窃活动、校外人员闯入学校实施伤害及校内人员实施故意伤害等。

（四）校园行为失范事件

校园行为失范事件是指发生在校园内，不符合相关校园行为规范或受到外部环境影响，而表现出与社会价值观念或行为规范不一致的行为。这种行为主要是指个体对于社会规范或价值观存在认知模糊、混乱甚至缺失的情况，因而偏离了社会期望的正常行为。行为失范包括但不限于校内人员的道德品质问题、社交问题以及违反行为道德规范等。主要体现为教师违反师德师风，如对学生实施性侵、教育教学中方法失当、日常行为不道德等，给学生身心带来巨大损害，给校园风气带来恶劣影响。

（五）校园个体健康事件

校园中的个体健康事件是指学生先天的脆弱性在学校环境的特定诱导下，对其身心健康造成实质性伤害的情形。个体健康事件主要分为两种：一是学生在校园内的突发性疾病，主要涉及学生受到校内特定刺激影响，突然出现的不适生理反应或不良健康症状；二是学生的心理偏离，主要涉及学生固有的脆弱性被学校环境刺激，触发了个人健康状况上的非常规行为，表现为学生的心理与周围环境的感知和认知出现了冲突。

（六）校园网络安全事件

校园网络安全事件是指由于人为原因、软硬件缺陷或故障、自然灾害等，对网络和信息系统或者其中的数据造成危害，对社会造成负面影响的事件，可分为有害程序事件、网络攻击事件、信息安全事件、网络诈骗事件、校园贷、网络舆情以及账户安全风险事件，等等。

（七）校园周边安全事件

校园周边安全事件是指那些在学校外围地带发生的，对校内人员以及学校设施带来安全威胁或直接伤害的事件。这类事件涉及学校所在的周边环境，包括但不限于周边的居民区、道路和商业区等。校园周边安全事件主要涉及以下三点：一是校园周边交通安全问题，主要关注学校附近的道路安全，包括学生往返学校途中发生的交通事故以及校车安全事故等；二是校园周边食品安全问题，关注学校周边供餐点、小吃店等地方可能存在的食品卫生隐患，若存在隐患可能会导致食物中毒等安全问题；三是校园周边环境安全问题，主要涉及学校周边的环境污染、有害物质泄漏等可能对学校环境造成不利影响的情形。

（八）校园公共卫生事件

校园公共卫生事件通常指的是在校园范围内发生的，对校内人员的身体健康造成重大损害的情况。校园公共卫生事件主要涵盖了食品安全、突发性传染病事件，以及由噪声、灰尘、垃圾、雾霾、化学物质等环境因素引起的污染事件，主要表现为校园内传染性疾病的暴发、群体性不明原因疾病、群体性异常反应、食物中毒等情况。

（九）校园设施安全事件

校园设施安全事件是指由于教学、运动、交通等校园设施的缺陷或管理疏忽导致的威胁校内人员安全，需要立即执行应急操作和急救的情况。这类安全事件主要涉及教学设施、宿舍、食堂、消防、燃气、户外运动、道路、防雷以及校车等设施与设备的安全问题。

（十）校园欺凌事件

《未成年人保护法》对学生欺凌进行了定义，认为学生欺凌是发生在学生之间，一方蓄意或者恶意通过肢体、语言及网络等手段实施欺压、侮辱，对另一方造成人身伤害、财产损失或者精神损害的行为，这与教育部颁布的规范性文件中对校园欺凌的界定基本保持了一致。因而，本书参考《未成年人保护法》的定义，认为校园欺凌事件是指校园中强势的个人或群体故意通过多种途径对较弱的个人或群体实施的欺压行为，导致受害者身心遭受伤害的情形。校园欺凌一般是非自愿的攻击性行为，这种行为常常发生在实际或感知上存在力量差异的学生之间。同时，这种行为往往不是单次发生，而是多次重复出现。校园欺凌既可以是身体上的，也可以是情感上的，发生地点从学校的运动场、教室到校车，乃至互联网都有可能。

二 校园安全事件的特征

对于校园安全事件的特征，近年来，学者们从整体宏观层面进行了总结。王菁菁认为，校园安全事件具有"突发性、超常规性以及不确定性"[1]的特征。史红斌和赵春强认为，校园安全事件呈现"成因多样性、危害严重性以及影响公共性"[2]的特征。2023年，新闻报道中的各类校园安全事件层出不穷，表现出关注度高、敏感性强、涵盖范围广、案件类型多等综合特点。基于此，本书基于校园安全事件的类型划分涉及的

---

[1] 王菁菁：《高校校园安全风险治理：情势、机制与进路》，《江苏高教》2023年第12期。
[2] 史红斌、赵春强：《主体性视域下大学生参与校园安全治理问题研究》，《河南理工大学学报》（社会科学版）2024年第3期。

292起公开报道的校园安全事件，进行统计学分析。从微观层面，对2023年校园安全事件的类型分布、区域分布以及时间分布进行总结，以揭示2023年校园安全事件的内在规律和特点。

（一）校园欺凌事件高发，公共卫生事件成为社会关注新热点

2023年校园安全事件多发，各事件类型之间数量差异性明显（见图1-3）。具体来说，校园欺凌、校园公共卫生和校园意外伤害等类型事件为多发事件。其中，校园欺凌为学生对学生实施暴力伤害。例如，2023年9月，重庆某县某初级中学发布情况说明，通报称"学校七年级女生孙某在校园内被八年级女生万某某殴打，这是一起校园欺凌事件"[1]。同月，山西某市联合工作组发布通报称"小学生赵某某、晋某某对同寝室同学孙某某多次实施辱骂、殴打、欺凌等严重不良行为"[2]。而校园公共卫生事件在2023年成为除了校园欺凌事件以外的又一频发的校园安全事件，公共卫生事件集中发生在学校食品安全和校园突发性传染病事件上，同时因化学品泄漏而中毒的事件也在其中占有一定比例。在食品安全问题上，2023年预制菜走进公众视野，引发了家长与学生以及社会各界对学校食品安全的讨论与担忧。[3] 在突发性传染病问题上，随着人们对疫情关注度的降低，支原体感染、合胞病毒等成为校园公共卫生重点问题，获得社会各界关注。[4] 图1-3数据显示，校园欺凌事件占整个校园安全事件总和的21.58%，居于校园安全事件中的首位，而公共卫生、意外伤害、行为失范分别占18.49%、13.01%和11.64%。

各类校园安全事件通常是多种风险因素重叠和交织的结果。例如，校园意外伤害事件一般由校园内外部环境及活动安全管理不善引发；校园突发治安事件往往由学生纠纷或外部侵害造成；而校园欺凌事件则主要源于学生的心理和集体行为问题；校园网络安全事件则由网络欺诈、

---

[1] 光明网：《重庆YY一初中女生遭校园欺凌 校方：打人者被处分后已转校》，https://m.gmw.cn/2023-09/12/content_1303512485.htm，最后访问日期：2024年5月22日。

[2] 光明网：《山西"DT小学生遭欺凌"事件为何认定严重不良行为，如何矫治?》，https://guancha.gmw.cn/2023-09/27/content_36861669.htm，最后访问日期：2024年5月22日。

[3] 光明网：《校园食品安全新挑战：预制菜进校园引发家长忧虑》，https://health.gmw.cn/2023-09/18/content_36839547.htm，最后访问日期：2024年5月22日。

[4] 新华网：《多地儿童肺炎支原体感染病例增多，如何更好应对?》，http://m.news.cn/2023-11/03/c_1129955626.htm，最后访问日期：2024年5月22日。

(%)

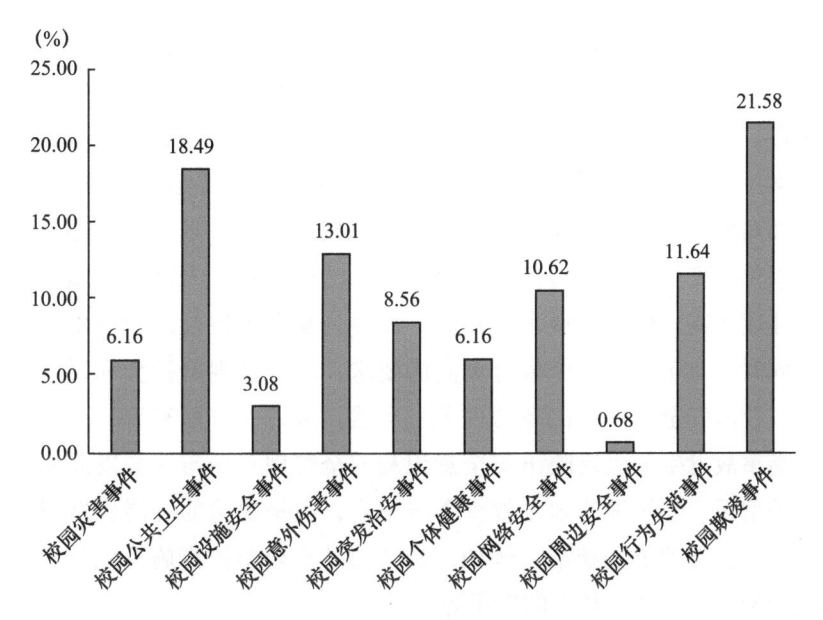

类型	百分比
校园灾害事件	6.16
校园公共卫生事件	18.49
校园设施安全事件	3.08
校园意外伤害事件	13.01
校园突发治安事件	8.56
校园个体健康事件	6.16
校园网络安全事件	10.62
校园周边安全事件	0.68
校园行为失范事件	11.64
校园欺凌事件	21.58

图1-3 校园安全事件类型分布

信息泄露等风险叠加导致；校园周边安全事件重点由学校周边的交通、环境等因素形成对校园安全的潜在影响；而校园设施安全事件则涉及校园建筑和设施的安全维护问题。各类事件由于风险因素复杂，皆需科学、系统的管理与响应机制，以确保全体校园师生的安全与健康。

（二）经济发达地区高发，事件报道率与区域发展水平强相关

校园安全事件区域分布情况，采用雷达图的形式呈现。雷达图也被称为网络图、蜘蛛图、星图等，将其作为数据分析工具，具有显著优势。一方面，雷达图以直观的方式展现数据的特征和趋势，使数据易于理解和解释。合理利用雷达图进行分析可以更加全面、准确地理解数据并做出科学决策。另一方面，通过查看雷达图，可以迅速识别出哪些区域具有相似值，以及区域之间是否存在异常值，以确定哪些区域在数据集内得分较高或较低，从而很好地展示区域内校园安全事件的发生情况。

我国校园安全事件主要集中于部分沿海发达地区，而中西部地区的校园安全风险水平总体来说相对较低。究其原因，可能有以下几点。第一，地区经济发展水平高，信息通信发达，安全事件被报道和关注的概

率也大大增加。第二，经济发达地区的校园数量和密度相对较大，同时师生总量也较为庞大，因而也更有可能统计到其被记录和报道的校园安全事件。第三，快速的城市化和工业化，使其人口密集、流动性强。学校和学生面对的社交环境相较于其他地区来说更加复杂且更具有挑战性。学生面对的学业和社会竞争压力大，导致校园中的心理健康问题、校园欺凌事件等安全问题更易发生。第四，生活节奏快，人群更加敏感，社会关注度更高。由于发展水平较高，社会公众在关注校园中学生物质需求的同时，对于校园安全也有更高的要求，最终呈现出社会和媒体关注度高、校园安全事件占比高的现象。当然，从另一方面来看，高发展水平与高事故发生率也反映出安全意识和安全管理水平与社会发展水平不匹配的情况。经济发达地区教育资源丰富，但是快速的发展也造成了其在校园安全管理上的疏漏。例如，校园内外安全防护措施不完善、校园安全管理缺乏对新兴技术的应用等。

（三）假期前后事件高发，下半年校园安全事件远高于上半年

从整体上看，2023年校园安全事件发生率下半年高于上半年。在292起权威媒体报道的校园安全事件中，下半年发生数量为上半年发生数量的近两倍，且从全年趋势来看，在假期前后多发（见图1-4）。出现这一显著变化的主要原因可能在于以下两点。第一，学生自我保护意识放松。随着假期的临近，学生可能因为过度放松、过度兴奋而忽视了基本的安全常识和自我保护措施。特别是在假期前后，学生参与户外活动、旅行、聚会的频率增加，并且未成年人在缺乏充分监督的情况下更容易发生意外。第二，受季节性因素影响，下半年进入秋冬季节，某些地区天气等自然条件改变，可能对学生的安全造成威胁。例如，某些地区在下半年会出现较为恶劣的气候和环境问题，如秋季的梅雨、冬季的低温和大雪，这些恶劣的自然因素一方面会直接对校内人员的生命造成威胁，另一方面，自然因素对心理感知存在影响，这也可能间接地导致校园安全事件的发生。

从具体的季度与月份来看，第一季度和第三季度处于学期初的严格安全教育和演练环境中，而第二季度和第四季度随着时间的推移，安全教育与演练逐渐淡出师生的日常关注，安全意识的相对松懈也给安全事件提供了更多的发生空间，使安全事件呈现第二季度和第四季度均较前

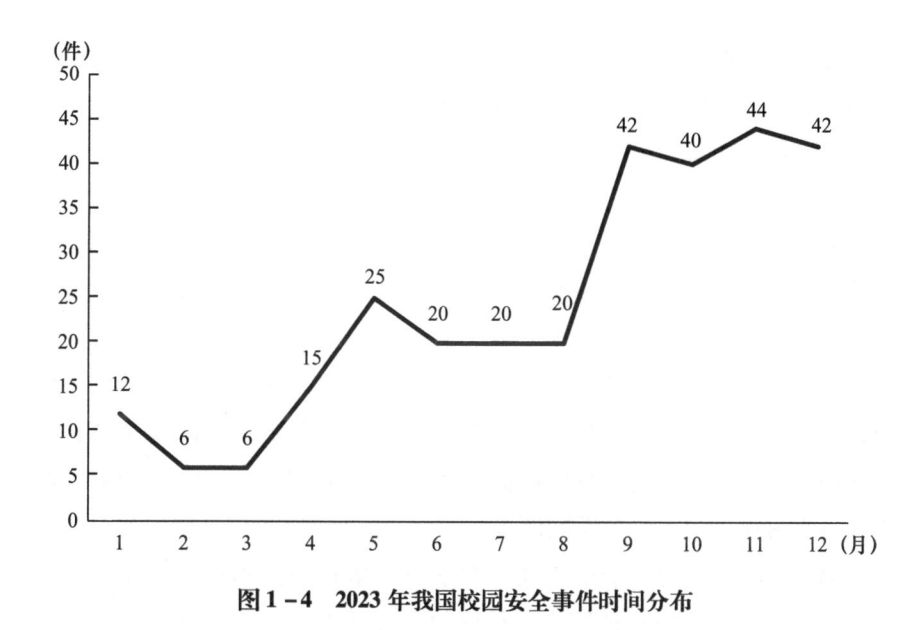

图 1-4　2023 年我国校园安全事件时间分布

一季度更多的情况。另外，第四季度通常是第一学年的结尾，学生和教师由于新学期新阶段的期末压力和成绩评定等，可能存在身心疲惫、心理和生理压力的累积等情况，容易诱发敏感行为，抑或因疲劳而导致安全事故。5月份和10月份的校园安全事件较为多发，这两个月份中节日假期较为集中，假期多导致学生容易躁动也是一个不容忽视的原因。9月份是新生入学的关键期，因而第四季度往往也是他们适应新环境的关键时期，如果存在无法适应的情况，极易引发多种心理和行为问题，增加安全事件的发生。因此，从时间特征来考虑，学校应当特别留意校园安全事件高发期，精准识别潜在的风险点，以便提前预防，阻止潜在安全问题的发生。

三　校园安全事件的诱因

在对2023年校园安全事件的微观特征进行分析的基础之上，可以感受到校园安全事件的发生，其影响因素并非独立存在，它们背后往往隐藏着复杂的社会、心理、环境以及管理等多维度因素。这些校园安全事件的发生，不仅仅揭示了校园物质与环境安全的薄弱环节，同时也反映了学校在管理体制、安全教育、心理健康指导等方面存在的不足。因此，深入分析校园安全事件的诱因，是进一步综合提升校园安全，制定全方位、多层次的策略至关重要的一步。本书将从个体、社会以及环境三个层面，进行校园安全事件的诱因分析。

（一）个体诱因

校园安全事件是一个复杂的社会现象，涉及多方面的因素。其中，个体诱因是导致这类事件发生的重要原因之一。例如，部分学生可能因为家庭问题、经济困难等产生自卑、怨恨等负面情绪；部分学生可能因为追求刺激、好奇心驱使等尝试危险行为；还有一些学生可能受到网络舆论、网络霸凌等因素的影响而产生极端行为。可见，校园安全事件的个体诱因存在于多方面，具体包括心理压力、行为冲动、安全意识薄弱、不良行为习惯以及人际关系问题等。

第一，心理压力与情绪波动。在学业竞争日益激烈的环境下，许多学生都承受着巨大的心理压力，长期的心理压力和焦虑情绪可能导致学生的行为失控。一些学生因为无法承受压力而选择逃避甚至自残。例如，2023年11月，某市中级人民法院依法公开开庭审理了一起由于班主任在教育教学过程中用语和行为失当导致学生跳楼的案件。该案件被告人邹某系跳楼学生张某的班主任兼语文老师，事发前，被告人邹某在教学过程中，因张某未按规定的时间、形式、质量完成作业任务、未正确回答问题等原因，使用了"脑子笨死""欠债大王""言而无信"等言语批评，还实施了一次用书本拍头颈部、一次半小时左右的罚站、一次换座位、课后到讲台站着读课文等行为，最终导致张某跳楼自杀。① 从该事件来看，多次的批评累积下来，加剧了张某的心理压力，导致他认为自己处于无法逃脱的情境中。在缺乏足够的心理承受力和有效的情绪调节机制的情况下，没有寻求帮助的途径或是认为寻求帮助无望，驱使他采取了极端行为以逃避这种精神痛苦。除了学生以外，在校老师工作强度大，也容易产生心理问题，继而导致悲剧的发生。例如，2023年10月，某小学的一位年轻女教师吕某，在留下遗书后选择了结束自己的生命。女教

---

① 光明网：《"男孩跳楼案"二审：曾留遗书称遭班主任施暴，涉事教师一审被判无罪》，https：//m.gmw.cn/2023-11/22/content_1303579237.htm，最后访问日期：2024年5月22日。

师的家属称，学校给老师们安排了太多本职工作以外的事情，使这位年轻的班主任感到工作压力极大。① 吕某的自杀可能是长期累积的职业压力、情感疲惫，以及感到无法满足职业期望或处理工作所带来的压力感导致的心理崩溃的直接结果。这一事件也反映了为教师提供更好的工作环境、减轻不必要的工作负载以及建立有效的心理健康支持系统的重要性。

第二，行为冲动与缺乏自我控制。学生时期是一个充满活力和冲动情绪的阶段，一些学生可能由于行为冲动而做出不理智的决定。在校园中，这种冲动情绪可能导致打架斗殴、恶意破坏等安全事件。例如，2023年5月，"一中学学生打架致1死"冲上微博热搜。据相关媒体报道，某中学学生之间因琐事引起冲突，一学生被两名学生手持棍棒从校内追打到校外致死。② 该事件反映了极端行为冲动和显著的自我控制缺失问题。在紧张或挑衅的情境下，涉事学生无法有效管理自己的情绪和反应，导致他们采取了极其不合理且危险的行动。此类行为通常源于对冲突解决策略的无知、情绪调节能力的不成熟以及可能存在的群体效应。此外，一些学生由于缺乏自我控制能力，也容易受到外界不良因素的影响，从而产生攻击性行为或违法行为。

第三，安全意识薄弱与自我保护能力不足。一些师生安全意识薄弱，缺乏必要的安全知识和技能，这导致他们在面对潜在危险时无法做出正确的判断和应对。例如，2023年3月，某市一中学，因食堂一楼烟道发生火情，有学生从二楼窗户跳下逃生。③ 面对火情，学生采取从二楼窗户跳下的极端逃生方式，可见其缺乏更安全、更合理的逃生知识。这种在火灾、地震等紧急情况下，缺乏逃生技能和自我保护意识的学生会面临更大的危险。

第四，不良行为习惯与道德观念缺失。一些学生已经养成了一些不

---

① 央视网：《23岁女老师跳楼身亡，专家呼吁让教师回归本职教学工作》，http://www.toutiao.com/a7313769686620045839/?channel=&source=news，最后访问日期：2024年5月22日。

② 央视网：《××一初中生被同学围殴致死？警方：已立案调查，相关行为人被控制》，https://news.cctv.com/2023/05/25/ARTIp1riEniMgPVPVWlgqmOJ230525.shtml，最后访问日期：2024年5月22日。

③ 澎湃新闻：《警惕！一学校着火有学生跳窗，盲目逃生不可取！》，https://m.thepaper.cn/baijiahao_22370951，最后访问日期：2024年5月22日。

良的行为习惯，如欺凌同学、偷窃等，这些行为不仅违反了道德规范，也存在着引发校园安全事件的风险。例如，2023年7月，某派出所接到某学校学生报警称，其放置在教学楼的笔记本电脑被盗，民警通过调取事发地监控，一名"蒙面大盗"赫然出现并盗走三台笔记本电脑，警方一查竟是该校在校学生。① 学生存在不正确的道德观念，便很有可能走上歧途，引发校园安全事件。此外，近年来，道德观念缺失的情况，在教职人员中也是屡见不鲜。例如，2023年10月，某大学教师林某被其前女友爆料出轨，并与女学生暧昧，品行不端。② 以上案例都呈现了部分师生缺乏正确的道德观念，缺乏行为约束，对他人和社会没有责任感和同情心，并由此导致了不良行为甚至违法行为的产生。

第五，人际关系问题与社交困扰。学生在校园中的人际关系问题也是导致校园安全事件的一个重要诱因。一些学生可能因为与同学之间的矛盾、争执或欺凌行为而采取报复性行为或攻击性行为。此外，一些学生可能面临社交困扰，感到孤独和无助，从而产生心理问题或行为问题。

（二）社会诱因

校园安全事件不仅仅是个体内部因素的结果，还与社会这一外部因素紧密相连。社会诱因对校园安全事件的影响不容忽视，它们可能直接或间接地导致校园安全问题的发生。

第一，社会矛盾与阶层冲突。社会的快速发展和变革，使各种社会矛盾逐渐凸显。例如，贫富差距、教育资源分配不均、就业压力等问题都可能导致社会不满情绪的积累。这种不满情绪有时会转化为对弱势群体的攻击，而学校和学生往往会成为这种攻击的目标。近年来，一些不法分子将罪恶的手伸向防范能力相对较弱的中小学生，将校园作为泄愤的场所，这种现象正是社会矛盾激化的体现。例如，4名涉诈团伙成员于2023年2月在某网络平台上得知，通过帮助境外网络诈骗团伙拨打受害人电话引流可以获利，便一直想用此方法赚钱。为拿到他人的电话卡，二人把目标瞄向

---

① 中国大学生在线：《What？听说大学生最好骗了！》，https://dxs.moe.gov.cn/zx/a/xyh_xyh_gddesfxy/240226/1879282.shtml，最后访问日期：2024年5月22日。

② 央视网：《××××大学一教师被指出轨等品行不端行为，校方：正调查核实》，https://news.cctv.com/2023/10/16/ARTIduyI8M2EegZZy8rfLmP4231016.shtml，最后访问日期：2024年5月22日。

了小学生的电话手表。随后，二人商议由潘某负责在网络平台上接活，王某负责前往各小学校门口盗取小学生电话手表中的电话卡。同年 5 月，王某在某网络平台上找到敖某、李某帮助自己盗取小学生电话手表中的电话卡。三人在学生上学和放学时间守在各小学校门口，以借用电话手表打电话为由，趁学生不注意时转身将电话手表中的电话卡盗走。①

第二，社会文化与舆论的影响。当今社会，网络文化的兴起使信息传播速度极快，一些不良信息也随之而来。这些不良信息可能对学生的心理和行为产生负面影响，诱导他们走向极端或产生暴力倾向。例如，24 岁的女孩郑某，曾拿着研究生录取通知书向病床上的爷爷报喜，没想到照片流出后，她却因染粉色头发而遭遇大规模网暴，后有网友曝出郑某因抑郁自杀去世。② 同时，社会舆论对于校园安全事件的态度和看法会直接影响到学生和家长的心态。如果社会舆论对于校园安全问题持消极态度，可能会加剧学生和家长的担忧和恐慌，进而对校园安全产生负面影响。同时，随着网络的普及和发展，网络上充斥着各种信息和观点，其中不乏一些消极、暴力甚至极端的内容。这些内容可能对学生的心理和行为产生不良影响，诱导他们模仿或尝试危险行为。

第三，家庭教育与社会支持系统的缺失。家庭是孩子成长的第一课堂，家庭教育的质量和方式直接影响到孩子的行为模式和心理健康。然而，一些家长在教育孩子时可能过于严厉或是溺爱，对孩子的心理和行为产生了不良影响。严厉的家庭教育可能导致孩子产生逆反心理，进而在校园中通过极端行为来宣泄情绪；而溺爱的家庭教育则可能使孩子缺乏应对挫折的能力，一旦在校园生活中遇到不顺，也可能产生过激反应。另外，社会支持系统如社区、社会福利机构等，对于预防和解决校园安全问题也起着重要作用。然而，在一些地区，这样的社会支持系统并不完善，无法及时为处于困境中的学生提供帮助和支持，这也可能进一步导致学生在遇到问题

---

① 央视网：《最高检发布检察机关依法惩治电信网络诈骗及其关联犯罪典型案例》，https://news.cctv.com/2023/11/30/ARTIAYq0v5RMQMqWAsXQRhpg231130.shtml，最后访问日期：2024 年 5 月 22 日。

② 央视网：《因染粉色头发被网暴的女生去世，师友：她曾向网暴和抑郁症努力抗争》，https://news.cctv.com/2023/02/21/ARTIBIOUcMpHbHBNr5k8VZEG230221.shtml，最后访问日期：2024 年 5 月 22 日。

时无法得到及时、有效的解决，进而演变为校园安全事件。

第四，社会期望与治安环境的影响。家长和社会往往对学生抱有非常高的期望。这种期望不仅体现在学业成绩上，还体现在各种课外活动、特长培养等方面。过高的期望给学生带来巨大的心理压力，一旦无法达到这些期望，学生可能会产生挫败感和自我否定，甚至通过极端行为来逃避这种压力。另外，社会治安环境的好坏直接关系到校园的安全与否。如果一个地区的治安状况较差，犯罪率较高，那么校园周边的环境安全也会受到影响。例如，校园周边可能存在的黑恶势力、流氓团伙等都会对学生的安全构成威胁。一些社会闲杂人员也可能混入校园，实施盗窃、诈骗等犯罪行为。

（三）环境诱因

环境作为校园安全的外部条件，既包括物理环境，如校园设施、周边环境等；也包括社会文化环境，如社会风气、网络风气等。这些环境因素在校园安全事件中扮演着重要的角色，成为诱发安全事件的潜在因素。

第一，校园周边环境的安全隐患。随着城市化进程的加快，校园周边的环境日益复杂，各种商业设施、娱乐场所云集，给校园安全带来了诸多隐患。例如，校园周边的网吧、小卖部、快餐店等场所，人员结构复杂，一些不法分子很容易对经过这些地方的学生实施抢劫、诈骗等侵害。同时，这些场所也可能成为学生逃课、沉迷网络的诱因，进而影响学生的学业和身心健康。此外，校园周边的交通环境也值得警惕。一些学校位于交通繁忙的地段，车辆来往频繁，而学生的交通安全意识相对薄弱，很容易发生交通事故。例如，2023年9月，某地一所学校门口一中年男子驾车撞倒多名学生。目击者称，司机过斑马线时没有减速，直接冲向过路的人群，撞倒多名学生。[①] 因此，加强校园周边的交通安全管理，增强学生的交通安全意识，是预防校园安全事件的重要措施之一。

第二，校园内部环境的安全隐患。除了周边环境，校园内部环境也存在诸多安全隐患。一方面，一些学校存在校舍不足、教学楼设计不规范、消防设备等教育基础设施不完善、不达标的情况。这些现象的存在，

---

① 光明网：《驾车撞到多名学生！警方通报》，https：//m.gmw.cn/2023-09/06/content_1303506484.htm，最后访问日期：2024年5月22日。

极有可能在紧急情况下引发火灾、踩踏等严重的安全事故。例如，2023年11月，某中学在期中考试间隙，初一和初二的部分男生因上下楼梯拥挤而发生踩踏，导致1人不幸身亡、1人重伤、4人轻伤。① 因此，学校应加强对教育基础设施的检查和维修，确保其符合安全标准。另一方面，校园安全的校内保障力量孱弱也是校园内部环境的一大安全隐患。由于学校的保卫部门通常没有执法权力和力量，导致在应对突发事件时往往力不从心。因此，学校应加强与当地公安、消防等部门的合作，建立紧密的联动机制，提高应对突发事件的能力。

第三，社会文化环境的影响。随着社会的快速发展和信息时代的到来，青少年面临着前所未有的文化冲击、价值观和新事物的挑战。例如，"萝卜刀"这一新型玩具在中小学生中备受欢迎。然而，"萝卜刀"游戏规则看似简单（即多名中小学生站成一圈，其中一位手持小刀或利器的参与者快速将其传递给旁边的人），② 但在游戏中小刀或利器可能会意外伤及其他参与者，特别是当孩子们试图争分夺秒时，事故的风险会显著增加。网络文化的兴起使一些学生沉迷于网络游戏和虚拟世界，导致学业受损、心理压力增大等问题。同时，社会上的不良风气和暴力文化也可能对学生产生负面影响，引发校园暴力等校园安全事件。

第二节　2023年校园安全管理概况

校园安全管理是保障教育质量、促进社会和谐稳定的重要基石。2023年5月，教育部会同公安部、国家卫生健康委、市场监管总局等部门召开全国中小学幼儿园安全工作视频会议，从"加强党的全面领导，守牢阵地""加强校内安全管理，把住校门""加强校外综合治理，净化环境"以及"加强突出问题整治，取得实效"③ 四个方面进行工作部署。

---

① 人民政协网：《××××通报中学踩踏事件：致1人死亡5人受伤》，https：//www.rmzxb.com.cn/c/2023-11-14/3443677.shtml，最后访问日期：2024年5月22日。
② 新华网：《谁的"萝卜刀"》，http：//www.news.cn/local/2023-12/06/c_1130010841.htm，最后访问日期：2024年5月22日。
③ 《教育部：坚决遏制校园安全事故发生》，https：//news.eol.cn/yaowen/202305/t20230530_2420128.shtml，最后访问日期：2024年5月22日。

本书通过回顾 2023 年校园安全管理工作，全面了解校园安全管理已有的工作成效、存在的短板，以期为进一步推动校园安全管理工作提供参考借鉴。

一 校园安全管理工作成效

在不断变化的社会环境和多元化的教育背景下，校园安全管理成效直接影响办学品质和社会形象。通过政府的政策引导、学校的自我革新以及社会各界的积极参与，校园安全管理工作已进一步取得显著成效。

（一）以生命安全与财产安全为重点，保障校园安全稳定

在校园安全管理的工作中，各学校始终将确保校内人员的生命及财产安全置于优先位置。通过实施科学而高效的安全措施，积极维护校园的平安与稳定，旨在为师生营造一个安全而舒适的学习、生活和工作环境。例如，某市一学校宿舍发生火灾、致 13 人遇难的事故[①]发生后，江苏省教育厅、江苏省消防救援总队迅速部署开展全省校园消防安全隐患排查整治工作。根据教育部和江苏省委、省政府相关部署要求，江苏省教育厅第一时间发出紧急通知，要求全省教育系统深入贯彻落实习近平总书记关于安全生产的重要论述，充分认清当前校园火灾防控工作面临的严峻形势，深刻吸取事故教训，全力防范并遏制各类安全事故的发生，确保师生生命财产安全和校园稳定，为师生生命财产安全筑起了坚实防线。在师生层面，校园安全管理工作中进一步加强了安全教育。例如，中国地质大学（武汉）面向全体师生，强化国家安全、财产安全、消防安全、交通安全、实验室安全等重点领域宣传教育。同时，将《大学生安全与生活》作为学生必修课，打造安全教育微课。[②] 从源头上增强师生的安全隐患意识，及时发现和处理安全隐患，确保校园安全。另外，学校也建立了安全应急预案，时时更新完善，全方位做好突发事件应急处置工作，将突发事件消灭在无形之中，确保校园安全稳定。

---

① 观察者网：《××小学火灾细节披露：13 名遇难学生遗体均在各自床上呈躺睡状态》，https：//www.guancha.cn/politics/2024_01_22_722957.shtml，最后访问日期：2024 年 5 月 22 日。
② 中华人民共和国教育部：《中国地质大学（武汉）"三个加强"做好校园安全工作》，http：//www.moe.gov.cn/jyb_xwfb/s6192/s133/s198/202306/t20230619_1064849.html，最后访问日期：2024 年 5 月 22 日。

（二）以法律法规与社会公德为依据，合法合情有效处置

在处理校园安全事件过程中，以法律法规为依据，以社会公德为准则，确保处理安全事件的合法性。2023年2月，北京市丰台法院与北京市学生校园伤害事故纠纷调解与研究中心（以下简称"中心"）共建学生校园伤害纠纷一站式纠纷解决机制，设立纠纷解决司法确认绿色通道。同年4月，丰台法院运用该机制对接中心，妥善处理了一起学龄前儿童与幼儿园之间的校园伤害纠纷。[①] 这一机制一方面对促进校园伤害事故处理机制进一步完善、依法治校工作深入开展具有推广意义。另一方面，专业调处与一站式纠纷解决机制充分地融合了家庭保护、学校保护、司法保护、社会保护，实现了相关部门、社会组织等各种资源的整合。除此以外，在处理校园安全事件时，各学校还展现出坚持以人为本、尊重人权、维护师生合法权益的科学处理方式。例如，宁夏工商职业技术学院在2023年提出"以人为本提升育人维度"，强调"以人为本、生命至上"的安全理念和"居安思危、防微杜渐"的重要意义。[②] 这类坚持以协调为原则，综合协调的校园安全秩序的案例是2023年校园安全管理工作的缩影。

（三）以科学管理与综合协调为手段，达到和谐稳定效果

以科学化管理为手段，进行综合协调，有效地解决校园安全事件，达到和谐的效果是校园安全管理的重要成效，主要体现在以下三点。第一，建立了较为健全科学的管理制度，确保了校园安全。各级政府为深入贯彻落实党的二十大精神，充分维护校园安全，把确保校园安全当作促进教育发展、构建和谐社会的重大政治任务，加强校园安全管理规范化建设。在管理制度的健全与优化上，主要从两个方面进行了提升：一方面是建立完善的制度体系。以学校、幼儿园安全工作管理制度为基础，建立覆盖学校值班、隐患排查、安全演练、课堂教学、宿舍管理、信息通报、事故处理等方面的规范制度，建立健全规章制度，做到不留盲点、不出漏洞。另一方面是健全科学的预案体系。制定学校、幼儿园关于交

---

① 北京市丰台区人民法院：《首例！丰台法院适用"学生校园伤害纠纷"一站式纠纷解决机制》，https://ftqfy.bjcourt.gov.cn/article/detail/2023/05/id/7274486.shtml，最后访问日期：2024年5月22日。

② 宁夏工商职业技术学院：《构建校园安全文化育人体系 以人为本提升育人维度》，https://www.nxgs.edu.cn/info/1031/10782.htm，最后访问日期：2024年5月22日。

通安全事故、火灾、食物中毒、意外伤害、自然灾害、踩踏事故、溺水事故等校园安全事件的预案，防患于未然，加强应急演练，提高应急处置能力。各项制度、预案全面可行，细化到岗位、明确到责任人，应知尽知、应会尽会，实现管理制度规范化。第二，建立了较为完善的协调机制，加强了校园安全管理，维护校园安全秩序。各级政府组织协调相关单位各司其职、各负其责，密切配合、通力协作，全面形成了校园安全管理的工作合力。建立了公安、司法、市场监管、应急管理、卫健、文旅体广电、城市管理、综合执法等相关职能部门共同参与、齐抓共管的校园安全管理格局，定期和不定期召开联席会议，明确各职能部门校园安全管理工作重点、工作职责，解决校园安全实际困难。第三，建立了有效的沟通机制，及时发现和处理校园安全事件，确保了校园的安全稳定。各地依据《教育部等五部门关于完善安全事故处理机制维护学校教育教学秩序的意见》，建立了学校安全工作部门协调机制。地方教育部门积极协调相关部门建立联席会议等工作制度，定期互通信息，及时研究解决问题，共同维护学校安全，切实为学校办学安全托底，解除学校后顾之忧，保障学校安心办学。

（四）以预防为主与治理为辅做前置，消除潜在风险因素

以预防为主，以治理为辅，是处理校园安全事件的重要原则，也是校园安全管理工作一直以来践行的重要原则。千里之堤溃于蚁穴，因而校园安全管理工作在做好校园安全的预防保障工作上加大了力度。2023年，公安机关会同有关部门持续开展"护校安园"专项工作，坚决落实校园防风险、保安全、护稳定各项措施，全力打造内外结合、整体防控、科技助力的校园安全防控体系，实现了涉校刑事案件 11 年持续下降，为全国 52 万余所中小学、幼儿园，2.5 亿名学生提供了有力安全保障。[①] 除此以外，各地方也致力于将风险化解于前事之中。例如，山东潍坊奎文区搭建了校园安全监控预警系统以预防性侵未成年人犯罪，将不稳定的

[①] 公安部：《公安机关深入推进校园安防建设切实保障校园安全涉校刑事案件 11 年持续下降》，https://www.gov.cn/lianbo/bumen/202402/content_6933971.htm，最后访问日期：2024 年 5 月 22 日。

因素消除或掌握在可控范围内。①

二 校园安全管理工作短板

校园安全管理是事关校内人员生命安全和身心健康的重要工作，它直接影响到学校的教育教学质量及其社会形象。在当下的实际校园安全管理过程中，仍然存在一些短板与不足，需要引起相关部门的高度关注并及时改进。

（一）校园安全体系尚未完善，岗位职责界定不清

当前，我国很多校园的安全体系尚未达到完善的标准，这导致在应对突发安全事件或预防潜在风险时，学校往往显得力不从心。特别是在岗位职责的界定上，往往模糊不清，这使其在遇到问题时，无法迅速找到负责处理的责任人，增加了校园安全的风险。2024年的统计数据显示，校园欺凌事件在校园安全事件中占据了21.58%，成为校园安全问题的主要源头之一。紧随其后的是校园公共卫生事件，占比为18.49%，这表明在防疫、食品安全等方面，校园还需要加强管理和防控。校园意外伤害事件和行为失范事件也分别占比13.01%和11.64%，这些事件同样不容忽视。深入分析这些安全事件的成因，可以发现近一半的校园安全事件主要源于校内人员的行为动机。这些行为动机的背后，又往往与校内人员的安全意识淡薄、校园安全制度的不完善、责任主体的不明确等主观原因有关。也就是说，许多时候，问题的根源并非来自外部的侵害或不可控的自然因素，而是出自校园内部的管理和人员配置。

为了提升校园安全，许多学校在物防和技防方面投入了大量的资金和精力。它们安装了先进的监控设备、设置了紧急报警系统，以期通过这些手段来保障学生的安全。然而，在人防建设方面，学校管理人员往往认为只要配足配齐安全岗位人员就足够了。因此，许多学校都设立了楼道执勤教师、安全小卫士等岗位，负责在课间进行巡查，以维护学生的安全和秩序。但遗憾的是，这种简单的人力配备并不能完全解决问题。在实际操作中，经常会发现这些安全岗位的人员存在不到岗、脱岗的现

---

① 人民资讯：《潍坊奎文：搭建校园安全监控预警系统预防性侵未成年人犯罪》，https：//www.msn.cn/zh-cn/news/other，最后访问日期：2024年5月22日。

象。这不仅让原本设立的安全措施变得形同虚设,也让学生们的安全隐患大大增加。这反映出在校园管理工作中,对人员的监督和管理存在严重不到位。事实上,人防建设并非仅仅是增加人力配备那么简单。更需要我们不断完善安全管理制度,明确每一个安全岗位职责,明晰每一个安全工作流程,并持续进行安全教育和培训。只有这样,才能真正提升校园安全水平,确保每一位校内人员的安全。

(二) 网络安全教育较为薄弱,过程治理仍然缺失

"没有网络安全就没有国家安全。"[①] 当前,互联网正密切地渗透到校园生活之中,校内人员的一举一动都与网络密切相关,处于无"网"不在的境地。思路开放且勇于尝试新生事物的学生,受夸张大胆的网络创意影响,使校园面临着更高的网络安全风险和更强的网络安全冲击。

网络不安全因素常常十分隐蔽,大多数学生甚至是老师都会被这种隐蔽性欺骗。一方面,在大多数师生所接收的信息中,网络安全就是指网络信息安全,因而他们并没有感受到自己的网络信息有什么不安全。例如,调查统计,只有近2%的校内人员有过QQ号、微信号或者邮箱等被盗的经历,而90%的校内人员认为没有人企图对他们实施数据盗窃。所以,校内人员普遍认为网络安全问题不是普通师生等要注意的事情,认为网络犯罪分子只对高度机密且有价值的数据、银行账户等敏感信息感兴趣。另一方面,网络安全知识的匮乏,使很多学生行走在网络危险的边缘而不自知。随着网络诈骗等犯罪现象的增多,有些学生开始意识到网络安全问题的存在,然而由于网络新型犯罪手段层出,相关知识普及滞后,导致学生群体对于网络上层出不穷的窃取和破坏行为毫不警觉。此外,学生还存在网络法律知识空白、网络道德观念模糊等问题。目前,大多数学校没有开设专门的网络安全法制教育课程,仅通过每学期一次的网络安全主题班会展开教育。这直接导致学生网络道德观念的模糊。在参与网络活动中,多数学生既不顾他人的安全,也不注意自己的安全,很可能一不小心就触犯了法律。因此,真正增强校园网络安全意识的根源在于构建全面、深入的网络安全教育体系,以及完善并实施过程治理措施。这一重任并非一蹴而就,而是需要从制度、教育、监督等多个维

---

① 金歆:《全面贯彻落实总体国家安全观》,《人民日报》2022年9月20日第9版。

度出发，共同努力。

（三）学生安全防范教育欠缺，各方保护能力不足

截至2023年，我国共有在校中小学学生约1.9亿人。[①] 中小学生大多处于身心快速发展阶段，也就是青春期。青春期意味着学生的生理和心理都会发生巨大变化，这一时期的学生往往处在自我探索和身份认同的阶段。尽管各中小学在日常教育中时常强调"注意安全、安全第一"，但由于大部分此学段的学生都处在青春期这一关键阶段，容易忽视自我保护和安全防范，从而出现各类校园安全事件。与此同时，青春期学生心理健康安全方面出现的问题日益增多。随着社会竞争加剧，加之信息爆炸的时代浪潮，青春期学生面临的心理和情感挑战愈加复杂多样，心理健康问题逐渐成为一个不容忽视的社会问题。随着年龄的增长，学生应逐渐建立起自我保护的意识和能力。但是，由于家庭和学校安全教育的缺失，学生未能养成良好的安全习惯，缺乏足够的安全意识和自我保护能力。同时，部分学生对安全问题缺乏足够认识，会错误地认为安全事故离自己很远。

面对如此严峻的校园安全教育现状，在一些学校，安全教育，尤其是心理健康教育仍被视为次要的任务，校园管理层可能更多地关注学习成绩和其他表现指标，而忽视了安全教育的重要性。这种现象可能会进一步导致安全教育缺乏资金、时间、人员等必要的资源投入。此外，由于缺乏对安全教育和心理健康教育重要性的认识，学校管理层往往会将安全教育与心理健康教育在形式和口头上纳入学校教育的核心内容中，但却未能为安全教育和心理健康教育等设立明确的目标和计划。而作为安全教育直接执行者的教师，普遍存在没有系统接受专门安全教育培训的情况，因而缺乏必要的安全知识和技能。这导致他们在传授安全知识时，往往是以讲解理论知识为主，缺乏趣味性和实用性，难以引起学生的兴趣和注意。同时，也由于没有经过专业培训，除了专职教师以外，一般的任课教师在遇到实际的安全问题时无法做出系统的、全方位的指导和处理。家长作为孩子的第一任老师，家庭教育对孩子的成长至关重

[①] 教育部发展规划司：《2023年全国教育事业发展基本情况》，http://www.moe.gov.cn/fbh/live/2024/55831/sfcl/202403/t20240301_1117517.html，最后访问日期：2024年5月22日。

要。然而，有部分家长对孩子的安全教育缺乏足够的重视，错误地认为安全教育是学校的责任，从而很少或根本不与孩子讨论安全问题，也不参与学校的安全教育活动，从而错失了保护孩子以及增强孩子自我保护能力的机会。

第三节　2024年校园安全发展趋势

一　校园安全事件的新变化

当前正面临着社会快速发展、技术日益进步以及教育环境不断演化的深刻变革，因而了解和掌握校园安全事件的新变化，对于制定科学有效的安全管理措施、提前预防和应对可能出现的校园安全问题具有重要的指导意义。2023年校园安全事件呈现出的特征，可能会在2024年进一步显现与增强。

（一）风险源头进一步增多，类型更多样化

2023年校园安全事件的风险源头多样，而2024年可能会呈现出更加明显的增多趋势，新型校园安全事件会变得更为多样化。这一变化不仅涉及传统的安全威胁，如校园暴力、欺凌、意外伤害等，还包括网络安全、心理健康问题、行为失范等新的安全威胁。其一，网络和信息技术的飞速发展，虽然为教学和学习提供了便利，但同时也带来了网络欺凌、个人信息泄露、网络诈骗等风险。这些新型安全事件的处理不仅需要从技术上进行应对，还需要对学生的网络素养教育进行加强，以培养他们正确使用网络的意识和能力。其二，随着社会压力的增大，学生心理健康问题也日益成为校园安全管理中不容忽视的一环。心理健康问题可能导致学生出现自伤自残、攻击他人等行为，对校园安全构成威胁。因此，构建有效的心理健康支持和干预系统，为学生提供及时的心理咨询和辅导服务，已成为当前必须面对和解决的问题。其三，由于全球化和社会多元化的发展，校园内部的文化差异、价值观冲突等也可能成为校园安全事件的潜在风险源。这就需要学校通过加强多元文化教育，促进包容性和尊重多样性的校园文化建设，有效预防和减少因文化差异导致的安全事件。

（二）媒体的传播速度加快，影响范围扩大

随着信息技术的飞速发展和社交媒体的普及，校园安全事件被传播的速度不断加快，其影响范围也必定不断扩大。这种现象为校园安全事件的澄清以及校园安全的宣传和教育提供了新的渠道和方法，但同时也对校园安全管理提出了新的挑战。一方面传播速度的加快和影响范围的扩大，为校园安全教育和宣传提供了更广阔的平台。学校可以利用网络和社交媒体，及时发布权威的校园安全信息，普及校园安全知识，增强师生的安全意识和应急处置能力。通过建立正向的信息传播机制，可以有效地利用这种快速传播的优势，推广正确的安全观念和行为习惯，形成积极的校园安全文化。另一方面，信息技术的发展和社交媒体的普及使校园安全事件一旦发生，可以在极短的时间内通过网络和社交媒体迅速传播开来。这种快速传播的特性，使分析处理校园安全事件时面临着更大的压力和更高的要求。一旦处理不当，很容易造成不必要的恐慌和误解，加剧事件的负面影响，甚至可能对校园的声誉和师生的心理健康造成长远的影响。因此，面对这种双刃剑效应，如何充分发挥信息技术在校园安全管理中的积极作用，成为关键。

（三）高科技犯罪明显增加，安全形势严峻

在倡导科技助力校园安全的同时，校园安全事件中借助高科技作案和犯罪的情况也明显增加，其犯罪方式也日趋复杂多样。随着信息技术的飞速发展和数字化生活的普及，高科技犯罪不仅涉及范围广泛（涉及个人信息盗窃、网络诈骗以及数据泄露等领域），而且犯罪手段不断更新，包括但不限于网络钓鱼、恶意软件攻击、先进技术的威胁操作等。这种犯罪的匿名性和跨国性特点使追踪和打击难度增加，对校园人员的财产安全、信息安全乃至国家的安全构成了严重威胁。高科技犯罪的增加也对校园安全管理工作者、校园安全法律法规、相关执法机构以及校内人员提出了前所未有的挑战。例如，现行的法律法规面临着更新迭代的压力，需要不断适配技术发展的最新成果和犯罪手段的变化，以提供有效的法律保障。此外，校内人员的安全意识和自我保护能力也面临挑战。高科技犯罪往往利用公众对新技术的不熟悉和防范意识的薄弱，通过各种手段实施诈骗和攻击。因此，增强校内人员的网络安全意识和自我保护技能变得尤为重要。

二 校园安全管理的新挑战

随着时代的发展，校园安全管理工作不仅需要应对传统的安全隐患，还必须面对一系列新挑战。这些新挑战的出现，要求教育管理者、教师和家长等社会各方面加强合作，采取更加科学、有效的措施，确保校园安全。

（一）不确定性和复杂性增加，面临保障与预防的双重压力

当今世界正经历百年未有之大变局。当前，全球化已经形成了一个错综复杂的国际网络，货物、资金、信息和人员的交流比以往任何时候都要活跃。这一过程虽然在很大程度上推动了社会经济的发展，增进了文化的相互理解与融合，但同时也使各个国家和地区暴露在风险与不确定性中。全球化带来了经济和文化交流的进一步深化，但同时也增加了诸如恐怖主义威胁、跨境诈骗等多方面的风险。一方面，随着恐怖主义和极端主义思潮的渗透，校园很有可能成为这些理念的传播地，学生群体的安全感和归属感将受到威胁。另一方面，网络攻击、网络诈骗、知识产权盗窃和人口贩卖等跨境犯罪的威胁也日益增强，这些犯罪形式可能直接或间接影响到学校的运行与学生的安全。因此，对校园这样一个相对封闭、具有高度组织性的微观社会结构来说，不确定性和复杂性的增加对校园安全管理提出了更高要求，迫切需要跟上这一全球化发展进程。校园安全管理面临着如何在保障学生、教职员工身体健康和心理安全的同时，灵活应对与预防可能出现的各种紧急情况的双重压力。

（二）新技术不断涌现与升级，面临抵制与使用的两难选择

新技术的不断涌现与升级为校园安全带来了前所未有的挑战与机遇。在校园教育过程中，校园面临着一个重要的选择——究竟是抵制新技术，以保护传统教学方式的纯粹性与稳定性；还是拥抱新技术，利用它们来丰富教育资源、优化教学方法，并接受由此带来的不确定性与挑战？一些教育工作者倾向于抵制新技术的引入，理由多种多样。最常见的担忧包括新技术可能导致学生分心、侵蚀传统学习方式，甚至威胁到学生的隐私和安全。同时，对一部分不太熟悉新技术的教职人员来说，学习和适应新技术的要求可能会增加其压力。然而，抵制新技术以维护校园安

全可能会导致校园错失利用这些工具带来的改变和改善的机会。校园可能会在提高学生参与度、个性化学习和教育效率等方面落后，从而影响到学生们接受现代、全面教育的机会。此外，数字技术在校园安全管理应用增加了校园数据安全和网络欺诈的风险，学校选择新技术以加强信息安全，防止学生和教师的个人信息泄露的同时，也可能带来由于采用新技术带来的次生风险，这也是导致校园安全管理中对于是否采纳新技术遭遇的又一两难境地。

（三）校园文化多样性的增加，面临融合与尊重的平衡问题

当今的校园已成为多元文化交汇的熔炉，尤其是高校中的学生、教职工来自世界各地，构成了校园丰富的文化背景、语言以及信仰。这样的多样性为校园学术环境增添了活力，提供了广泛的思考视角和学习机会，但同时也带来了文化融合与尊重的平衡问题。文化多样性的增加促进了思想、知识和经验的交流。融合不同文化能够促进学生之间的包容性与相互理解，为创造性思维和创新提供肥沃土壤。然而，不同文化背景往往也意味着拥有不同的价值观念和习俗，有时也会导致误解和冲突。在柬埔寨从教过的赵某自述自己的经历：在柬埔寨某学校，每次上午和下午放学时，都要在操场上排队。老师们整理完队伍以后，教导主任宣布放学，学生们陆续从他面前走过。每个学生都会向他说："老师再见！"并且为了表示尊重，还加上了手势，把自己的双手合十并放在胸前比较高的位置。这便是柬埔寨的"合十礼"，这是表示对别人的尊重。他第一反应就是给予回礼，将双手合十放在胸前，点头微笑并道"再见"。但那些学生顿时以诧异的眼光看着他，站在他旁边的柬埔寨老师告诉他说："你千万不要这样做，他们对我们可以，但我们对他们是不可以的。"[①] 这一案例揭示了高校在校园安全管理中，面临着在维持开放、包容的文化氛围的同时，必须考虑更广泛的文化、宗教和个人需求，进行细致的风险评估来预防可能的安全风险。此外，校园安全人员需要接受专业的跨文化沟通培训，在应对与外籍人员相关的安全问题的同时，帮助来自多元背景的学生应对校园文化冲突带来的校园安全事件。

---

① 高源、刘珂：《"举手投足"间的跨文化非语言交际案例分析》，《新丝路》2020年第10期。

三 校园安全管理的新重点

（一）理念更新：校园安全管理应从数字化转向数智化

在经济形势和社会问题不断变化的背景下，当今校园安全管理理念需要从片面情况向系统思维、从事后处理向过程监控、从实践驱使向理论策动、从数字化向智能化地进行理念转型，以适应校园安全发展的新趋势。一方面，利用新技术赋能校园安全管理智能化。例如，采用大数据进行多角度细致剖析的智慧决策，以迅速感知校园安全发展态势。另一方面，不断进化校园安全防控思维，校园安全保障不仅仅局限于传统的数字化阶段，将新兴技术如人工智能技术等与校园安全防控进行深度融合，打造智能化校园。智能化校园是教育发展的重要趋势。为学校管理提供智能化服务，进一步解决校园安全出现的各种问题。实现为师生提供支持服务目的，结合大数据、云计算等新技术，打造学习、工作、生活一体的智能化的校园环境。让校园安全管理个性化、精准化，为学生提供便捷、舒适、安全的校园环境。

（二）手段创新：校园安全管理应注重全过程心理筛查

《中华人民共和国数据安全法》于2021年9月起正式施行。近两年的9月11—17日为"国家网络安全宣传周"。校园是网络安全宣传教育的重要阵地，尤其是高校网络安全现状并不乐观，因而更应增强网络安全意识，筑牢网络安全防线。随着人工智能技术的不断进步，其在风险评估中的应用不断发展，发挥人工智能技术在网络安全防护等方面的优势，准确研判风险，聚焦关键环节，重视过程治理，及时发现不足，着力补齐短板，进一步完善相关校园安全制度建设。2023年4月，教育部等十七部门印发《全面加强和改进新时代学生心理健康工作专项行动计划（2023—2025年）》，将学生心理健康工作上升为国家长期战略。专项计划明确指出，鼓励在心理健康工作中融入人工智能等先进技术。学生的心理健康安全是校园安全的重要组成部分，因此，应借助人工智能技术等创新方法，建立并优化学生心理健康的筛查系统。一方面，将传统的单一量表评估方式转变为数字模拟对话的形式，开发多模态情绪识别技术，通过分析微表情、语音和语义等多个维度的数据来进行全面评估。这种方法大幅缩短了评估所需的时间，并有效地预防了不测、漏测、乱答或主观回答等现象，从而实现了学校管理人员和教师对学生心理健康的高效管理。另一方面，学生在完成心理评估之后，系统应自动创建心理健康记录及档案，从而实现"一生一策"的心理健康档案管理策略，以促进学生心理健康成长。

（三）体系焕新：校园安全管理应进一步强化核心能力

东汉末期政治家荀悦在《申鉴·杂言》中说道："先其未然谓之防，发而止之谓之救，行而责之谓之戒。防为上，救次之，戒为下。"这句古话阐述了国家治理中的预防理念。同时，也深刻说明了在安全管理中事前预防、事中应对和事后处置的效果。校园安全事件的根源在于校园面临的各种可预测和不可预测的风险。因此，校园安全管理的最佳策略是加强防范，从根本上避免事故的发生，通过各种教育实践方式增强学生的安全防范意识，增强其自救、自护能力。因而，校园安全管理应注重构建全方位的校园安全环境，全面提升校园安全预防、防范、控制和救援的核心能力，实现智能化、痕迹化、安全责任化的管理体系。具体来说，应该从以下四个方面入手。

第一，明确各部门的职责边界，确定责任主体。明确校园内各类安全管理单位的职责、健全安全工作制度、强化安全工作检查、重视安全隐患整改。一方面，利用数智化数据中心对校园安全事件进行分类标签，明确部门职责范围，详细制定校园安全任务清单，以便精准推送给相关部门处理。另一方面，建立分工明确的校园安全管理工作责任机制，共同构建校园安全防护网。

第二，打破数据壁垒，实现数据互通。一方面，利用人工智能等技术整合校园安全事件信息，同时借助其分析能力，实现全面数据融合，构建高效协同系统。另一方面，校园及周边安全防控系统的建设也至关重要。应尽快建立完善的安全管理系统，以服务师生安全守护、校内疾病防控、校外安全防范、心理安全帮扶等。此外，还需要配套建立并完善常态化处置中心，以提供高效的处置机制。

第三，促进部门联动，建立协作机制。校园安全管理牵头职能部门需综合研判具体事项。一方面，结合相关应急处置预案，推动相关部门及时协作处置，建立起一套事前重点预防、事中控制跟进、事后处理评价的流程化、规范化管理机制。另一方面，各学校需明确并细化发现和应对安全事件的快速响应机制，对任何可能影响校园稳定的问题和安全隐患，要及早发现、及时处理。加强各部门协作配合，以确保突发事件得到有效控制和迅速解决。

第四，简化繁琐流程，提高工作效能。建立校园安全数智化服务新模式，在智能平台上处理各类校园安全事件。通过简化处理流程，完善内部制度，充分发挥内部潜力，加快安全事件处理速度，提高服务效率。

第二章

校园应急教育发展概观

学校安全事关千家万户，事关我国未来发展。2023年，我国在校生人数总数为2.91亿人，高等教育毛入学率超过了60%，在总体规模上有了新的提升。① 随着教育规模的不断扩大，庞大的在校学生基数意味着其安全保护的责任将十分艰巨。校园安全一直受到党中央、国务院、各级政府和社会各界的高度关注。针对校园安全等问题，最高检曾在2018年向教育部发出检察建议书。这份针对校园安全管理规定执行不严格，教职员工队伍管理不到位，儿童和学生法治教育、预防性侵害教育缺位等问题，历史上首次以最高检名义发出的检察建议，被称为"一号检察建议"。在过去的2023年度学校安全发展观察中，我们看到，相关的法律法规制度和安全标准在不断完善，各省市根据地方区域特点陆续推出相应的学校安全条例实施细则，学校安全工作纳入国民经济和社会发展规划，道路交通安全教育、消防安全教育、公共卫生安全教育等逐步纳入法治教育的内容，应急教育卓有成效。例如，安徽省十三届人大常委会第三十八次会议审议通过《安徽省学校安全条例》，条例对学校建筑质量管理、公共卫生、食品安全、学生身心健康等做出专门规定，明确学校要落实陪餐制、建立健全防治校园欺凌和暴力行为工作制度。山东省印发《山东省学校安全条例》，重点关注消防、治安、交通、食品、卫生、校舍、设施设备、教学实验、活动等可能存在安全隐患的方面，以及溺

---

① 《在校生2.91亿！教育部新闻发布会"数"说2023年全国教育事业发展基本情况》，白银市政府门户网站，https://www.baiyin.gov.cn/sjyj/fdzdgknr/xwfbh/art/2024/art_b348b05238074243b6df49aec544c2c3.html，最后访问日期：2024年5月23日。

水、心理健康问题、学生欺凌和暴力、自然灾害、突发意外事故等会对师生造成伤害的安全威胁，并将游泳逐步纳入中小学教学课程，为校园安全保驾护航。伴随着应急教育的发展与校园安全治理的推进，在校园安全事件中，物因事件随着应急教育与校园安全治理在逐渐减少，而人因特征越发突出，我国应急教育的短板逐渐显露，这为我国应急教育的后续发展指明了方向。

第一节　应急教育的发展

2023 年，在国际国内复杂形势下，我国应急教育常态化进程持续深入，应急教育宣传工作开展形式呈现多样化特征，教育部门、科技部门、宣传部门、应急管理部门等多部门协同发力，突发事件带来的损害在不断降低。

一　应急教育的重要性

当前，我国正处在中华民族伟大复兴战略全局和世界百年未有之大变局的时代背景下，面临的形势异常复杂，各种重大突发事件层出不穷，加强国家应急管理能力建设已成为国家的重大战略。近年来，突发事件逐步向校园蔓延，校园实验室安全事故、校园霸凌现象时有发生。因此，校园应急教育逐渐受到关注并被提上政府议程。

（一）高位重视，应急教育体系持续完善

自 2005 年起，我国应急教育体系经历了从无到有、从有到优的漫长探索过程。在当前中华民族伟大复兴战略全局和世界百年未有之大变局的时代背景之下，国际国内形势严峻、紧急事件突发的不确定性骤增。以习近平同志为核心的党中央高度重视应急管理和应急教育，把加强国家应急管理能力建设作为国家的重大战略，应急教育宣传工作持续推进。中宣部、自然资源部、科技部、应急管理部、中国科协、国家卫健委等多部委联合发力，统筹部署应急教育建设工作，《应急管理科普宣教工作总体实施方案》《推进安全宣传"五进"工作方案》《关于进一步加强突发事件应急科普宣教工作的意见》《关于新时代进一步加强科学技术普及工作的意见》《自然资源科学技术普及"十四五"工作方案》《"十四五"

国家科学技术普及发展规划》等相关应急教育文件先后出台。这些文件的出台为我国的应急管理和应急教育建设指明方向，有效推动应急教育资源的共建共享，显著提升基层科普工作能力，建立健全了应急科普协调联动机制，基本建成了平战结合应急科普体系，推动了突发事件应急科普的常态化。高位重视下，应急教育体系得到了持续完善。

党的二十大报告指出，"从现在起，中国共产党的中心任务就是团结带领全国各族人民全面建成社会主义现代化强国、实现第二个百年奋斗目标，以中国式现代化全面推进中华民族伟大复兴"[①]。此外，我国发展进入战略机遇和风险挑战并存，不确定、难预料因素增多的时期，各种"黑天鹅""灰犀牛"事件随时可能发生。[②] 要坚定不移贯彻总体国家安全观，健全国家安全体系，提高公共安全治理水平，坚持安全第一、预防为主，建立大安全大应急框架，完善公共安全体系，推动公共安全治理模式向事前预防转型。2023年是深入贯彻落实党的二十大精神的开局之年，也是实施"十四五"规划承上启下的关键之年，对于加快构建新发展格局，更好统筹发展和安全，实现高质量发展，意义重大。我国各地区、各有关部门充分认识到做好防范化解重大灾害风险、以新安全格局保障新发展格局的重大意义，不断加大宣传力度，教育和提醒社会各界牢固树立风险意识和底线思维。应急管理部联合司法部、教育部、人力资源社会保障部、全国普法办共同举办第四届应急管理普法知识竞赛决赛活动，联合司法部共同举办第四届应急管理普法作品征集展播活动。组织开展"书·法"之书写安全生产法普法活动。围绕"人人讲安全、个个会应急"主题，一体推进实施"安全生产月""消防宣传月""防灾减灾宣传周"等主题宣教活动，常态化开展安全知识科普宣传"五进"活动，增强全民灾害风险防范意识。

同时，应急教育宣传工作的开展形式也呈现多样化发展。坚持传统和新兴媒体相结合，开展全方位、多角度、立体式宣传活动。借助广播、

[①] 习近平：《高举中国特色社会主义伟大旗帜 为全面建设社会主义现代化国家而团结奋斗——在中国共产党第二十次全国代表大会上的报告》，人民出版社2022年版，第21页。

[②] 习近平：《高举中国特色社会主义伟大旗帜 为全面建设社会主义现代化国家而团结奋斗——在中国共产党第二十次全国代表大会上的报告》，人民出版社2022年版，第26页。

电视、网络、微信、微博、公交传媒等载体，利用户外大屏、楼宇字幕、灯箱展板、道旗灯杆等街头平台，通过公益广告、专题节目、集中采访、专家讲座、在线访谈及知识竞赛等多种形式，不断扩大宣传活动的覆盖面和影响力。以城乡社区、学校、医院、国家机关、企事业单位、施工工地、大型商业综合体等为重点，组织各类灾害风险防范基本知识和灾害应对技能培训进企业、进农村、进社区、进学校、进家庭，加强极端性灾害天气的风险识别和自救互救技能培训，提高公众应急避险意识和能力。面向儿童、老人、残障人士等不同社会群体，防灾减灾科普读本、动漫、游戏、影视剧、短视频等公众教育系列产品在不断地开发和推送，这意味着应急教育建设的持续完善。

（二）多位一体，应急科普持续深化

伴随着我国经济社会的快速发展以及人民精神需求的日益丰富，校园安全事件的复杂化、多样化特征凸显，应急教育的系统化发展迫在眉睫。其中，应急科普是应急教育系统化发展的首要环节，也是国家应急管理的重要环节之一，旨在日常以及事件突发时提升公众预防、应对、救援和自救能力。建立健全国家应急科普协调联动机制，完善各级政府应急管理预案中的应急科普措施，以及将应急科普工作纳入政府应急管理考核范畴是推动应急教育系统化发展的重要途径。

2023年，应急管理部针对应急教育系统化发展问题，推动各级应急管理部门建立健全执法评议考核制度，开展案卷评查和执法评议考核并强化考核结果运用。同时，整合设立国家防灾减灾救灾委员会，进一步加强灾害应对各方面全过程统筹协调。此外，建立国家应急指挥总部指挥协调运行机制，指导进一步完善应急指挥部体系。这一系列举措有利于强化全社会科普工作责任，推动形成齐抓共管的良好工作局面，储备和传播优质应急科普内容资源，针对社会热点和突发事件，及时做好政策解读、知识普及和舆情引导等工作，推动新时代科普工作有效服务于国家重大发展战略，对于完善和加强多部门协同推进应急科普起到重要的引领作用。应急科普工作自然也离不开各地各部门的统筹协同、凝心聚力和分工协作，各级地方政府陆续出台相应的应急科普教育工作指导方案。例如，浙江省安全生产委员会办公室、浙江省减灾委员会办公室关于进一步做好应急科普宣传教育工作的指导意见指出："加强党委领导，发挥政府部门的主导作用，完善应急科普组织架构，逐步健全应急科普的机制保障和资源供给。乡镇（街道）、村居（社区）、企业、学校等基层组织和单位要落实主体责任，全面推进应急科普宣教工作。气象、水利、地震、自然资源、农业农村等自然灾害防治职能部门要切实抓好防灾减灾科普宣传教育；应急管理、教育、公安、建设、交通运输、文化和旅游、市场监管、消防救援等安全生产行业监管部门要切实抓好本行业领域应急科普宣传教育；发展改革、经信、科技、民政、司法、财政、人力社保、商务等安全生产行业管理部门要大力配合开展应急科普宣教工作；工会、妇联、共青团、科协等社会组织要积极参与，形成协调联动、资源共享的工作合力。"①

在实际工作中，面向校园主体，学校、应急部门和应急教育基地等平台的应急科普宣教系统机制正在丰富和完善。例如，深圳市应急管理局编制了全生命周期安全知识读本——《阿全的一天》，该书以"阿全"的视角围绕一位普通市民的生活，发现身边的安全隐患，讲解生活中的安全知识，以一种具有"烟火气"的方式传递安全文化。同时，重磅推出了儿童青少年安全宣教节目《安全圳少年》，该节目参与人数众多，先后走访拍摄覆盖百所学校，选拔出超1000名"安全圳少年"，并多次走进校园，通过"安全圳少年"将其所学所知传递给本校同学，推动全校师生共同树立牢固的安全意识。此外，还通过设立安全教育体验馆，采用"声、光、电"营造强烈的视觉、听觉冲击，借助特色造型、三维渲染、卡通动画、视频投影、仿真实物模拟，增添体验互动，实现全方位、"立体式"的宣教，使安全意识润物无声，潜入市民群众特别是中小学生心中。② 再例如，湖北省多方位深入开展安全宣传进学校行动，包括消防、交通、校车、食品、实验室等方面的安全知识教育和培训，让师生掌握遭遇灾害时的避险逃生、自救互救知识和技能，时刻紧绷"安全

---

① 《浙江省安全生产委员会办公室　浙江省减灾委员会办公室关于进一步做好应急科普宣传教育工作的指导意见》，浙江省应急管理厅政府门户网站，https://yjt.zj.gov.cn/art/2023/11/17/art_1229469408_59139114.html，最后访问日期：2024年5月23日。

② 《"立体式"应急科普持续推进　安全意识飞入千家万户　深圳推动全周期安全应急科普深入人心，筑牢防灾减灾救灾人民防线》，深圳市应急管理局政府门户网站，http://yjgl.sz.gov.cn/zwgk/xxgkml/qt/gzdt/content/post_11051868.html，最后访问日期：2024年5月23日。

弦"。同时，将校园应急安全教育和文体活动相结合，开展"应急安全纸飞机"活动，增加同学们的参与感，实现寓教于乐。此外，湖北省联合高校开设应急科普培训基地，培养一批高素质讲解员和宣传员，常态化开展师生共同参与的校园安全隐患排查、应急疏散演练。①而辽宁省地震局则协同海城市科学技术协会、海城市教育局走进海城市北关小学，开展"提高防震减灾意识 普及地震科学知识"防震减灾主题科普宣传活动。通过让师生代表参观地震模拟体验室、感受模拟地震的情景、开展地震应急演练的方式，向师生讲解地震应急避险等方面的知识。这不仅让全体师生逐步掌握地震发生时的应急避险知识和方法，同时也有力推进防震减灾科普宣传走进中小学，全面提升中小学师生的地震灾害应急避险、自救自护和应变能力。②

二 应急教育新亮点

强国建设、民族复兴离不开国家安全保障，离不开应急管理体系和能力现代化建设。新时代应急教育对于推进强国建设和民族复兴发挥着积极作用。2023年，我国应急教育呈现出以下新亮点。

（一）科技助力

新时代是信息化、数字化、智能化迅猛发展的时代，应急教育离不开科学技术的助力，科学技术与应急教育正在逐步深度融通。移动互联网、大数据、人工智能、元宇宙等高新科技极大地提高了应急教育的成效。借助移动互联网技术，各类应急教育的信息交流平台迅速发展，社会成员在线上进行广泛的互动交流，并在一次次突发公共安全事件中，创造互助奇迹。例如，在互联网问答社区知乎上，通过互联网技术，一份详尽的《暴雨自救手册》被接力编写，然后在朋友圈、各大平台被广泛转发，并被不断补充和修正。该手册内容包括户外自救、社区自救、

---

① 《"应急科普 共享平安"共学共建促末端发力 湖北省推动安全宣传"五进"走深走实》，应急管理部政府门户网站，https://www.mem.gov.cn/xw/gdyj/202310/t20231022_466442.shtml，最后访问日期：2024年5月23日。

② 《辽宁省地震局走进海城市北关小学，共同构建安全防线》，辽宁省地震局政府门户网站，https://www.lndzj.gov.cn/lndzj/ywtx/ggfw/kpxj/20240401l0124924294/index.shtml，最后访问日期：2024年5月23日。

居家自救、企事业单位自救、公共预警和准备等信息，能够有效地提高社会成员的应急知识和技能，为此类突发事件的快速解决提供了新的应急互助方法。又如2022年12月，伴随国家防疫政策的快速调整，各大城市感染人数攀升，引发药物市场需求暴增，不少城市出现一定程度的药物（如布洛芬、布洛芬悬浮液、抗原检测试剂等）短缺。尽管多家医药公司在事件发生后进行24小时满负荷生产，但在药物产能尚未具体落地于普通民众家庭中时，民众之间药物共享、互帮互助，成为解决民众高烧病症等燃眉之急的一条出路。腾讯基于地图LBS（Location Based Services，围绕地理位置而展开的服务）技术推出新冠防护药物公益互助平台。该平台除为群众提供药物互助功能之外，还在平台上发布了多篇新冠居家康复知识指南，极大地丰富了公众的应急知识。

同时，应急教育的数字化学习平台如雨后春笋般快速建立。应急教育数字化平台的建立提供了一批有创意、高质量的应急教育数字化学习资源，为社会成员在线参与应急教育提供便捷环境。例如，杭州建立了"杭州应急管理培训云平台"，河北省建立了"河北省应急管理教育培训智慧平台"。2022年7月，在应急管理部国家减灾中心支持下，"全民安全教育数字化平台"建立，旨在面向全民推广安全教育知识，提升全民安全意识，实现理论与实践结合、线上与线下结合，为政府助力、为行业赋能、为企业搭台、为公众服务。该平台以高端专家智库为专业技术支撑，通过短视频讲安全故事的方式加强传播效果，向大众传播具有"科学性、知识性、专业性、趣味性、权威性"的安全应急知识，内容主要涉及生命安全、生产安全、生活安全、城市安全、校园安全等多个维度，让公众在寓教于乐中学习安全文化知识、掌握应急安全技能。2023年7—8月，由全国校园急救教育试点工作办公室指导，杭州易数网络技术有限公司联合杭州职业技术学院专家团队拍摄制作的"校园常用急救知识"课程，在国家智慧教育公共服务平台"2023年暑期教师研修"专题中上线。这是急救教育相关课程首次登上国家智慧教育公共服务平台，是我国急救教育发展的一座重要里程碑，也为应急教育领域带来积极影响。国家智慧教育平台的广泛的影响力将使急救教育课程在更大范围内被认知和接触，从而吸引更多学生、老师及家长去了解和学习急救知识。同时，急救教育课程进入国家教育平台能够影响整个教育生态系统，促使学校及相关培训机构将其纳入教学计划当中，培养学生在紧急情况时的应变能力，完善社会应急救护体系。

此外，应急教育的智能化展播平台正在持续建设。应急教育智能化展播平台通过对应急教育参与者的大数据分析，发挥人工智能和元宇宙的虚拟现实技术的优势，实现虚拟空间应急教育的成果展示，为应急教育的创新发展创造条件。同时可充分发挥科学技术的助推作用，为社会成员提供突发紧急事件的虚拟情景体验，开展模拟实景演练等活动。例如，2023年5月，江西省安委会办公室发布《关于在全省开展应急管理新媒体作品征集展播活动的通知》，该活动围绕安全生产、防灾减灾救灾、应急救援等重点工作和防灾减灾日、安全生产月、全国消防日等重要时间节点，结合灾害事故规律特点和季节天气变化，开展安全宣传和应急科普等活动，推动公共安全治理模式向事前预防转型。再如，昆山市坚持以科技赋能安全监管和应急实战，向科技要人力、用数据强战力，在2023年6月成功上线"应急365"平台。该平台是支撑"应急态势全场景呈现、风险隐患全要素监测、安全生产全周期管控、指挥调度全流程处置、主体责任全方面落实"的应急管理综合应用平台，通过"驾驶舱+风险态势"一张图、监督管理一块屏、监测预警一张图、应急资源一张图、决策支持一张图，全场景、多层次地实时抓取安全生产最新动态，确保第一时间发现风险、调度力量、科学处置。2024年，天津市应急管理局开启"你的安全我牵挂"原创应急科普作品展播节目，打造了一场应急科普的线上盛宴。每期节目通过情景剧引入生活中存在哪些常见的危机事件，再把事故场景用实验方法进行还原，最后用简洁的语言，传授给大家面对危机时的应对技巧。

（二）全群体普及

我国在校学生群体庞大，据教育部统计，2023年我国各级各类学历教育在校生2.91亿人。人口基数的庞大以及年龄段、学龄层次、地区分布的巨大差异性给应急教育的常态化发展带来巨大阻力。而实现应急教育的全群体普及是保护校园主体的首要防线。在2023年，我们发现，应急教育正在惠及全体校园主体，同时，以往的大水漫灌式应急教育针对不同地区特征、群体特征和年龄层次，正逐渐呈现差异性，从而避免弱势群体掉队。

2023年5月，湖北省地震局积极开展"地震科普 携手同行"主题活动，针对地区特征，在当阳市玉阳中学举行应急救援综合演练活动，模拟了当阳与荆门交界的淯溪镇发生M5.0级地震的场景。演练活动分为地震预警报警及应急疏散、地震应急响应、地震综合应急救援、灾后安置四个阶段展开，先后有20个地震灾害相关应对场景，切实提高中小学生地震应急科学素质。同年12月，湖北持续低温，是用火、用电、用气高峰期，针对地区气候特征，湖北省应急委办公室开展"温暖过冬，安全相伴"冬季应急科普公益宣传活动。各地级市通过立体宣传、部门联动、家校协同等具体措施，推动该活动落地见效。其中，汉阳区教育局发动广大师生和学生家长，积极参与冬季应急科普公益宣传活动，提升安全意识，预防一氧化碳中毒、家庭用电用气火灾、森林火灾等事件的发生。

据教育部统计，截至2023年，全国共有特殊教育学校2345所，比上年增加31所，增长1.34%。全国共招收各种形式的特殊教育学生15.5万人，比上年增加8720人。全国共有特殊教育在校生91.2万人，其中，在特殊教育学校就读在校生34.12万人，占37.41%；在其他学校就读在校生57.08万人，占62.59%。[①] 由于特殊人群的教育方式和教育手段的特殊性和专业性，其在应急教育、应急响应的关注度最低，教育难度最大，更需要被特殊照顾。2022年4月，针对特殊群体的独特性，由29家高校、企业、协会组织等联合发起的国家应急语言服务团在京成立。该服务团主要为各类突发公共事件应急处置提供国家通用语言文字、少数民族语言文字、汉语方言、手语盲文、外国语言文字等方面的语言服务。自国家应急语言服务团正式成立后，在教育部、国家语委、应急管理部、国家民委、共青团中央等有关部门的指导下，迅速启动编写《国家应急语言服务团三年行动计划（2023—2025年）》，并按照三年行动计划要求扎实推进有关工作，为国家应急管理体系和能力现代化以及构建人类命运共同体贡献力量。2023年年初，在国家语委、国家应急语言服务团理事会的指导下，南方医科大学凭借医科院校优势，立足广东，面向粤港

---

① 《2023年全国教育事业发展基本情况》，教育部政府门户网站，http://www.moe.gov.cn/fbh/live/2024/55831/sfcl/202403/t20240301_1117517.html，最后访问日期：2024年5月23日。

澳大湾区，辐射国内外，针对医疗卫生领域突发公共事件应急处置及国家其他领域重要工作中亟须克服的语言障碍提供语言服务成立应急语言服务团。无独有偶，甘肃省成立少数民族语言应急服务志愿队。该志愿队针对各类突发公共事件应急处置及政府其他领域重要工作中亟须克服的语言障碍，提供国家通用语言文字、少数民族语言文字、汉语方言、手语盲文等方面的语言服务。

针对不同年龄层次，应急教育的关注点也有所差异，针对未成年人，主要以预防教育为主，针对大学生群体，主要以应急救援教育为主。例如，湖北省未成年人防溺水工作领导小组办公室、湖北省应急管理厅推出的预防未成年人溺水科普公益活动，在全省获得131万人次广泛参与，共筑防溺水安全网。其中，武汉、襄阳、孝感、十堰、荆州等地多部门形成合力，组织未成年人防溺水专项行动，实现宣传全覆盖、无死角，切实严防死守，压实责任链条。仙桃、黄冈、恩施、天门、潜江、黄石、鄂州等地，开展"防溺水"专业知识教育、救援演练、游泳自救互救技能培训，普及防溺水安全知识，减少未成年人私自玩水、下水等危险行为。同时，落实"四个一"警示标识和救生设施，采取专人值守、护栏围栏、视频监控、电子围栏，通过"人防+技防+物防"叠加互补的方式，构建"四位一体"联防联控安全机制。[①] 另外，针对大学生群体，佳木斯大学信息电子技术学院、经济与管理学院、临床医学院等各个二级学院组织开展"应急救援知识"主题宣讲活动，开展了一系列"比武"大赛、"情景剧版科普+实操、讲座"等多种形式的救援活动，主要向同学们详细地介绍了伤口包扎、心肺复苏、海姆利希三种应急救援方法，并强调了这三种方法的重要性以及在紧急救援中的关键作用。同时，也向同学们科普了心肺复苏的基本知识，并通过实景还原对不同情境下是否需要心脏按压、人工呼吸等的判定进行讲解，让同学们更好地掌握"黄金四分钟"急救方法及使用情景，丰富了大学生的急救技能，为保障自己和他人的生命安全贡献一份力量。

---

① 《"应急科普 共享平安"共学共建促末端发力 湖北省推动安全宣传"五进"走深走实》，应急管理部政府门户网站，https://www.mem.gov.cn/xw/gdyj/202310/t20231022_466442.shtml，最后访问日期：2024年5月23日。

（三）实战式教学

纸上得来终觉浅，绝知此事要躬行，应急教育不能流于形式。因此，校园应急教育不应局限于提高学生应急知识和技能，还需要设置足够贴近现实的应急场景，培养学生强大的应急意识和应急心理等。2023年，在各地不断创新应急教育学以致用的方式下，面对各类层出不穷的紧急情况，校园主体的自救意识和互救能力得到明显提升，校园安全教育落地成效显著，主要表现在实战式教学创新和互救能力提升上。

各地创新应急教育学以致用的方式主要包括两方面：应急教育体验场馆的建设、应急知识和应急技能的标准化。例如，雄安新区利用信息化、智慧化、科技化工具，成立首家校园综合应急安全知识科普体验场馆。场馆集应急科普、互动体验、模拟演示、安全教育等功能于一体。以雄安新区中小学生为主体，以传授、科普应急安全知识和技能为目的，结合日常学习、生活常见安全隐患，开设校园安全、消防安全、交通安全、家庭安全、自然灾害和自救互救六大主题展区。滨州市建立人防科普教育体验馆，整个场馆集科普馆、教育馆、体验馆功能三馆合一，主要分消防展区、国防展区、人防展区、防灾减灾展区，共计88个展示单元，可以体验天、地、人、风、雷、雨、雪、水、火等13类灾害。火灾防范、化学品泄漏、溺水踩踏、交通安全、自救互救大课堂、自救互救及户外安全项目等，呈现出全时空、全领域、全灾种的特点；自然灾害、城市内涝、地震等沉浸式体验项目，使群众能够更深入地了解当今消防救援队伍承担的任务；烟雾逃生、电梯事故避险、室内逃生、火源查找、结绳教学、垂降逃生等多个互动体验项目使参观群众提升对突发险情的应对自救能力。衡阳市体育中考改革方案将生存技能项目纳入中考内容，急救术（心肺复苏术）被列为中考体育加分项目；衢州市要求市辖区的高中生在毕业前须参加6次理论课和10次实操课，并取得应急救护证书。

实战式教学极大地提高了广大师生的互救能力。近年来，涌现出众多学生、老师面对突发情况，采用应急知识和技能成功应急救护案例。浙江温岭市第三中学学生用上了在学校学过的急救技能，对球场滑倒致晕的伙伴实施心肺复苏，成功救助了受伤同学，避免了悲剧发生。昆明市五华区高新一小教育集团海源校区四年级班级里，一名学生被食物卡住喉咙，班主任临危不乱，30秒内用"海姆利希急救法"帮助孩子转危为安。青海湟川中学一名教师对晕倒学生实施"海姆利希急救法"，但由于晕倒学生体重所限，该老师无法将他抱起，于是指挥班级6位男生合力将晕倒学生抬至悬空，并翻身，使其头朝下与地面成45度角，让同学们一起用空心掌叩击背部，在叩击的冲力下，该晕倒学生随即呕吐出一些粉色呕吐物，呼吸逐渐好转。2023年10月，乌兰察布医学高等专科学校的陈老师在火车上通过"海姆利希急救法"，成功救护1个因气道异物梗阻窒息濒危的幼儿。同年11月，内蒙古大学的张同学通过心肺复苏与AED，成功救护本校1名晕倒在地、呼吸心跳停止的学生。2024年1月，呼市文化艺术职业学校的周同学使用AED在包头火车站成功救护了1名突发意外的旅客。在这些冷静处置的案例中，老师和学生们都是运用所掌握的应急救护知识，在黄金急救时间内救助他人，化解危难，体现出应急教育的实战成效。

第二节　校园应急教育建设成效与短板

国务院印发的《"十四五"国家应急体系规划》提出，要在更广泛范围内对安全知识进行宣传，逐步创设更为浓厚的安全文化氛围，促使民众形成更加强烈的安全意识，在防灾、减灾、救灾方面构筑更加坚固的人民防线。[①] 应急教育是提高国民安全素质和应急能力，筑牢防灾、减灾、救灾的安全屏障，坚固人民防线的关键抓手。2023年，我国校园应急建设取得长足发展。

一　校园应急教育建设成效

自2018年我国应急管理部组建以来，我国校园应急教育各个方面迅速发展。2023年，我国校园应急教育蓬勃发展并取得新成效。

（一）学校应急教育取得新成效

一是校园整体安全意识显著提升。2023年，教育部全面推进大、中、

[①] 《国务院关于印发"十四五"国家应急体系规划的通知》，《中华人民共和国国务院公报》2022年第6期。

小学应急教育，针对全国大、中、小学应急教育的薄弱环节多次发文指导，校园整体安全意识得到稳步提升。在高校应急教育方面，实验室安全是校园安全的重中之重。近年来，实验室安全事故时有发生也表明实验室应急教育不容忽视。为进一步加强高校实验室安全工作，有效防范和消除安全隐患，最大限度减少实验室安全事故，保障校园安全、师生生命安全和学校财产安全，教育部于2023年出台了《高等学校实验室安全规范》（以下简称《规范》）。该《规范》明确指出，高校实验室安全工作应坚持"安全第一、预防为主、综合治理"的方针，同时对实验室安全责任体系、安全管理制度、安全教育培训与宣传、安全准入制度、安全条件保障以及危险化学品安全管理六个方面做了细致的规定。全国各大专院校对照教育部《规范》细则，全面整改实验室，2023年全国范围内无重大实验室安全事故发生。另外，学校在应急科普促应急意识提升方面取得成效。2023年3月，应急管理部、司法部、教育部、人力资源社会保障部、全国普法办共同组织开展了第四届应急管理普法知识竞赛活动。此次活动共有来自全国10395所职业院校的750万名学生参与答题，总点击量突破13亿人次，覆盖全国各省（区、市）。《规范》的出台与应急科普竞赛的大范围铺开，极大地促进了校园应急管理教育的发展，提强了学生的安全意识，提高了学生的应急素养，增强了其校园应急能力，提升校园安全水平，为打造平安校园贡献了积极力量。

二是中小学校园安全责任进一步明确。在中小学应急教育方面，教职工发挥着极端重要的作用。2024年教育部办公厅、国家消防救援局共同印发了《中小学校、幼儿园消防安全十项规定》（以下简称《规定》），该《规定》明确指出，中小学校、幼儿园的法定代表人、主要负责人或实际控制人是本单位的消防安全责任人，对本单位消防安全全面负责。中小学校、幼儿园应定期开展教职工、安保人员消防安全培训。此项规定的出台进一步突出了国家对中小学应急管理工作的重视，夯实了中小学主要负责人对全校应急教育的主体责任，对全校师生、教职员工的培训责任。此外，教育部办公厅、公安部办公厅、国家消防救援局开展了中小学生校外培训"安全守护"专项行动。该项行动对培训安全管理、消防安全管理、从业人员安全管理、安全教育管理等方面做了详细规定。此项行动对提升中小学安全管理、安全教育水平、安全培训意识等方面发挥了较大的促进作用。

（二）应急学科建设与人才培养取得新成果

应急管理学科建设与人才培养是推进国家应急管理体系与能力现代化的重要支撑。党的二十大报告指出，"建设更高水平的平安中国，以新安全格局保障新发展格局"[1]。这也进一步表明，应急管理在国家安全格局中的重要战略地位，凸显了加快应急人才培养与应急学科建设的紧迫性。自2020年4月，教育部会同应急管理部印发了加强应急管理学科建设的相关通知以来，北京大学、清华大学等20所代表性高校就着手加强应急管理领域科学研究和专业化人才培养。经过几年的努力，应急管理学科建设与人才培养取得了长足发展与可喜的成就。

在学科建设方面，2023年5月，受国务院学位办委托，公共管理学科评议组公布了《公共管理学下属二级学科指导性目录》，新的学科目录在保留原有的行政管理、卫生政策与管理、教育政策与管理、社会保障、土地资源管理5个学科的基础上增加了公共政策与应急管理两个试点学科，进一步明确了应急管理的学科归属与地位，为应急管理学科的发展扫除了障碍。此外，学界在推进应急管理学科建设方面也在积极发力。2023年6月，中国应急管理学会在河北雄安新区召开的"国家安全理论与应急管理学科发展"论坛，吸引了来自中国应急管理学会、中国行政管理学会、北京大学、清华大学、南京大学、西安交通大学等的应急管理学科带头人参会，论坛与会者就我国应急管理知识生产、人才培养、学科发展等系列重要议题开展了有益研讨。

在人才培养方面，各高校积极探索联盟培养人才模式，地方应急管理厅积极对接高校合作培养人才，应急管理人才培养得到空前重视。2023年5月南京大学联合上海交通大学、复旦大学、浙江大学、中国科学技术大学五校在南京成立应急管理联盟，着力探讨应急管理人才培养。当年11月，江苏省应急管理厅与南京大学共同主办长三角安全发展与应急管理研究联盟首届论坛，邀请浙江大学、南京师范大学、南京工业大学等高校与200余名嘉宾参加首届论坛应急管理学术研讨活动，推进应急

---

[1] 习近平：《高举中国特色社会主义伟大旗帜　为全面建设社会主义现代化国家而团结奋斗——在中国共产党第二十次全国代表大会上的报告》，人民出版社2022年版，第52—53页。

管理学科建设与人才培养。另外，2023年应急实践教育得到进一步推进与落地。这一年，江苏省举办了首届研究生安全韧性城市科研创新实践大赛，共15支研究团队参赛；辽宁省以天津港"8·12"危险品仓库特别重大火灾爆炸事故、江苏响水天嘉宜化工有限公司"3·21"特别重大爆炸事故为案例背景，举办"辽宁省普通高等学校大学生应急救援创新设计大赛"，吸引了全省来自安全工程、化工安全工程、化工、机械工程、控制科学与工程、公共管理、应急管理等各个专业440多支队伍参赛。此外，各省、市也十分重视应急实践领域工作人员技能的培养。浙江省举办全省首届乡镇（街道）综合性应急救援队伍技能竞赛，吸引了11个地区的24支参赛队伍、240名队员参赛；温州市连续举办两届应急救护知识和技能比赛，吸引了全市63所中小学、189位跨学科的老师同台竞技比拼应急救护技能。这些活动在对我国应急实践教育成果进行检视的同时，也为加速推进应急管理人才培养发挥了积极作用。

（三）应急教育技术创新取得新成就

应急技术是推进应急管理体系与能力现代化建设的重要保障，应急管理体系与能力现代化离不开应急技术的助力。2023年重视应急技术赋能，应急教育发展无论是在国家层面的政策推动还是社会层面的技术实践都取得了较大的成绩。2023年5月，习近平总书记在深入推进京津冀协同发展座谈会上明确提出，将安全应急装备等战略性新兴产业发展作为重中之重，着力打造世界级先进制造业集群。[1] 为贯彻落实习近平总书记的指示精神，2023年召开的全国应急管理工作会议明确指出：要坚持科技兴安，深化实施"智慧应急"战略，推进国家风险监测预警体系建设，完善科技创新体系、信息化基础支撑体系、应急装备工作体系，健全科技奖励机制。与此同时，各部门也相继出台相关行动计划与工作意见推动应急技术及应急技术赋能应急教育发展。比如，工业和信息化部、国家发展改革委、科技部、财政部、应急管理部五部门联合印发的《安全应急装备重点领域发展行动计划（2023—2025年）》强调，要以多种方式吸引和培养安全应急产业高端人才和创新创业人才，支持有条件的

---

[1] 习近平：《以更加奋发有为的精神状态推进各项工作　推动京津冀协同发展不断迈上新台阶》，《人民日报》2023年5月13日第1版。

高等院校开设安全应急相关专业，推动各方联合培养安全应急产业专业技术人才和管理人才，支持产教融合培养安全应急领域卓越工程师，强化职业教育对安全应急产业人才的支撑作用。① 应急管理部、工业和信息化部出台的《关于加快应急机器人发展的指导意见》指出，应急机器人可有效提升安全生产和防灾、减灾、救灾过程中监测预警、搜索救援、通信指挥、后勤保障、生产作业等任务的效率与安全性，是衡量我国应急管理体系与能力现代化的重要标志，要进一步支持学术机构、企业、行业组织等单位围绕前沿技术、标准规范、检测认证、知识产权、人才培养等内容加强国内国际交流与合作，加快成熟场景示范与落地应用。习近平总书记的重要讲话精神与各部委出台的一系列规定与意见都表明，应急管理工作越来越意识到应急技术的极端重要性，重视技术在应急教育中的重要作用，发挥技术赋能应急教育的优势已成为应急教育发展的趋势。

  在社会层面，为响应国家发展应急技术与应急产业的政策，一些高科技企业纷纷加大应急技术装备的研发投入，一系列高新应急技术装备纷纷亮相。例如，云南省应急管理厅牵头组织建设全省应急灾情会商系统，通过该系统"一张网"和"一张图"的技术优势，省应急管理厅可以直接调度到乡（镇）、村组和灾害事故现场，通过现场信息收集反馈极大地增强了灾害事故的处置能力，提高了应急管理效率。又如，在2023年的中国国际服务贸易交易会上，一大批先进的无人机、无人船、驾驶体验舱等科技产品及系统应用纷纷展出并吸引了与会者的目光。元宇宙安全教育主题馆将最新科技与科普教育场景融合，首次增加2500平方米的安全教育体验区，应用VR、AR、XR技术，智能人机交互，先进传感技术，等等，打造消防安全、气象安全、交通安全、食品安全、校园安全、地震等9大场景，通过真实场景的搭设，应用VR、AR、XR技术，智能人机交互，先进传感技术，等等，让更多青少年在地震、暴风雨、火灾、车祸等沉浸式场景体验中获得应急教育。2023年11月，应急管理

---

① 工业和信息化部、国家发展改革委、科技部、财政部、应急管理部：《关于印发〈安全应急装备重点领域发展行动计划（2023—2025年）〉的通知》，https://www.gov.cn/zhengce/zhengceku/202309/content_6906538.htm，最后访问日期：2024年5月23日。

部国际交流合作中心主办的中国国际应急管理展览会遴选了150余家企业参展。比如，为前后方指挥部快速提供现场实时三维态势图的"实时三维建模技术"，可以有效辅助研判灾情发展态势，提高灾情决策效率。国内首款具备空中快速侦察、空中应急通信、空中辅助决策、空中指挥调度等四大核心实战能力的载人固定翼指挥机——"战鸿"空中应急指挥机模型亮相展会现场。中国航空工业集团有限公司研制的全球在研最大水陆两栖飞机——"鲲龙"AG600；中国石油集团安全环保技术研究院有限公司研制的"油气泄漏红外光谱气云成像监测预警技术"，该技术可360度旋转扫描监测半径500米范围内的气体泄漏，监测波长范围为3微米至5微米，可探测甲烷、乙烷等50余种气体。[①] 此外，中国电信集团将展示针对"三断"（断路、断网、断电）等极端条件下应急指挥通信痛点难题提供的解决方案——空天地一体化通信保障体系；智能无人装备、高危环境机器人搜救，以及高端灭火装备、高新抢险救援装备、数字化单兵装备、空中立体救援装备、轻质高效一体化防护装备等技术装备纷纷亮相展会。这几次应急技术装备展会的成功举办，极大地促进了科研院所、高等院校、企事业单位、救援队伍、智库协会间的交流与合作，推动了高技术装备产学研与实战救援的有效衔接，为构建政产学研用深度融合、协同创新的生态体系，助力安全应急产业高质量发展提供了有力支撑。

二 校园应急教育建设短板

应急教育是国家治理的重要组成部分，防范风险挑战、应对突发事件是各国在实现现代化过程中都必须面对和解决的重大课题。必须看到的是，我国的应急教育尚处在起步阶段，各方面内容都不够成熟完善，仍处于探索阶段。国家虽然十分重视校园安全问题，但由于受各种因素的影响，当前我国校园应急教育仍存在较大短板。

（一）应急学科建设与人才培养短板明显

应急学科建设是校园应急教育建设的基础支撑，尽管近年来我国应急管理学科建设得到一定的重视和加强，相关人才队伍的培养建设取得

---

① 《专业盛会 助力产业高质量发展》，《中国应急管理》2023年第9期。

了不错的成果，学科教育也具有了一定的发展基础。然而，这依旧没有彻底改变我国目前应急管理类人才缺口较大、不够专业、不够全面的局面，部分地区和高校在应急管理学科等方面的建设以及复合型应急管理人才的培养上面临巨大挑战。

现代应急管理学是一门从整体上研究中国在新时代由于各种复杂因素共同造成的各种突发事件的基本原理、科学体系以及如何应对的学科。作为新兴的二级学科，我国应急管理学科建设要依托国家安全、新时代发展要求、"新文科"建设目标等全面深入推进应急管理学科建设，加快应急管理学科生态群建设以及促进应急科学与工程知识体系构建工作。目前我国应急管理学科建设的系统短板主要包括以下几个方面。一是研究对象不明确。理论上，应急管理是指对突发事件的防范与控制。实际上，应急管理又具有很强的跨学科属性，使研究对象呈现广且泛的特征，并不明确；同时，应急管理的专业出口面向也十分广泛，不同的出口方向导致其研究对象的复杂性。二是研究定位缺乏共识。应急管理是面向实际应用的综合交叉学科，在一个并发、链发、混发式灾难情景中，有可能是风险叠加的综合应急。现今研究类别和标准的不统一，无法有效指导应急准备，也不能满足多灾并发、链发、混发的实际情况。因此，应急管理专业定位应是针对综合应急系统，而不是单一的具体技术的应急。技术只是实现应急管理业务的手段，是应急专业与各具体专业领域的交叉，要厘清应急管理目的和手段的关系问题。三是理论体系比较薄弱。未来支撑我国应急管理需要一套成熟的理论体系，但目前我国的应急管理还没有形成一套独立、完整的知识体系支撑我国应急的实际业务需要。应急管理在我国的发展往往随着重大突发事件而潮起潮落，使应急管理学科理论体系的建设和发展变得缓慢。四是专门研究方法缺失。应急管理较强的跨学科属性使其研究方法具有多样性，这也导致应急管理具有较强的学科依赖性。此外，突发事件往往具有复杂性，很难找到一套专门的研究方法实现多重因素的整体把握。再者，应急管理学科的发展目前尚不成熟，急需一套专门的研究方法支撑应急管理学科发展。五是专业需求亟须提炼。一方面，应急管理的跨学科性导致专业需求复杂交叉，往往难以准确界定；另一方面，应急管理的实践性也使其往往依托具体事件来发挥作用，但具体事件的处置和解决需要掌握该领域的专业知识，这势必会大大降低应急专业知识和技能的独特性，专业需求不确定性增强。

在人才培养方面，2021年12月，国务院印发《"十四五"国家应急体系规划》，指出应急管理专业人才培养滞后，要求"十四五"时期县级以上应急管理部门专业人才占比应达到60%。[1] 当前应急管理人才培养方面主要面临两大挑战。一是人才培养与社会需求不相匹配。应急管理专业学生将来要承担赴汤蹈火的职责使命。对应急管理学生的培养，既要注重传统理论学习，也要根据公共安全需要，对不同层次的学生因材施教。同时，由于应急管理具有显著的合作特征，需要学生加强对协同性应急处置的管理以及专业技能的学习，这应当是新型职业教育的方向。我国目前应急管理相关职业的目标和准入等许多方面配套的体制建设都不健全。此外，应急管理学科建设不完善一定程度上阻碍了应急管理职业化进程。2023年是首届应急管理专业研究生就业的一年，在20年首批开办应急管理专业的高校大多是处于人才培养的探索阶段，缺乏对人才培养专业化及专业和社会有效衔接问题的深度思考，导致人才培养与社会需求匹配冲突的问题较为突出。二是专业教师人数不足，无法满足人才培养需求。不少教师应急管理基础理论与专业知识系统性、全面性和深入性不足。教师的教学科研与应急实践衔接不紧密，应用导向性不足。各高校要根据应急实践和学科发展需要，以全局视野、战略思维高度重视应急管理教师队伍建设规划及实施。与作为一门新兴交叉学科的应急管理专业完全对口的教师队伍非常匮乏，再加上对现有教师队伍进行专业培训的成本过高且耗时较长，因此各高校迫于人才培养实际需求的压力不得不进行相关专业教师的跨院系调配。

（二）应急教育内容与模式还有待优化

目前，随着各类应急法规制度的不断完善、应急学科的设立，以及VR、AR、XR等技术在应急教育领域的成熟应用，我国应急教育呈现专业化、常态化、网络化、科技化的发展态势。然而，我国的应急教育起步较晚，应急教育体系尚不健全，应急培训与教育无法系统开展，国民

---

[1] 《国务院关于印发"十四五"国家应急体系规划的通知》，《中华人民共和国国务院公报》2022年第6期。

安全素质和应急意识薄弱等问题仍然十分突出，应急教育内容与模式亟待优化。

就应急教育内容而言，我国应急教育系统化水平不高，全灾种整合教育较弱，尚未形成科学规范的内容体系。一是表现在应急教育内容零散，条块分割较严重，缺乏整体性意识。尽管我国于2018年成立了应急管理部，但是应急管理部主要整合了自然灾害与事故灾难的管理，而公共卫生事件与社会安全事件仍然由卫生部门和公安部门分别管理。在实际中，自然灾害和事故灾难的处理往往会涉及医疗、社会纷争等各方面，需要各方面的联动，单靠一个部门往往作用十分有限。因而，应急管理领域经常出现"小马拉大车"与"行业孤立"并存的现象。比如卫生系统重视的是医疗救护，公安系统注重的是矛盾的化解与交通安全，地震预报重视的是防震减灾等，存在着较为严重的行业孤立现象。二是应急教育内容缺乏领域设计的针对性，不够全面具体。比如针对高校学生的应急教育和针对社区居民的应急教育在内容上要有所侧重，教育的模式也应因人因时而异。针对大学生的应急教育应紧扣大学生的实际生活，针对社区居民的，应契合居民生活实际情况。因经济社会的发展，新型突发事件不断出现，如危险化学品事故、突发山洪泥石流、信息网络安全事故等，这些都需要全面具体的应急方案。三是应急教育内容侧重点不平衡，更多的是预防知识理论，而救助常识技术等内容不足。此外，不同地区、不同领域，教育培训的内容缺乏总体规划，随机性、突击性明显。

应急教育模式直接影响着国民整体应急素质水平，也是应急教育现代化水平的重要标志。目前，我国全民应急教育在理论教学与技能培训等方面已经进行了有益的尝试，但尚未构建起科学系统的教育模式，制约了教育效果的提升，主要表现在三个方面。一是缺乏实践活动环节。一方面，学校作为普及应急教育的主阵地，应急教育被纳入学校教育课程体系，但往往偏重理论知识，缺乏实践环节，尚未从树立安全意识、培养应急素质方面入手；另一方面，全民应急教育宣教工作有了长足的进展，但能让民众真正参与其中的体验与实践环节少之又少，很多具备实景体验的场馆也只在特定的节日才免费开放。二是缺乏教育的连续性、系统性。针对大众开展的应急教育活动主要集中在重点节日，常见的活动形式有应急宣传、教育培训和突发事件演练等，这虽能够起到一定的教育与警示作用，但从培养国民安全素质角度来看，实属各成一家、点到为止，缺乏从全局角度出发的整体性设计与系统性串联。三是缺乏科学的评价机制。包括应急教育评价的内容、标准、方法等。如今，学校及社会虽在积极开展应急教育，但是都未设立适用性较高且较为科学的评价机制，以至于应急教育的主体施教效能和客体学习效果都无法得到科学评估，随之出现诸多应急教育和活动流于形式的现象，这也是我国全民应急教育质量不高的重要原因之一。

第三节　未来应急教育的发展方向

结合2023年国家应急管理及应急教育发展方向，提出坚持分类贯通施教、扩大高层次人才储备、强化科技支撑保障三个发展方向。

一　坚持分类贯通施教

安全稳定是学校一切工作顺利开展的基础。但是，潜伏在校园内部和周边地区的许多不安全因素不断涌现，各类安全事故时有发生，大学生身心受到伤害的事故比例越来越大。学校上下必须时刻把"安全重于泰山"牢记心中，切实把安全工作摆在突出位置。应急教育重在应急，应急重在预防。然而，伴随着校园安全事件类型的多样化和复杂化程度不断加深，传统相对固定的应急教育模式已越来越难以预防当前复杂多变的伤害源，亟待创新解决思路。因此我们认为，应当根据不同行业领域、学科专业、学段层次、地域特征等实际情况，区分学生、家长、教师等对象，针对校园暴力与欺凌、心理问题、性骚扰、实验室安全、交通安全、网络安全等不同风险源，开展分类施教。一方面，根据不同学段层次学生开展应急教育。如大、中、小、幼全学段的应急教育有区别，对本科生、硕士生、博士生等不同层次人才培养也要有差异化。另一方面，根据不同学科专业学生开展应急教育。要有针对性地将应急教育融入文科和理科等不同学科专业教学中去。再一方面，根据不同地域特征开展本土化应急教育。如山区、平原、滨海等所处地域的客观差异，应急教育的侧重点也不一样。同时还要将应急教育贯穿于家庭教育、学校教育、社会教育、职业教育、思想道德教育、爱国主义教育等各方面教育。

二 扩大高层次人才储备

习近平总书记在十九届中共中央政治局第十九次集体学习讲话时指出，要加强队伍指挥机制建设，大力培养应急管理人才，加强应急管理学科建设。[①] 应急管理部风险监测与综合减灾司司长陈胜表示，"如今，各类风险是相互交织、叠加的，国内国际也会存在着诸多的变化，面临着很多新的挑战"。因此，更应当培养胸怀天下、文理兼修的高层次国家安全人才。高校作为高层次应急教育人才的储备库，应作为提升国家应急管理水平的有力支点；应立足于我国应急管理工作的需要，从培养对象的不同层次出发，在高校中建立涵盖学士、硕士、博士等应急教育的人才培养体系，构建多种课程模式的学科、专业体系，制定人才培养质量评估体系，培养能够从事突发事件的预测预警、应急响应等应急管理工作的高层次专业人才。同时，政府应加强与高校及研究机构的交流合作，组建高水平的研究队伍，成立研究机构，培养研究型人才，充分调动广大科技工作者的力量。应急教育专业性和挑战性较强，突发事件将引出很多新的科技问题。结合应急事件中的科技问题，遴选组织领域专家、科普专家、社会学家、传播心理学家、媒体人士等共同解读相关领域科学知识，引导学生和公众正确理解和科学认识突发事件。

此外，国家安全师资队伍建设是高校加强国家安全教育的关键，它对提高高校国家安全教育教学质量，培养政治坚定、热爱祖国、有强烈使命感和责任感的中国特色社会主义建设者和接班人起着重要的作用。但目前一个基本的事实是，很多高校面临着国家安全教育"没人教""不会教"的突出问题，成为影响高校国家安全教育教学质量的短板弱项。由于目前我国师范院校国家安全专业的毕业生仍是空白，高校国家安全教育的师资只能从相近学科专业的教师中，选择转专业或兼职教学，这远远满足不了高校全面开展国家安全教育的需求。高校未来将加强国家安全师资队伍建设摆在更加突出的重要位置，统筹当前急需和长远发展，

---

① 习近平：《充分发挥我国应急管理体系特色和优势　积极推进我国应急管理体系和能力现代化》，《人民日报》2019年12月1日第1版。

采取有力措施充实国家安全教育师资力量，重点优先解决国家安全教育"有人教"的问题，同步实施培养国家安全教育青年骨干教师计划，进而有计划地培养教师队伍，推动队伍的职业化发展。在国民教育体系中，对从事应急教育的专兼职教师进行专门培训，形成较为固定的教师队伍；在培训机构中培养一定规模和质量的社会化师资队伍；还可以在群众中培养一批应急教育志愿者队伍，共同参与传播应急知识和技能。在高校中，探索实施教官制，科学规划应急管理师资培养。开展专题学术讲座、报告，邀请具有丰富实践经验的专家学者传授先进技术。鼓励高校教师参与相关部门的应急管理项目，巩固专业知识，提高专业技能，培养从事国家安全教育专业人才，建设高素质与专业化的国家安全教育教师队伍。

三 强化科技支撑保障

如果信息不畅、情况不明、耳聋目盲，就不可能做好安全工作，因此构建及时畅通的报告机制至关重要，而及时畅通的报告机制离不开科技支撑。在互联网和新媒体飞速发展的今天，广大人民群众尤其是青少年的交往形式产生了极大变化，高校是大学生的重要思想融汇地和文化发展不可忽视的重要平台，多元交织的不同种类的思想文化广为传播。当前，互联网已经成为意识形态斗争的主战场、主阵地、最前沿，网络意识形态工作是意识形态工作的重中之重。针对应急教育时效性较强的特点，广泛利用新媒体的及时性、便捷性、互动性、开放性等优势，利用微信、微博、短视频等网络新媒体形式，把权威、科学的信息公开传播，让应急教育日常化，同时起到打击谣言、引导舆论的作用。因此，要强化科技支撑保障，坚持推进应急管理体系和能力现代化，统筹推进应急管理科技创新、装备发展、手段数智化。建设安全风险监测预警体系，深化电力、铁塔、通信、视频和卫星遥感大数据分析应用。

各单位应利用先进科学技术及时做好舆情研判，超前预判潜在风险，把舆情管控在校园之内、萌芽之中，健全舆情综合防控体系，完善工作机制。同时，建立健全组织保障、舆情搜集、分析研判、应急预警、应对处置和总结工作程序，切实提高对网络舆情的引导管控能力。畅通师生反映问题的渠道，将师生合理诉求及时反映到相关部门和学校主要领导，避免出现因信息渠道不畅通导致发生校园舆情的现象。此外，在推动科技支撑保障的同时，还应注重落实网络意识形态责任制，建立校园网络舆情监测和应急处置机制，加强对校园网、学校官方微博、官方微信、公用 QQ 群、抖音号等新媒体的监控管理，准确把握整体舆情动态，加强网络内容建设和话语表达方式创新，强化正面舆论引导，做到人人都是宣传员。

第 三 章

国内外校园安全研究的
趋势与重点领域

校园安全是一个关乎国际社会实践和问题导向的重要议题。国内外众多学者已经对校园安全展开了多方面的研究，积累了丰富的成果。通过对文献进行计量可视化分析，我们可以更清晰地了解当前关于校园安全的研究热点和潜在议题。

第一节 全球校园安全研究的文献计量分析

本章节以 CiteSpace 6.3 软件作为研究工具，通过对文献资料的抓取，识别学科研究方向发展的新趋势和新思路。文献计量和知识图谱分析的数据收集遵循两个标准：一是收集学术圈公认的、能够反映研究领域动态以及整体情况的文献；二是收集方式具有实操性。因此，本书选择 CNKI 和 Web of Science 数据库作为文献检索平台，对全球校园安全研究领域文献进行检索。其中，中文文献利用中国知网（CNKI）进行数据收集，于 2024 年 4 月 10 日进行检索，策略如下所示。以主题为"校园安全"或"学校安全"为检索式，设置文献来源为北大核心与 CSSCI；文献类别为学术期刊；检索时间段不设限。为确保数据的合理有效性，通过人工筛选的方式对初步检索出的 1178 篇相关文献进行进一步分类筛选，排除书评、会议摘要、通讯报道等与主题无关的文献，最终确定 933 篇有效文献。英文文献利用 Web of Science 进行数据收集，于 2024 年 4 月 10 日进行检索，策略如下所示。以主题为"campus security"或"campus safety"或"school security"

或"school safety"为检索式，设置文献来源为"Web of Science 核心合集"；文献类别为 Article；检索时间段不设限。为确保数据的合理有效性，通过人工筛选的方式对初步检索出的 896 篇相关文献进行进一步分类筛选，排除与主题无关的文献，最终确定 735 篇有效文献。基于这些数据，本章节对国内外校园安全研究的趋势和重点领域进行分析。

一 发文量时间趋势

某一领域的文献发文总量代表了目前该领域研究的理论发展水平，而历年发文数量的变化，则反映了该领域研究热度的变化。

从中文文献看，图 3-1 显示了 1995 年至 2024 年 4 月的发文情况，其间共发表了 933 篇文献。年发文量从 1995 年（1 篇，0.11%）至 2004 年（17 篇，1.82%）呈缓慢增长的趋势，年均发文量 5.7 篇；从 2005 年（27 篇，2.89%）到 2011 年（78 篇，8.36%）呈急剧增长的趋势，年均发文量 53.3 篇；从 2012 年（71 篇，7.61%）到 2020 年（39 篇，4.18%）发文量略有降低但维持在较高水平，年均发文量 48.2 篇；2021 年后，发文量放缓，2021—2023 年年均发文量 21.3 篇。从 2005 年至 2020 年，累计发文量达 807 篇，占总文献量的 86.50%，表明从 2005 年开始，国内研究者对校园安全领域的关注度日益增长。

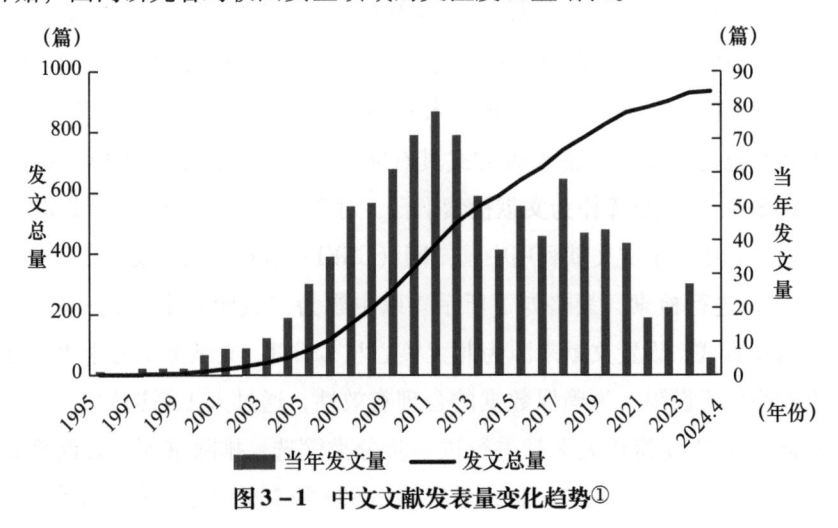

图 3-1 中文文献发表量变化趋势[①]

[①] 注：本章图表除非特别标注，均为作者整理。

从英文文献看，图3-2显示了1999年至2024年4月的发文情况，其间共发表了735篇文献。年发文量从1999年（2篇，0.27%）至2013年（18篇，2.45%）呈缓慢增长的趋势，年均发文量8.2篇；从2014年（27篇，3.67%）到2022年（120篇，16.33%）呈快速增长的趋势，并稳定在较高水平，年均发文量55.4篇。从2014年至2022年，累计发文量达499篇，占总文献量的67.89%，表明从2014年开始，校园安全领域的研究受到了广大国际研究者的高度关注。

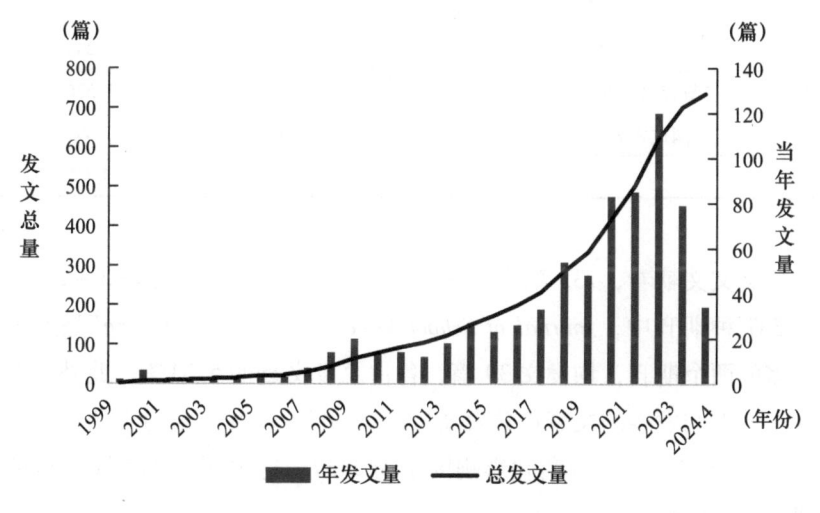

图3-2 英文文献发表量变化趋势

二 文献期刊分析

对刊载相关研究文献的期刊进行统计分析，可确定该领域的重要期刊，有助于相关研究者选择重点期刊进行文献查阅，也能为研究者选择投稿期刊与文献研究提供有价值的参考。

从中文文献看，933篇文献发表在252种期刊上。由表3-1可知，在这252种期刊中，《教学与管理》是发表文献最多的期刊，共计83篇，占总发文量的8.90%。此外，发文量前十的期刊发表的文献占总发文量的38.05%；发文量前十的期刊影响因子总和为11.077，平均期刊影响因子为1.108，这说明在数据库中关于校园安全的文献大部分质量较高。

表3-1　1995年至2024年4月中文文献发表量前十期刊及其影响因子

序号	期刊	发文量（篇）	论文百分比（%）	2023年综合影响因子
1	《教学与管理》	83	8.90	0.264
2	《中小学管理》	54	5.79	0.609
3	《中国学校卫生》	45	4.82	1.652
4	《学校党建与思想教育》	34	3.64	1.092
5	《人民教育》	31	3.32	0.573
6	《实验技术与管理》	28	3.00	1.447
7	《实验室研究与探索》	22	2.36	1.167
8	《中国教育学刊》	21	2.25	2.345
9	《教育与职业》	19	2.04	1.536
10	《中国成人教育》	18	1.93	0.392
合计		355	38.05	11.077

从英文文献看，735篇文献发表在387种期刊上。由表3-2可知，在这387种期刊中，*Journal of School Violence*和*Security Journal*是发表文献最多的两个期刊，均发文39篇，各占总发文量的5.31%。此外，发文量前十的期刊发表的文献占总发文量的25.05%；发文量前十的期刊影响因子总和为23.7，平均期刊影响因子为2.37，这说明关于校园安全的国际研究文献质量较高。

表3-2　1999年至2024年4月英文文献发表量前十期刊及其影响因子

序号	期刊	发文量（篇）	论文百分比（%）	2023年影响因子
1	Journal of School Violence	39	5.31	2.3
2	Security Journal	39	5.31	1.2
3	Journal of American College Health	21	2.86	1.6
4	Sustainability	17	2.32	3.3
5	Journal of Interpersonal Violence	15	2.04	2.6
6	Journal of School Health	15	2.04	1.8
7	American Journal of Criminal Justice	12	1.63	1.8
8	School Psychology Review	11	1.50	3.9

续表

序号	期刊	发文量（篇）	论文百分比（%）	2023年影响因子
9	*Psychology in the Schools*	8	1.09	1.8
10	*Children and Youth Services Review*	7	0.95	3.4
合计		184	25.05	23.7

三 高被引文献分析

对刊载相关研究文献的引用频次进行统计分析，可发现该领域影响力较高的文献，有助于相关研究者对该研究领域进行初步了解。

由表3-3可知，在933篇中文文献中，被引频次最高的是"校园暴力：一个概念的界定"，被引频次349次；其次是"高等学校实验室安全现状分析与对策"和"让每个学生都安全：校园欺凌相关问题及对策研究"，被引频次分别为177次和156次。结合被引频次排名前十的文献发现，国内校园安全研究近年来在校园暴力、校园欺凌、实验室安全以及网络安全方面都有影响力较高的文献发表。

表3-3　　　　　　　中文文献被引频次前十的文献

序号	题目	期刊和影响因子	发表时间（年）	被引频次（次）
1	《校园暴力：一个概念的界定》	《中国青年政治学院学报》IF：1.465（2023）	2008	349
2	《高等学校实验室安全现状分析与对策》	《实验室研究与探索》IF：1.167（2023）	2011	177
3	《让每个学生都安全：校园欺凌相关问题及对策研究》	《中小学管理》IF：0.609（2023）	2016	156
4	《校园欺凌的影响因素及其长效防治机制构建——基于2015青少年校园欺凌行为测量数据的分析》	《教育发展研究》IF：2.329（2023）	2017	143
5	《俄罗斯"生命安全教育"对我国学校体育的启示》	《体育学刊》IF：3.023（2023）	2004	138
6	《高等学校实验室安全管理现状调查与分析》	《实验技术与管理》IF：1.447（2023）	2011	138

续表

序号	题目	期刊和影响因子	发表时间（年）	被引频次（次）
7	《实验室安全管理体系的构建与实践》	《实验室研究与探索》 IF：1.167（2023）	2010	104
8	《校园网安全威胁及安全系统构建》	《计算机应用研究》 IF：1.140（2023）	2005	97
9	《国外小学安全教育及其启示》	《教学与管理》 IF：0.264（2023）	2010	87
10	《美国中小学安全教育的实施及其启示——以南卡罗来纳州为例》	《外国教育研究》 IF：1.185（2023）	2011	86

由表3-4可知，在735篇英文文献中，被引频次最高的是"A Review of School Climate Research"，被引频次1788次；其次是"Are Zero Tolerance Policies Effective in the Schools? An Evidentiary Review and Recommendations"和"A Systematic Review of School-based Interventions to Prevent Bullying"，被引频次分别为657次和561次。结合被引频次排名前十的文献可看到，国际上关于校园安全的研究近年来在校园欺凌、学校氛围、零容忍政策等方面都有影响力较高的文献发表，尤其是针对校园欺凌的研究。

表3-4　　　　　　　　英文文献被引频次前十的文献

序号	题目	期刊和影响因子	发表时间（年）	被引频次（次）
1	"A Review of School Climate Research"	*Review of Educational Research* IF：8.3（2023）	2013	1788
2	"Are Zero Tolerance Policies Effective in the Schools? An Evidentiary Review and Recommendations"	*American Psychologist* IF：12.3（2023）	2008	657

续表

序号	题目	期刊和影响因子	发表时间（年）	被引频次（次）
3	"A Systematic Review of School-based Interventions to Prevent Bullying"	Archives of Pediatrics & Adolescent Medicine IF：5.731（2014）	2007	561
4	"Examining the Social Context of Bullying Behaviors in Early Adolescence"	Youth & Society IF：2.0（2023）	2000	519
5	"Bullying, Psychosocial Adjustment, and Academic Performance in Elementary School"	American Behavioral Scientist IF：2.3（2023）	2005	510
6	"Authoritative School Discipline：High School Practices Associated with Lower Bullying and Victimization"	Sustainability IF：3.3（2023）	2010	452
7	"Measuring School Climate in High Schools：A Focus on Safety, Engagement, and the Environment"	Journal of School Health IF：1.8（2023）	2014	351
8	"Supportive School Climate and Student Willingness to Seek Help for Bullying and Threats of Violence"	Journal of School Psychology IF：3.8（2023）	2010	349
9	"The Overlap between Cyberbullying and Traditional Bullying"	Journal of Adolescent Health IF：5.5（2023）	2015	309
10	"Cyberbullying：A Preliminary Assessment for School Personnel"	Psychology in the Schools IF：1.8（2023）	2008	283

四　研究者及合作情况

对作者间的合作网络进行共现分析，进一步挖掘全球校园安全研究中的核心作者。作者合作网络可以反映出学者之间的合作关系，其中作者圆环越大，说明该作者具有纽带的作用越强；连线越粗，表示合作越紧密。

中文文献方面，检索到的933篇论文共包含1515位作者。从图3-3

可以看到中文文献作者的合作关系情况，核心作者合作网络较为稀疏分散，仅形成个别小型聚合中心，整体合作呈分散态势，未能形成长期稳定的研究聚力。核心作者中，发文最多的是来自山西师范大学的董新良和来自苏州大学的徐勇，发表论文数量分别为9篇和8篇。其中董新良是近年来才开始重点研究校园安全，他系统梳理了学校安全政策，指出我国学校安全政策经历了起步、发展和规范三个阶段，整体呈现价值取向从关注学生当下安全到着眼终身安全，政策体系从碎片走向整合，行动体系从单极管理走向多元治理等演进逻辑；[①] 分析了学校安全标准化建设[②]和安全能力建设[③]存在的问题，提出了相应的对策建议；并紧扣新时代背景下学校安全治理面临的新特点、新问题，提出了优化路径。[④] 徐勇的研究较早，论文主要发表在2007—2009年，重点关注中小学突发公共

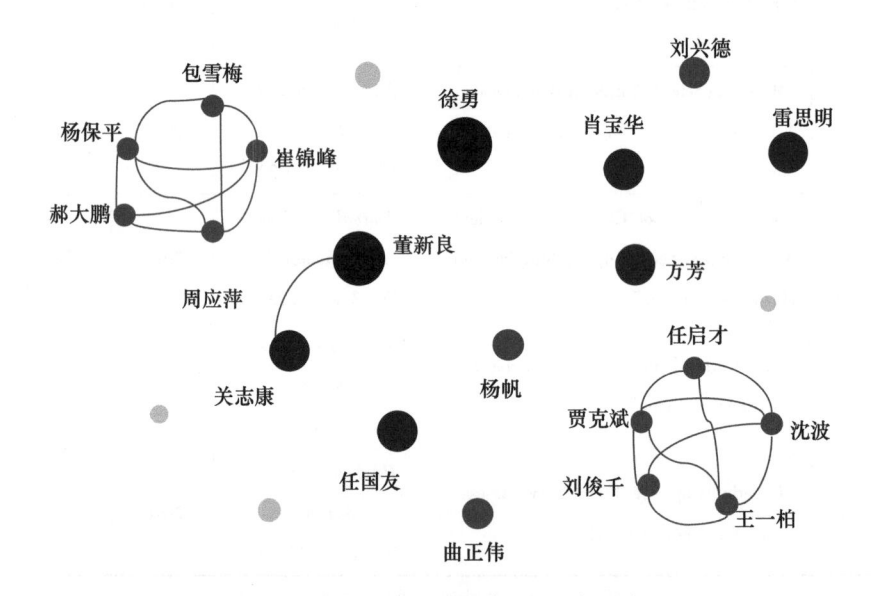

图3-3 中文文献主要作者之间的合作关系

---

　① 董新良、闫领楠：《学校安全政策：历史演进与展望》，《教育科学》2019年第5期。
　② 董新良、刘艳：《学校安全标准化建设的问题及对策》，《教学与管理》2020年第31期。
　③ 关志康、董新良：《学校安全能力建设存在的问题与对策》，《教学与管理》2020年第1期。
　④ 关志康、董新良：《新时代学校安全治理：价值意蕴、现实困境与优化路径》，《教育学术月刊》2023年第8期。

安全事件与应急管理。[1]

英文文献方面，检索到的735篇论文共包含2101位作者。从图3-4英文文献作者合作关系图看，美国路易斯维尔大学的Benjamin W. Fisher、弗吉尼亚大学的Catherine P. Bradshaw和Dewey Cornell等作者圆环相对较大，说明这些作者是校园安全领域研究者合作的中心。其中，Dewey Cornell发文最多，为16篇，其次为Benjamin W. Fisher和Catherine P. Bradshaw，分别为11篇和10篇。Dewey Cornell长期关注青少年暴力行为（violence）和校园欺凌（bullying），分析其影响因素、学生行为以及干预机制；[2] Benjamin W. Fisher也以校园暴力为重点研究对象，尤其关注学校执法人员（school resources officers）的影响；[3] Catherine P. Bradshaw重点研究学校氛围（school climate）。[4] 从整个英文文献合作网络来看，作者间的合作虽较中文文献作者间的合作略微密切，但也未形成大型聚合中心，合作态势也比较分散。

五 研究单位及合作分析

检索到的933篇中文文献共来自989个研究单位。归属到一级单位后，由表3-5可知，发表论文最多的研究单位为北京师范大学，共发表论文27篇，占论文总发表量的2.89%；其次是华东师范大学，共发表论文18篇，占总发文量的1.93%；再次为首都师范大学和西南大学，发文量均为16篇，占总发文量的1.71%。从中文文献主要研究机构之间的合

---

[1] 徐勇：《我国学校突发公共安全事件的现状与研究展望》，《中国学校卫生》2007年第8期。

[2] Klein, J., Cornell, D., Konold, T., "Relationships Between Bullying, School Climate, and Student Risk Behaviors", *School Psychology Quarterly*, Vol. 27, 2012, pp. 154-169; Cornell, D., Huang, F., "Authoritative School Climate and High School Student Risk Behavior: A Cross-sectional Multi-level Analysis of Student Self-Reports", *Journal of Youth and Adolescence*, Vol. 45, 2016, pp. 2246-2259.

[3] Fisher, B. W., Higgins, E. M., Kupchik, A., Viano, S., Curran, F. C., Overstreet, S., Plumlee, B., Coffey, B., "Protecting the Flock or Policing the Sheep? Differences in School Resource Officers' Perceptions of Threats by School Racial Composition", *Social Problems*, Vol. 69, 2023, pp. 316-334.

[4] Bradshaw, C. P., Cohen, J., Espelage, D. L., Nation, M., "Addressing School Safety Through Comprehensive School Climate Approaches", *School Psychology Review*, Vol. 50, 2021, pp. 221-236.

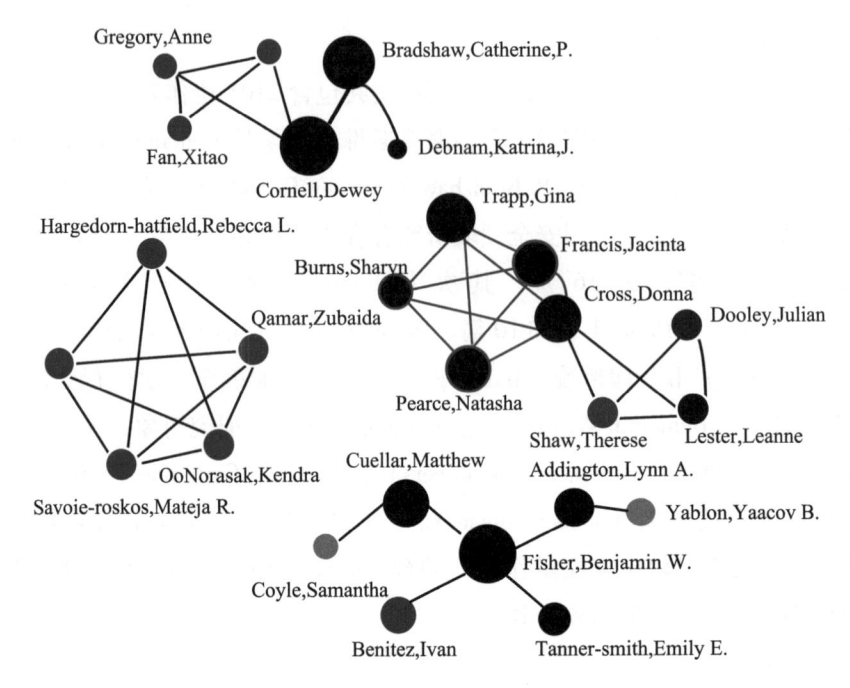

图 3-4　英文文献主要作者之间的合作关系

作关系图（见图 3-5）来看，虽然从事该领域研究的工作单位较多，但未形成密切的合作网络。

表 3-5　1995 年至 2024 年 4 月中文文献发文量前十研究单位

序号	研究单位	发文数量（篇）	占比（％）
1	北京师范大学	27	2.89
2	华东师范大学	18	1.93
3	首都师范大学	16	1.71
4	西南大学	16	1.71
5	山西师范大学	15	1.61
6	中国人民公安大学	13	1.39
7	北京大学	13	1.39
8	苏州大学	12	1.29
9	华中师范大学	12	1.29
10	北京科技大学	12	1.29

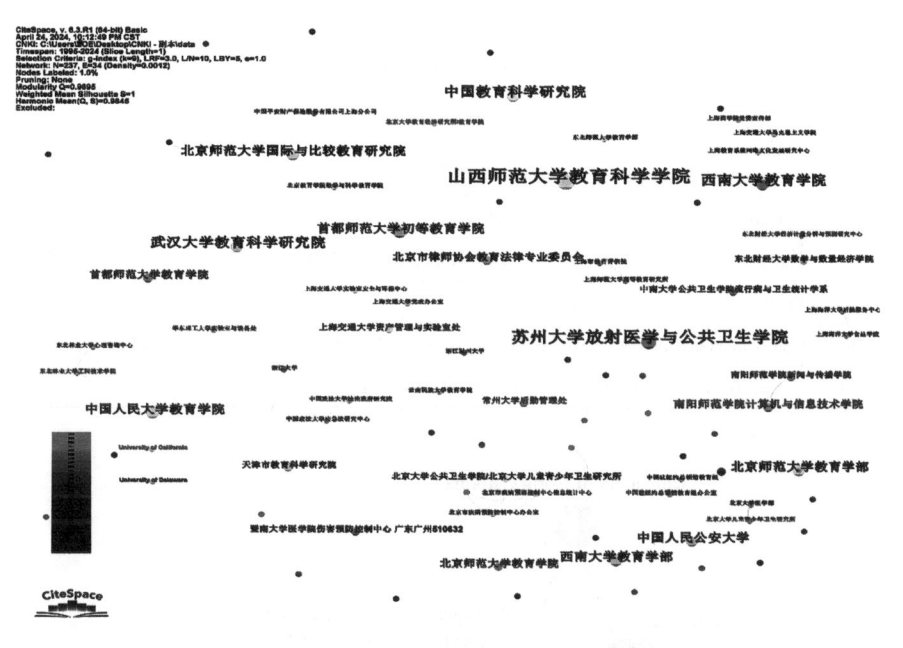

图 3-5　中文文献主要研究单位之间的合作关系

检索到的 735 篇英文文献共来自 888 个研究单位。归属到一级单位后，由表 3-6 可知，发表论文最多的研究单位为俄亥俄大学系统（University System of Ohio），共发表论文 29 篇，占论文总发表量的 3.95%；其次是佛罗里达州立大学系统（State University System of Florida）和弗吉尼亚大学（University of Virginia），发文量分别为 26 篇和 19 篇，占总发文量的 3.54% 和 2.58%。从英文文献主要研究机构之间的合作关系（见图 3-6）来看，佛罗里达州立大学系统和俄亥俄大学系统是校园安全国际研究机构合作的中心。

表 3-6　1999 年至 2024 年 4 月英文文献发表量前十研究单位

序号	研究单位	发文量（篇）	占比（%）
1	University System of Ohio（俄亥俄大学系统）	29	3.95
2	State University System of Florida（佛罗里达州立大学系统）	26	3.54
3	University of Virginia（弗吉尼亚大学）	19	2.58
4	Pennsylvania Commonwealth System of Higher Education（PCSHE）（宾夕法尼亚联邦高等教育系统）	17	2.31

续表

序号	研究单位	发文量（篇）	占比（%）
5	University of North Carolina（北卡罗来纳大学）	16	2.18
6	University of Texas System（得克萨斯大学）	14	1.90
7	California State University System（加利福尼亚州大学系统）	13	1.77
8	University System of Georgia（佐治亚大学系统）	13	1.77
9	State University of New York（SUNY）System（纽约州立大学系统）	13	1.77
10	University of California System（加利福尼亚大学系统）	12	1.63

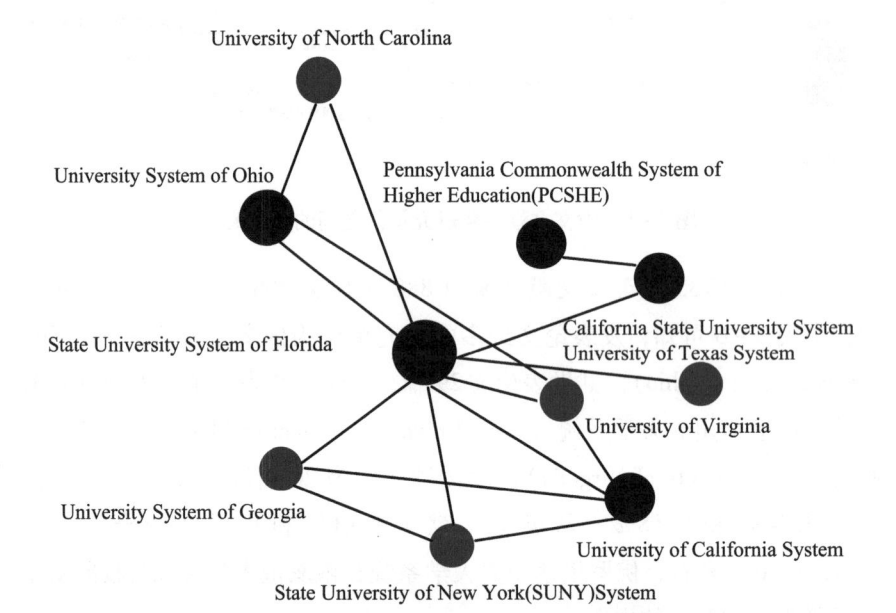

图 3-6　英文文献主要研究单位之间的合作关系

第二节　全球校园安全研究主要内容分析

本部分通过关键词分析来对全球校园安全研究的主要内容进行分析，从而把握校园安全领域的研究现状，发现新的研究议题，为学术界和决策者提供更准确的信息支持。

一 关键词共现分析

关键词共现分析是一种通过研究文献中出现频率高且具有重要中心性的关键词来揭示某领域研究热点的方法。通过将这些关键词以可视化图谱的形式展示出来，可以更直观地展现出关键词之间的关联和重要性，有助于揭示研究领域的重要趋势。

表3-7显示了中文文献出现频率和中心性排名前25的关键词，校园安全研究领域出现频率最高的关键词是"校园安全"（80次），其次是"高校"（42次）和"安全管理"（42次）。通过对该领域的关键词网络进行可视化分析（图3-7）可以看到中心性高的关键词为安全管理、校园安全、校园欺凌、高校、安全、校园网、安全教育、学校安全和网络安全，以上关键词的中心性均≥0.1，表明这几个关键词与周围其他的关键词之间联系密切（中心性≥0.1说明该节点为中心节点，在研究中较为重要且具有较大的影响力）。

表3-7　　中文文献出现频率和中心性排名前25的关键词

序号	关键词	频次	中心性	是否为关键节点
1	校园安全	80	0.32	是
2	高校	42	0.2	是
3	安全管理	42	0.34	是
4	安全	36	0.14	是
5	安全教育	35	0.11	是
6	校园网	34	0.12	是
7	网络安全	29	0.1	是
8	学校安全	21	0.11	是
9	校园欺凌	21	0.22	是
10	中小学	19	0.02	否
11	学校	17	0.02	否
12	大学生	13	0.02	否
13	安全文化	11	0.01	否
14	高等学校	11	0.03	否

续表

序号	关键词	频次	中心性	是否为关键节点
15	信息安全	10	0.03	否
16	对策	9	0.01	否
17	突发事件	9	0.02	否
18	学生	9	0.04	否
19	美国	7	0	否
20	公共卫生	7	0	否
21	学校体育	7	0.06	否
22	防火墙	7	0.06	否
23	校园暴力	6	0	否
24	风险评估	6	0.03	否
25	安全隐患	5	0.04	否

图 3-7 中文文献关键词共现网络

表3-8显示了英文文献出现频率和中心性排名前25的关键词，校园安全研究领域出现频率最高的关键词是"victimization（受害）"（111次），其次是"violence（暴力）"（79次）和"school safety（学校安

全)"(77次)。通过对该领域的关键词网络进行可视化分析(图3-8)可以看到中心性高的关键词为"victimization(受害)""crime(犯罪)""violence(暴力)""perceptions(感知)""safety(安全)""health(健康)""behavior(行为)",以上关键词的中心性均≥0.1,表明这几个关键词与周围其他的关键词之间联系密切。

表3-8　　　　　　英文文献出现频率排名前25的关键词

序号	关键词	频次	中心性	是否为关键节点
1	victimization	111	0.34	是
2	violence	79	0.12	是
3	school safety	77	0.06	否
4	students	68	0.05	否
5	safety	60	0.11	是
6	perceptions	58	0.12	是
7	climate	52	0.03	否
8	peer victimization	50	0.07	否
9	behavior	45	0.10	是
10	school climate	43	0.03	否
11	crime	39	0.18	是
12	security	34	0.00	否
13	adolescents	33	0.09	否
14	children	33	0.04	否
15	school violence	30	0.05	否
16	youth	30	0.04	否
17	prevalence	29	0.02	否
18	impact	28	0.01	否
19	fear	27	0.00	否
20	mental health	25	0.02	否
21	school security	24	0.01	否
22	discipline	23	0.00	否
23	experiences	22	0.03	否
24	aggression	20	0.03	否
25	health	20	0.11	是

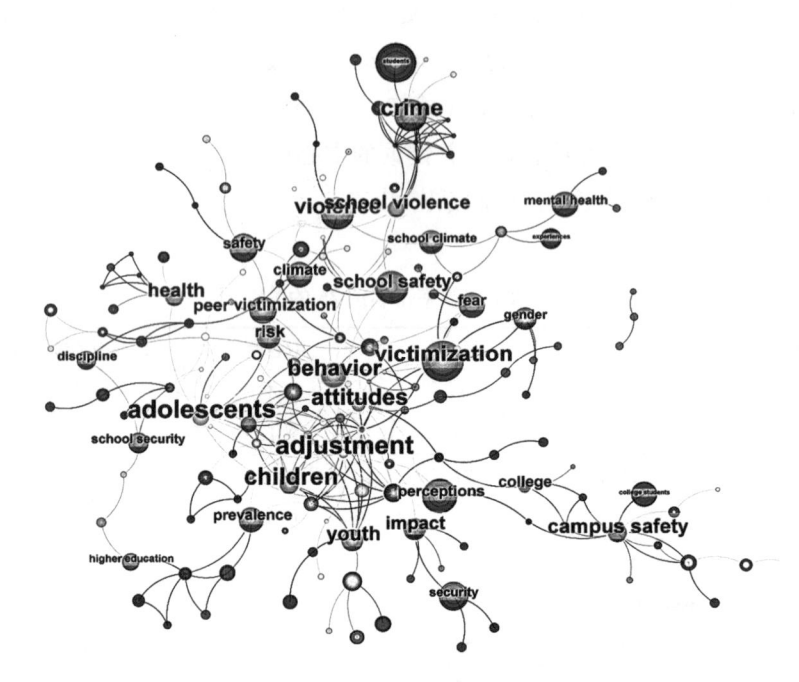

图 3-8　英文文献关键词共现网络

二　关键词聚类分析

聚类分析是一种将数据点归为相似组的无监督学习方法。在共现网络的基础上，通过将文献关键词运用对数似然比（Log-Likelihood Ratio，LLR）算法进行聚类分析，当聚类模块值 $Q>0.3$ 表明聚类有效；聚类轮廓性指数 $S>0.5$，表明聚类是合理的，S 值 >0.7 时，表明聚类是高效率且令人信服的。两者数值均在合理的范围内，说明聚类效果显著，是具有一定参考价值的。

从中文文献看（见图 3-9），聚类模块值 Q 为 0.7016，聚类轮廓性指数 S 为 0.9177，表明结果具有科学性和可信性，聚类是合理的。该聚类图谱中共有 245 个节点和 330 条连线，网络密度为 0.011，共展现出 9 个聚类，分别是"安全教育""网络安全""校园安全""校园欺凌""安全管理""学校安全""安全""学生安全""高等学校"。

从英文文献看（见图 3-10），聚类模块值 Q 为 0.7422，聚类轮廓性指数 S 为 0.9177，表明结果具有科学性和可信性，聚类是合理的。该聚类图

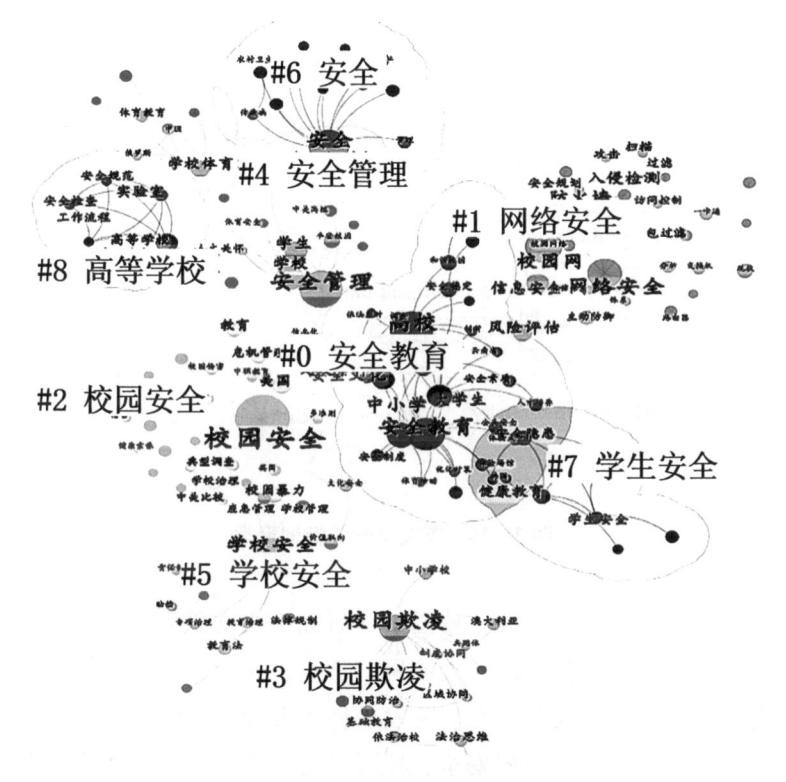

第三章 国内外校园安全研究的趋势与重点领域 / 71

图 3-9 中文文献关键词聚类

谱中共有 198 个节点和 336 条连线，网络密度为 0.0172，共展现出 9 个聚类，分别是"campus safety（校园安全）""school safety（学校安全）""sexual assault（性侵）""implementation（实施）""campus carry（校园枪支携带）""school security（学校安全）""school violence（校园暴力）""food insecurity（食品不安全）""young adults（青年人）"。

三 突现词分析

突现词是指某关键词在某一时间段内被引频次突然增多，通过分析突现词，可以了解在某段时间内的研究热点和前沿动态。图 3-11、图 3-12 展现了校园安全研究的中英文文献的突现词。图中的"开始（Begin）"代表对应关键词频次开始突现的年份，"结束（End）"代表关键词停止突现的年份，"强度（Strength）"代表该关键词在这段时间内的突现程度，深色线条表示突现词的持续时间。

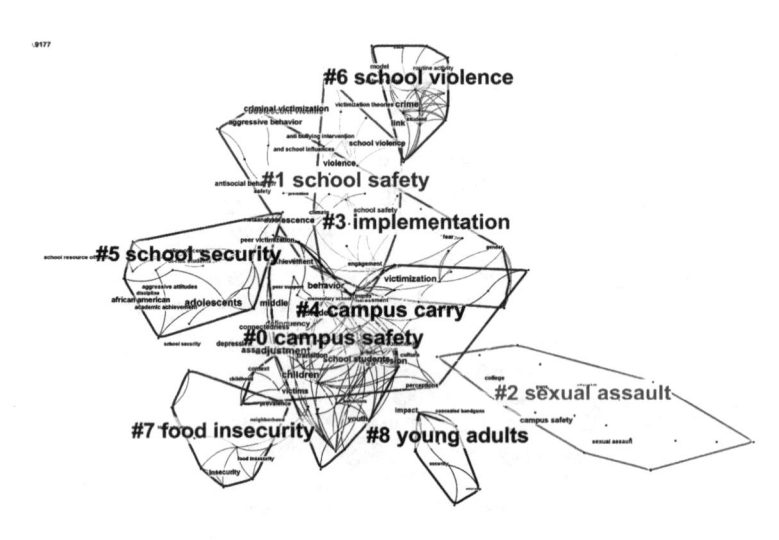

图 3-10 英文文献关键词聚类

通过观察图 3-11 可知，校园安全研究中文文献共有 20 个突现词，分别是：网络安全、防火墙、校园网、学生、安全、和谐校园、高等学校、对策、中小学、安全教育、突发事件、大学生、学校体育、平安校园、校园欺凌、高校、校园安全、校园暴力、学校安全、安全管理。从时间顺序看，"网络安全""防火墙"开始时间最早；从突现持续时间来

Keywords	Year	Strength	Begin	End	1995—2024
网络安全	2000	10.11	2000	2007	
防火墙	2000	3.53	2000	2007	
校园网	2000	11.15	2002	2009	
学生	2005	2.21	2005	2007	
安全	2002	6.15	2006	2010	
和谐校园	2007	2.61	2007	2009	
高等学校	2008	2.96	2008	2009	
对策	2010	4.51	2010	2012	
中小学	2001	2.04	2010	2016	
安全教育	2009	3.57	2011	2013	
突发事件	2011	2.66	2011	2017	
大学生	2007	4.49	2012	2015	
学校体育	2004	2.4	2012	2014	
平安校园	2013	2.43	2013	2014	
校园欺凌	2016	8.02	2016	2022	
高校	2006	2.64	2016	2017	
校园安全	2005	4.9	2017	2022	
校园暴力	2017	3.05	2017	2019	
学校安全	2011	3.02	2018	2020	
安全管理	2003	2.54	2018	2020	

图 3-11 中文文献关键词突现图谱

看,"校园网""网络安全""防火墙""校园欺凌""突发事件""中小学"等的突现时间较长,说明这些内容在相当长的一段时间内曾是校园安全研究的热点;从突现强度来看,"校园网""网络安全"的突现强度高于10,是突现词中强度较高的词语。总体来看,"校园欺凌""校园暴力""安全管理""校园安全"和"学校安全"突现时间相隔较短且出现的时间距离当前较为接近,可以认为是现阶段的研究热点。

图3-12展现了1999年至2024年4月关于校园安全研究的英文文献的突现词。该图中共有20个突现词,分别是:"adjustment(适应)""adolescents(青少年)""sexual assault(性侵犯)""school(学校)""peer victimization(同伴受害)""victimization(受害)""gender(性别)""behaviors(行为)""middle(中间)""students(学生)""safety(安全)""climate(氛围)""prevention(预防)""delinquency(犯罪)""risk(风险)""campus carry(校园枪支携带)""discipline(纪律)""race(种族)""education(教育)""food security(食品安全)"。从时间顺序看,"adjustment(适应)"开始时间最早;从突现持续时间来看,"adjustment(适应)""adolescents(青少年)""school(学校)""behaviors(行为)"等的突现时间较长,说明这些内容在相当长的一段时间内曾是校园安全研究的热点;从突现强度来看,"behaviors(行为)""adolescents(青少年)"和"middle(中间)"的突现强度高于5,是突现词中强度较高的词语。总体来看,"prevention(预防)""delinquency(犯罪)""risk(风险)""campus carry(校园枪支携带)""discipline(纪律)""race(种族)""education(教育)"和"food security(食品安全)"突现时间相隔较短且出现的时间距离当前较为接近,可以认为是现阶段的研究热点。

四 关键词时区图谱分析

关键词时区图谱可展现各个研究热点的时间跨度以及不同研究热点之间的相互联系,进而展示近年来国内外校园安全研究热点变化及未来研究趋势。以每5年为一个时区,将中英文文献关键词结合发表时间和聚类得出国内外校园安全研究领域文献关键词时间图谱。

从中文文献看,安全教育、网络安全、学生安全、校园安全等关键词的时间跨度较长,在时间线的前、中、后期均有分布;校园欺凌、高

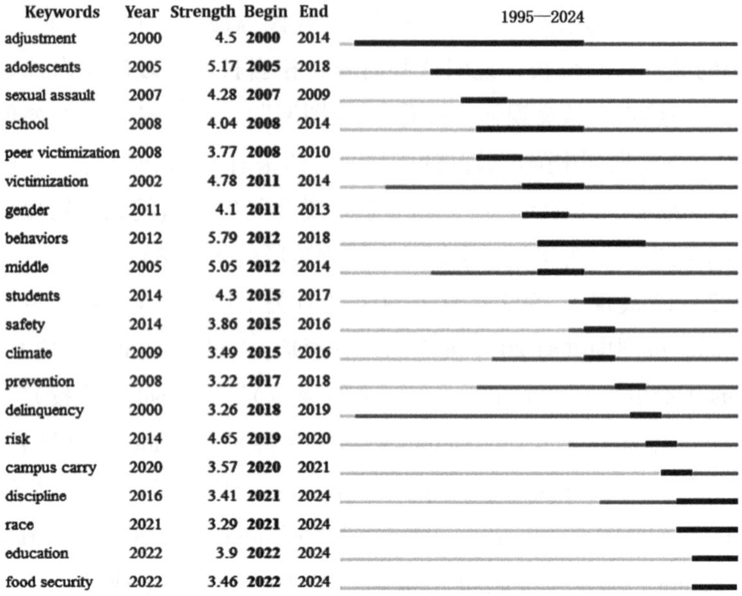

Keywords	Year	Strength	Begin	End	1995—2024
adjustment	2000	4.5	2000	2014	
adolescents	2005	5.17	2005	2018	
sexual assault	2007	4.28	2007	2009	
school	2008	4.04	2008	2014	
peer victimization	2008	3.77	2008	2010	
victimization	2002	4.78	2011	2014	
gender	2011	4.1	2011	2013	
behaviors	2012	5.79	2012	2018	
middle	2005	5.05	2012	2014	
students	2014	4.3	2015	2017	
safety	2014	3.86	2015	2016	
climate	2009	3.49	2015	2016	
prevention	2008	3.22	2017	2018	
delinquency	2000	3.26	2018	2019	
risk	2014	4.65	2019	2020	
campus carry	2020	3.57	2020	2021	
discipline	2016	3.41	2021	2024	
race	2021	3.29	2021	2024	
education	2022	3.9	2022	2024	
food security	2022	3.46	2022	2024	

图 3-12　英文文献关键词突现图谱

等学校则是在2010年前后才开始得到广大学者的关注，并持续到当前。

从英文文献看，"campus safety（校园安全）""school safety（学校安全）""implementation（实施）"等关键词跨越了时间线的前、中、后期，是学者们长期关注的研究点。此外，"campus carry（校园枪支携带）""food insecurity（食品不安全）"等特定校园安全主题也是国际学者较早关注的；"sexual assault（性侵）"以及"young adults（青年人）"则是学者们中后期开始关注的核心主题。

第三节　校园安全研究热点和潜在议题

在前文的基础上，本部分将通过归纳总结的方式来深入探讨国内外校园安全研究的最新动向和未来发展方向。

校园安全一直是国内外学者关注的焦点之一，各种研究从不同角度对校园安全问题展开探讨。在国内，校园安全研究主要集中在预防校园欺凌、校园暴力、校园灾害等方面。中国学者通过社会调查、心理学研究、政策分析等方法，探讨了校园暴力事件的成因、预防措施以及校园安全管理体系的完善。此外,校园网络安全问题也成为研究的热点,学者们关注网络欺凌、网络侵权等对学生健康成长的影响。在国外,校园安全研究涵盖了更广泛的范围,包括校园枪击以及其他校园恐怖袭击事件等。此外,国外学者还关注学校安全文化的建设、校园安全法律法规的完善等方面,以构建一个更加安全的校园环境。

近年来,国内外的校园安全研究逐渐走向多元化和前沿化。学者们开始关注校园心理健康问题与安全的关系,探讨心理健康状况对校园暴力的影响,提出心理干预方案。同时,随着人工智能、大数据等技术的广泛应用,校园安全领域也逐渐引入这些新技术,探讨如何利用科技手段提高校园安全管理效率,预防校园安全事件的发生。除此之外,跨学科合作成为当前校园安全研究的新趋势。心理学、社会学、法学、管理学等学科的专家们联手开展研究,从不同角度、不同维度全面解读校园安全问题,为学校提供更加全面和有效的安全管理方案。

一 热点研究领域

(一) 校园暴力和欺凌

校园暴力和欺凌是影响学生健康和学习的严重问题,它们不仅会对个人造成身心伤害,还可能引发长期的社会问题。校园暴力和欺凌已经引起了国内外学者的广泛关注和研究。在国内,校园暴力研究主要集中在校园欺凌、校园暴力事件的成因、影响因素、预防和干预措施等方面。[1] 学者们通过调查研究、案例分析、心理学实验等方法,探讨校园暴力对学生身心健康的影响,提出了一系列预防和处理校园暴力的建议。国外的校园暴力研究更加广泛深入,包括校园枪击事件、校园恐怖袭击、性侵犯等问题。[2] 美国学者对校园暴力事件进行了深入研究,提出了各种政策建议和干预措施,致力于减少校园暴力事件的发生。同时,国外学者还关注校园暴力事件的媒体报道方式、社会影响等方面,探讨如何更

---

[1] 俞凌云、马早明:《"校园欺凌":内涵辨识、应用限度与重新界定》,《教育发展研究》2018年第12期。

[2] Ttofi, M. M., Farrington, D. P., Lösel, F., "School Bullying as a Predictor of Violence Later in Life: A Systematic Review and Meta-analysis of Prospective Longitudinal Studies", *Aggression and Violent Behavior*, Vol. 17, 2012, pp. 405–418.

好地引导公众关注和媒体报道校园暴力问题。

全球范围内的研究表明，校园暴力和欺凌的形式多种多样，包括言语、身体、心理和网络等多个方面。这些行为可能导致受害者产生学业成绩下滑、自尊心下降、焦虑、抑郁等不良后果，甚至在极端情况下，导致自杀等严重后果。

研究者们通过定量和定性方法，深入探讨了校园暴力和欺凌的发生率、影响因素、受害者和施暴者的特征以及其对个体和社会的影响。研究发现，性别、年龄、种族和社会经济地位等因素与校园暴力和欺凌的发生有关，这为制定针对性的干预措施提供了参考。

针对校园暴力和欺凌问题，全球各地学者和机构积极开展了预防和干预方面的研究。预防策略包括教育和宣传活动，培养学生的情感智力和社交技能，增强他们的自我保护意识；加强学校的监督和管理，建立积极的校园文化和氛围；促进家庭和社区的合作，共同关注学生的心理健康和社会适应能力。在干预方面，研究者们提出了多种方法和方案，包括建立支持团体和心理咨询服务，为受害者提供安全的环境和情感支持；培训教师和学校工作人员，提高他们对校园暴力和欺凌的认识和应对能力；制定严格的校园规章制度，对施暴者进行惩处和辅导，以防止问题进一步恶化。

随着社会的发展和教育理念的更新，对校园暴力和欺凌的研究也在不断深化和拓展。近年来，关注点越来越多地从单纯的问题表象转向了潜在的根源和社会背景，比如家庭教育方式、社会价值观念等。同时，随着信息技术的普及和网络空间的发展，研究者们开始关注网络欺凌[1]和网络暴力等新兴形式，并呼吁加强网络安全意识和保护措施。[2]

（二）校园网络安全

校园网络安全的研究是针对保护学校网络系统，预防和应对各种网络威胁和攻击，以确保数据的安全、隐私的保护和网络的稳定运行而展

---

[1] Mishna, F., Khoury-Kassabri, M., Gadalla, T., Daciuk, J., "Risk Factors for Involvement in Cyber Bullying: Victims, Bullies and Bully-victims", *Children and Youth Services Review*, Vol. 34, 2012, pp. 63-70.

[2] 王兴超、史浩凌：《负性生活事件与青少年网络欺凌行为的关系——愤怒反刍的中介作用和网络去抑制的调节作用》，《华南师范大学学报》（社会科学版）2024年第1期。

开的广泛探索。近年来,随着信息化技术的发展和应用,校园网络安全问题备受关注,国内外学者纷纷展开研究。在国内,校园网络安全研究主要关注校园网络攻击、网络侵权、网络欺凌等问题,探讨校园网络安全事件的成因、影响因素、预防策略等。[1] 国外的校园网络安全研究更加注重前沿技术应用和政策法规制定,重点关注校园网络安全政策的制定与实施、网络安全技术的研发与应用以及网络安全法律法规的完善等方面。[2]

在校园网络安全研究上,学者们除了关注校园网络系统面临的威胁和漏洞,提出了制定和实施有效的网络安全策略和管理措施的建议之外,他们还对校园网络安全的多个方面展开了更深入的研究。

首先,学者们关注了学生网络安全素养的提升。他们认识到在数字化时代,学生需要具备良好的网络安全意识和技能,以保护个人隐私、预防网络诈骗和欺凌等问题。因此,他们提出了各种培养学生网络安全素养的教育方法和策略,包括开设网络安全课程、举办网络安全活动、制定网络安全行为准则等,以提高学生的网络安全意识和技能。

其次,教师网络安全意识的培养也是研究的重点之一。学者们认识到教师在校园网络安全管理中起着关键作用,因此需要加强对其网络安全意识和技能的培养。他们提出了为教师提供网络安全培训、开展网络安全知识普及活动、建立网络安全管理团队等举措,以提高教师对网络安全的重视程度和应对能力。此外,学者们也关注了学校网络安全管理措施的完善问题。他们不仅对现有的网络安全管理体系进行了评估和分析,还提出了一系列改进措施和建议。这些措施包括加强网络安全技术设备的更新和维护、建立健全网络安全管理制度和流程、加强网络安全监测和应急响应能力等,以确保学校网络系统的安全稳定运行。

最后,学者们还重点研究了网络安全管理中的数据隐私保护和网络舆情问题。他们认识到数据隐私保护是网络安全管理的重要组成部分,提出了加强数据加密、访问权限控制、安全漏洞修补等措施,以保护个

---

[1] 朱海龙、胡鹏:《高校校园网络安全管理问题与对策研究》,《湖南社会科学》2018 年第 5 期。

[2] Hansen, L., Nissenbaum, H., "Digital Disaster, Cyber Security, and the Copenhagen School", *International Studies Quarterly*, Vol. 53, 2009, pp. 1155 – 1175.

人和机构的数据安全。此外，他们也关注了网络舆情对校园声誉和社会形象的影响，研究网络舆情的产生和传播规律，提出了应对网络舆情的管理策略和应急预案。

（三）校园心理健康

学校师生心理健康及心理社会支持是教育领域的关键课题，受到国内外学者的广泛关注。在国内，研究主要集中在教师和学生的心理健康问题，以及心理健康教育等方面，通过问卷调查、实证研究和案例分析探讨相关议题，提出改善建议。[1] 相比之下，国外研究更注重心理社会支持的角色和效果。国外学者展开了大量研究，探讨了家庭、同伴、学校支持对师生心理健康的影响机制，为学校心理健康提供了理论支持。[2]

从目前研究来看，一方面，研究着眼于识别和理解校园师生的心理健康问题，包括焦虑、抑郁、自杀倾向、创伤后应激障碍等心理健康问题的发生率、影响因素和相关表现的研究。另一方面，研究集中于心理健康问题的预防和干预，包括开展心理健康教育和宣传活动，提升师生的心理健康意识和心理应对能力；设计和实施有针对性的心理健康干预项目（如心理咨询、心理治疗、认知行为疗法等），以及推广心理健康促进活动（如运动、艺术、团体活动等），以缓解心理压力和提升心理健康水平。另外，研究也关注提供心理社会支持的有效方法，包括建立健康的学校社会环境，促进师生之间的良好关系和互动；提供多元化的心理社会支持服务，如心理咨询、心理疏导、心理教育等，以及建立互助支持群体和社区，提供情感支持和信息交流的平台。此外，研究还关注校园师生心理健康和心理社会支持的跨文化比较。不同文化背景下的心理健康问题和支持需求可能存在差异，因此，跨文化比较研究有助于深入理解不同文化背景下的心理健康问题和支持体系，为跨文化的心理健康干预和支持提供参考。

---

[1] 俞国良、黄潇潇：《学生心理健康问题检出率比较：元分析的证据》，《教育研究》2023年第6期。

[2] Gulliver, A., Griffiths, K. M., Christensen, H., "Perceived Barriers and Facilitators to Mental Health Help-seeking in Young People：A Systematic Review", BMC Psychiatry, Vol. 10, 2010, pp. 1–9.

（四）校园安全政策和管理

校园安全政策和管理是确保学生身心健康、创造安全学习环境的关键。国内研究主要关注政府、学校管理者和社会公众在安全管理中的角色划分、管理体系建设，以及应急预案制定与实施。[①] 国外研究侧重于对实践经验和政策效果的评估，提供改进校园安全管理的经验和政策建议。[②]

从当前研究看，一方面研究集中于制定和实施有效的校园安全政策。这包括建立完善的安全政策框架、规范校园安全管理流程，以及明确各方责任和义务。学者们致力于分析各种安全政策的实施情况，评估其对校园安全的影响，以及发现和解决政策执行中存在的问题。另一方面，研究关注校园安全管理的有效性和效率。这涉及对安全管理人员的配备和培训、安全设备和技术的运用、安全巡查和监控机制的建立等方面的研究。学者们通过实证研究和案例分析，探讨不同管理方式对校园安全的影响，并提出优化管理的建议。另外，研究也关注校园安全管理的创新和发展。[③] 随着科技的进步和安全威胁的不断演变，学者们积极探索新的安全管理技术和方法。例如，引入智能监控系统、加强网络安全防护、开展安全教育和培训等。这些研究旨在提高校园安全管理的前瞻性和针对性，以更好地保障学校师生的安全。再者，学生安全素质的培养也是学者们重点探讨的问题。[④]

二　潜在研究议题

（一）智能技术在校园安全中的应用

智能技术应用于校园安全管理是在信息技术飞速发展的时代背景下崭露头角的重要趋势。随着智能技术的不断创新和普及，校园安全管理

[①] 王超：《我国学校安全政策注意力演进研究——基于35年〈教育部工作要点〉的内容分析（1987—2021）》，《广州大学学报》（社会科学版）2022年第2期。

[②] Bromley, M. L., "A Content Review of Campus Police Vehicle Pursuit Policies at Large Institutions of Higher Education", Policing: An International Journal of Police Strategies & Management, Vol. 23, 2000, pp. 492–507.

[③] 王菁菁：《高校校园安全风险治理：情势、机制与进路》，《江苏高教》2023年第12期。

[④] 李少奇、郑丽萍：《大学生安全素质培养研究》，《重庆大学学报》（社会科学版）2012年第3期。

面临的挑战也日益复杂化，校园暴力、欺凌事件等安全问题频发，传统的管理手段已经难以满足需求。因此，借助智能技术来提升校园安全管理的水平显得尤为迫切。① 首先，智能技术能够实现校园安全管理的精准监控和实时响应，有效提升安全事件的发现和处置效率，降低安全风险。其次，智能技术能够实现安全信息的快速传递和共享，加强学校内外部的沟通和协作，提升应急响应的能力。最后，智能技术还能够为校园安全管理提供数据支持和智能分析，通过大数据分析和人工智能算法，发现安全隐患，预测安全风险，提前采取措施，从而更加有效地保障师生的安全。

在智能技术应用于校园安全管理方面，重点可以开展以下方面的研究。一是基于大数据的校园安全风险预测研究。利用大数据技术分析历史数据、校园网络数据等信息，建立校园安全风险预测模型，帮助学校提前识别潜在的安全风险，并采取相应的预防措施。二是校园安全中智能技术应用及管理研究。评估智能监控技术、智能通信技术、智能分析技术等智能技术在校园安全管理中的应用效果，客观分析其可能带来的风险，构建管理体系提高应用效果。

(二) 国际学生安全管理

国际学生安全管理是在全球化的快速发展，以及国际教育交流增加的背景下涌现的重要议题。随着国际学生交流与留学规模的不断扩大，各国对国际学生的安全管理越发重视。学校和政府机构面临着更多种类的校园安全挑战，包括但不限于生活安全、身心健康、文化适应、社会融入等方面。在这样的背景下，国际学生的安全受到了来自不同文化、语言、习惯等多方面因素的影响，他们可能更容易面临身心健康问题、文化冲突、社会适应困难等挑战。此外，国际学生的安全问题不仅会影响他们个人的学习和生活，也会影响整个国际学生群体的形象和声誉，甚至可能引发外交和国际关系上的问题。学校和社会对于国际学生的安全负有道德和法律责任，需要为其提供有效的支持和保护。

针对国际学生安全管理方面，可在以下方面开展研究。首先，研究

---

① 李忱典、李丹丹：《基于GIS技术的智慧校园管理系统设计》，《中学地理教学参考》2023年第24期。

可以关注国际学生在不同文化背景下的适应和融入情况，探讨其面临的挑战和困难，以及如何有效地提供支持和帮助。其次，研究可以分析国际学生的安全意识和行为，探讨他们对安全问题的认知和应对策略，以及如何加强安全教育和培训。另外，研究还可以关注国际学生的生活和学习环境，评估学校和社会提供的安全保障措施的有效性和完善性，并提出改进建议。此外，研究还可以探讨国际学生安全管理的跨国合作机制和经验分享，以及对不同国家在安全管理方面的法律法规和政策进行对比分析。

（三）校园安全的多元复杂跨界研究

校园安全的多元复杂跨界研究是在当今全球化、信息化的时代背景下崭露头角的重要趋势。随着社会的发展和科技的进步，校园安全问题变得更加多元化、复杂化和跨界化。一方面，校园安全问题不再局限于传统的校园欺凌、校园暴力等问题，还涉及新型安全挑战，如网络安全问题、校园恐怖主义威胁、校园枪击事件等。多种安全事件可能会交织在一起，相互影响、相互加剧，继而增加了安全管理的难度和复杂性。另一方面，互联网的普及和发展为校园安全信息管理带来了新的挑战。学生通过互联网获取信息的渠道更加广泛，安全信息传播更加迅速，虚假信息和不良信息也更加容易传播。[1] 同时，互联网也成了一些不法分子实施犯罪行为的重要渠道（如网络诈骗、网络暴力等），加剧了校园安全风险。此外，校园安全问题不再是一个封闭的系统，而是与社会、家庭、网络等多个领域相互关联、相互影响。学生的家庭背景、社会环境、网络活动等因素都会对校园安全产生影响，需要跨界性的安全管理和应对措施。

在这样的背景下，开展校园安全的多元复杂跨界研究极为重要。重点可在以下方面开展研究。一是新时代背景下的校园安全新特点、新问题、新趋势分析。深入理解校园安全问题的本质和特点，把握其多元化、复杂化的特征，为制定针对性的安全管理策略提供理论支持。二是校园安全的复杂影响因素与机制研究。分析社会、家庭、文化等多元因素对

---

[1] 李明超：《高校网络舆情的类型、特征及引导措施研究》，《河北师范大学学报》（教育科学版）2023 年第 2 期。

校园安全的影响机制，为安全管理策略的制定提供依据。三是跨文化比较研究。探讨不同国家和地区校园安全问题的共性与特殊性，为国际的安全管理提供参考。

第 四 章

校园网络舆情风险分析与综合治理对策

随着互联网技术的迅猛发展，人们的生活方式正经历着前所未有的深刻变革，网络化生存模式逐渐成为现代生活的普遍形态。在这样的背景下，网络化参与公共事务的浪潮应运而生，并日益凸显其在当代社会生活中的重要影响力。然而，随着网络化的深入发展，校园突发事件也越发频繁地出现在公众的视野中。这些事件往往在短时间内得到迅速传播，引发大量网民的关注和讨论，在事件的传播过程当中，若政府应对失当，校园网络舆情会不断发酵，对社会的稳定和谐造成潜在威胁。因此，面对互联网技术带来的深刻变革，我们必须加强对校园网络舆情的监控与管理，积极防范、化解和应对舆情危机，以最大限度地降低校园网络舆情突发事件的消极影响及潜在风险。

第一节 校园网络舆情风险治理研究现状

信息技术的蓬勃发展给社会经济的发展带来了深刻的影响，使人们的沟通交流方式发生了巨大变革，特别是自媒体的快速成长，不仅丰富了网络信息传播的表现形式，更加快了信息流动的速度，拓宽了信息传播的广度。据中国互联网络信息中心（CNNIC）于2023年8月发布的第52次《中国互联网络发展状况统计报告》统计，截至2023年6月，中国网民规模达10.79亿人，较2022年12月增长1109万人，相较于2013年的5.64亿人更是增长了将近一倍，互联网普及率高达76.4%。该报告还显示，即时通信、网络视频、短视频的用户规模稳居前三，分别达10.47亿人、10.44亿人和10.26亿人，用户使用率分别为97.1%、96.8%和95.2%。① 与此同时，信息技术也展现出了其双刃剑特性，一方面，它给人民生活带来了极大便利，成为民众表达意见的重要渠道；另一方面，也使各种失实信息、非理性表达甚嚣尘上，加大了突发事件舆情治理的难度。

目前，中国正处于社会转型期，各种突发事件频发，社交媒体在突发公共事件危机传播中发挥着越来越重要的作用，网络舆情也成为网络舆论的主要表现形式，② 对国家和社会都具有重要影响。③ Yang等人在议程设置的理论框架下，考察了中国语境下网络舆情是否以及如何影响传统媒体和国家层面的政府议程，指出网络舆情已经成为当代中国一股相互竞争的议程设置力量。④

综合目前学界对网络舆情的研究来看，网络舆情影响因素是该领域关注的重点。Wang等人构建了网络舆情时空演化分析模型和影响因素分析模型，发现网络舆情热度、网民情绪倾向、事件严重程度、网民数量、媒体报道数量和区域属性共同影响网络舆情的时空演变格局。⑤ Ye等人通过结合个体一致性和个体网络关系强度等参数，建立网络群体态度极化模型，并通过模拟发现，个体一致性和环境态度的差异极大地影响了网络舆情的演化方向。⑥ Chen等人则认为，包括个体受教育程度、个体固执程度、个体初始意见的个体内部特征和个体外部信息是影响网

---

① 王思北：《10.79亿网民如何共享美好数字生活？——透视第52次〈中国互联网络发展状况统计报告〉》，新华社，https://www.cac.gov.cn/2023-08/29/c_1694965940144802.htm，最后访问日期：2024年5月24日。

② Xu, J., Tang, W., Zhang, Y., Wang, F., "A Dynamic Dissemination Model for Recurring Online Public Opinion", *Nonlinear Dynamics*, Vol. 99, 2020, pp. 1269-1293.

③ 刘亚男：《我国网络舆情研究现状述评》，《情报杂志》2017年第5期。

④ Yang, S., "Analysis of Network Public Opinion in New Media Based on BP Neural Network Algorithm", *Mobile Information Systems*, Vol. 2022, 2022, pp. 1-9.

⑤ Wang, J., Zhang, X., Liu, W., Li, P., "Spatiotemporal Pattern Evolution and Influencing Factors of Online Public Opinion—Evidence from the Early-stage of Covid-19 in China", *Heliyon*, Vol. 9, 2023, p. 9.

⑥ Ye, Y., Zhang, R., Zhao, Y., Yu, Y., Du, W., Chen, T., "A Novel Public Opinion Polarization Model Based on BA Network", *Systems*, Vol. 10, 2022, pp. 1-17.

络舆情形成的关键因素，个体间的意见差异是影响网络舆情形成的最重要因素，并发现突发事件报告强度越大时网络舆情就越容易形成，个体受教育程度越高、个体越固执，网络舆情形成并达到稳定状态的时间越短。[①]

校园事件网络舆情作为突发事件网络舆情的重要组成部分，近年来受到了学界的广泛关注与研究。现有研究主要可归结为两大路径：一是采用定量方法的模型分析，二是采用定性方法的单案例分析。

在定量研究方面，众多学者运用不同模型与算法对校园事件网络舆情进行了深入探究。Li 等人将 BILSTM 情感分析模型和 LDA 主题模型相结合，挖掘 COVID-19 不同阶段不同情感属性的评论主题，识别高校舆情事件主题图中的主体和关系，构建了高校公众号舆情主题的情感知识图谱。[②] 而针对高校网络舆情分析和危机舆情预警的需求，于卫红基于多 Agent 构建了高校网络舆情监测与分析系统，并用 R 语言进行大数据分析，使监测结果更加准确全面。[③] 顾海硕、贾楠等提出根据 SEIR 演化博弈理论和 SPN 模型及其同构的 Markov 链建立突发事件网络舆情预警模型，研究表明，通过对舆情演化链条中平衡点、传播阈值和预警概率进行分析，有助于政府及时有效管控舆情，提供决策支持。[④] Weng 则提出了一种基于深度学习的大学舆情主题管理研究方法。该研究首先是运用改进的具有情感辨别学习能力的 LDA 模块，提取校园评论中主要论点的情感，然后利用深度学习模块的统计情感强度，分析时间序列中不同事件的主题论点的情感强度，从而实现对整个事件情感强度趋势的长期跟踪。[⑤] 庄媛提

[①] Chen, T., Peng, L., Yang, J., Cong, G., "Modeling, Simulation, and Case Analysis of COVID-19 over Network Public Opinion Formation with Individual Internal Factors and External Information Characteristics", *Concurrency and Computation: Practice and Experience*, Vol. 33, 2021, pp. 1–26.

[②] Li, X., Li, Z., Tian, Y., "Sentimental Knowledge Graph Analysis of the COVID-19 Pandemic Based on the Official Account of Chinese Universities", *Electronics*, Vol. 10, 2021, pp. 1–24.

[③] 于卫红：《基于多 Agent 的高校网络舆情监测与分析系统》，《现代情报》2017 年第 10 期。

[④] 顾海硕、贾楠、孟子淳等：《基于 SEIR-SPN 的突发事件网络舆情演化及预警机制》，《情报杂志》2024 年第 4 期。

[⑤] Weng, Z., "Application Analysis of Emotional Learning Model Based on Improved Text in Campus Review and Student Public Opinion Management", *Mathematical Problems in Engineering*, Vol. 2022, 2022, pp. 1–12.

出，可以利用ISM模型监控网络热点话题舆情信息，ISM模型可以通过拆分监测对象的各种影响因素，采用层级拓扑图分析，从而实现对网络舆情的实时监控。① 此外，Xu等人提出了基于大数据的舆情动态监测模型，构建了新媒体多层次、全方位的引导指标体系，以帮助高校实现对网络舆情的预警、分析、处理。②

在定性研究方面，学者们主要通过单案例分析来探讨校园事件网络舆情的形成与演化机制。丁汉青和刘念通过对新浪微博中"中关村二小校园欺凌"事件的内容分析，研究了该事件所引发的网民情绪整体态势，以及不同特征的网民群体在情绪表达上的具体差异，③ 邹红军和柳海民则采用话语分析法，基于沉默的螺旋理论和博弈论分析了该事件网络舆情演化中的多主体动态博弈过程。④

总体来讲，当前关于网络舆情的研究成果较为丰硕，也为本书提供了很好的参考，但是仍然存在值得拓展的空间。一是现有研究多是针对突发公共事件的网络舆情进行分析，对于校园安全事件网络舆情的研究较少，而校园安全事件作为突发公共事件的一个特殊领域，对于此类事件进行有针对性的分析是必要且有意义的。二是目前关于校园安全事件网络舆情的研究多是个案类实证研究或规范论证研究，缺乏多案例之间的比较分析。三是目前鲜有研究运用定性与定量相结合的混合方法对校园安全事件网络舆情影响因素之间相互作用关系及内在产生机理进行研究。为丰富现有研究，本书将从校园安全事件网络舆情生成的组态视角出发，对中国的44个校园安全事件进行模糊集定性比较分析，考察多重因素的排列组合对校园安全事件网络舆情生成的影响，以形成对校园安全事件网络舆情生成机理的新认识。

---

① 庄媛：《ISM模型在网络热点话题舆情信息监控中的应用》，《情报科学》2023年第2期。
② Xu, B., Liu, Y., "The Role of Big Data in Network Public Opinion within the Colleges and Universities", *Soft Computing*, Vol. 26, 2022, pp. 10853–10862.
③ 丁汉青、刘念：《网络舆情中网民的情绪表达——以中关村二小"校园欺凌"事件为例》，《新闻大学》2018年第4期。
④ 邹红军、柳海民：《校园欺凌中的网络舆情演化及其应对——基于"中关村二小校园欺凌事件"的个案研究》，《教育发展研究》2018年第12期。

第二节 理论框架与分析方法

一 理论框架

1978 年，美国学者 F. W. Horton 提出"信息生态"概念，他认为在信息社会中，信息人与信息环境之间是紧密联系的，其中人、行为、价值与技术是其主要构成要素。[1] 1989 年，R. Capurro 从国家政策、法规制度、人文环境等层面分析人与信息之间的矛盾，论述了信息污染、信息贫富差距导致的数字鸿沟等问题。[2] 此后，Davenport 和 Prusak 提出了信息生态理论，指出对组织内部信息利用方式产生影响的各个复杂问题采取整体的观点，在不同现象之间相互作用时必须采用系统观分析问题。[3] 中国学者承袭并进一步丰富了信息生态理论的内涵。娄策群等人认为，信息生态系统进化是指通过优化其结构和功能，信息生态系统整体从低层次平衡状态向高层次平衡状态发展的过程。[4] 李美娣提出，信息生态理论是由信息、信息人与信息环境三个要素相互联系、相互作用而构成的有机整体。[5] 李明和曹海军则认为，信息生态主要包含信息、信息人、信息环境与信息技术四个关键要素。[6] 杨雨娇和袁勤俭认为，已有文献主要从信息人或信息技术等单一信息生态维度分析研究问题，未见有研究系统分析信息、信息人、信息技术和信息环境的相互作用，未来可从信息人、信息、信息技术和信息环境四个维度提炼出可操作化的变量进行分析研究。[7]

校园安全事件网络舆情生成是多重复杂因素综合作用的结果，需要

---

[1] Horton, F. W., "Information Ecology", *Journal of systems management*, Vol. 9, 1978, pp. 32 – 36.

[2] Capurro, R., *Towards an Information Ecology*, London: Taylor Graham, 1989, p. 122.

[3] Davenport, T. H., Prusak, L., *Information Ecology: Mastering the Information and Knowledge Environment*, Oxford University Press, 1997, pp. 28 – 46.

[4] 娄策群、杨小溪、王薇波：《信息生态系统进化初探》，《图书情报工作》2009 年第 18 期。

[5] 李美娣：《信息生态系统的剖析》，《情报杂志》1998 年第 4 期。

[6] 李明、曹海军：《信息生态视域下突发事件网络舆情生发机理研究——基于 40 起突发事件的清晰集定性比较分析》，《情报科学》2020 年第 3 期。

[7] 杨雨娇、袁勤俭：《信息生态理论其在信息系统研究领域的应用及展望》，《现代情报》2022 年第 5 期。

从整体对系统内的各影响因素进行综合性考察分析，信息生态理论主张从整体视角对复杂问题的产生进行分析，这为校园安全事件网络舆情的研究奠定了良好的理论基础。因此，本书基于信息生态理论，依据校园安全事件网络舆情的影响因素确定信息人、信息、信息技术、信息环境（舆情环境）四要素为4个分析维度，并提取出了影响校园安全事件网络舆情的7个条件变量，其中信息人维度包括网民关注度、"意见领袖"影响力和中央媒体介入度，信息维度包括信息载体和事件类型，信息技术维度包括网络媒体参与度，信息环境包括网络舆情疏解时长。基于以上4个分析维度7个条件变量构建校园安全事件网络舆情生成机理分析框架，如图4-1所示。

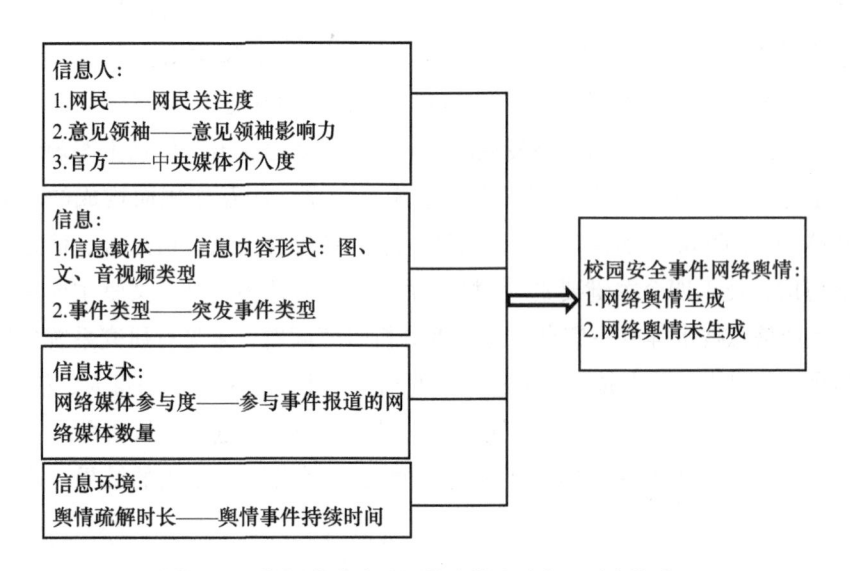

图4-1 校园安全事件网络舆情生成机理分析框架

（一）信息人

信息人是信息生态系统的核心，是信息生态中的行为主体，包括信息生产者、信息加工者、信息传递者和信息消费者，在网络舆情信息生态系统中是舆情主体，包括网民、"意见领袖"和官方三方。首先，网民是网络舆情信息的主要受众，接受着各类信息发布主体发布的信息，同时又对信息进行转发或评论。校园安全事件折射出一定的社会现实问题，也常常牵涉社会大众的公共利益，因此网民对事件信息的反应程度和参与情况能对网络舆情的形成和发展趋势产生直接的影响。其次,"意见领袖"作为舆情信息生态系统中信息传播的积极分子,在向个体网民提供信息支持的同时也产生了相应的影响。在如何对网络"意见领袖"进行识别上,刘志明、刘鲁认为,微博"意见领袖"应当从用户影响力和用户活跃度两个层级进行特征识别,并通过对"意见领袖"的跨主体性分析证明,"意见领袖"具有主体依赖。① 在网络"意见领袖"形成的必要条件上,王秀丽通过对知乎意见领袖的研究表明,拥有专业知识和特长是成为"意见领袖"的必要条件,但积极、活跃、负责的社群参与是成为知识类"意见领袖"的决定性因素。② Shen 等人的研究表明,"意见领袖"的追随者会传播他们在推特上发布的信息,进一步证实了有影响力的"意见领袖"会对信息的传播产生重要影响。③ 由此可见,"意见领袖"对网络舆情传播趋势和速度有很强的影响力,他们发布的信息和活跃度能够极大影响网络舆情的生成和舆情信息的传播,该群体显然已经成为推动舆情发展的重要力量。最后,政府作为网络舆情调节和管控的关键主体,官方媒体特别是中央权威媒体发布的信息代表了政府的公信力和权威性,在塑造新闻框架时,来自政府的外部压力超过了媒体专业精神的内在价值,会对舆情方向产生显著影响,④ 官方媒体借助新媒体平台,可以打通体制内和民间两个舆论场,可以有效减弱民间对政府的信任危机。⑤ 因此本书认为,有必要将其从普通网络媒体中分离出来,作为单独的一个前因条件变量进行考察。

(二)信息

信息是信息生态系统中的关键因素,可对信息生态系统内的其他因素产生直接影响。在网络舆情信息生态系统中,信息是舆情的本体,主

---

① 刘志明、刘鲁:《微博网络舆情中的意见领袖识别及分析》,《系统工程》2011 年第 6 期。

② 王秀丽:《网络社区意见领袖影响机制研究——以社会化问答社区"知乎"为例》,《国际新闻界》2014 年第 9 期。

③ Shen, C., Kuo, C. J., "Learning in Massive open Online Courses: Evidence from Social Media Mining", Computers in Human Behavior, Vol. 51, 2015, pp. 568–577.

④ Yuqiong Zhou, Patricia Moy, "Parsing Framing Processes: The Interplay Between Online Public Opinion and Media Coverage", Journal of Communication, Vol. 57, 2007, pp. 79–98.

⑤ 平萍:《〈人民日报〉官方微博受追捧引发的思考——兼论传统媒体如何夺回话语权》,《中国记者》2012 年第 9 期。

要包括信息载体和事件类型，突发事件信息是诸多参与主体对相关话题表达态度、情绪的总和，是网络舆情产生的根本原因。Gearhart 和 Zhang 认为，问题重要性等信息特征与就问题进行沟通的意愿有关，事件信息对主体意见表达具有解放作用。[①] 肖静、李北伟等人认为，目前存在着信息资源分配不均、信息污染严重的问题，需要充分发挥政府在信息资源配置中的作用。[②] 校园安全事件与公众的切身利益密切相关，相关信息极易调动社会公众的关注并引发网络热议，进而产生大范围的网络舆情，校园安全事件类型也成为网络舆情传播和舆情信息文本构建的关键影响因素。就信息载体而言，新媒体时代，网络信息因其时效性强、互动便捷等优势而迅速成为公众获取校园安全事件信息的主要途径，同时信息表现形式、信息载体也显著影响网民的信息行为偏好。

（三）信息技术

信息技术是信息生态系统得以正常运转的保障，包括信息检索技术、信息加工技术、信息传播技术等。在网络舆情信息生态中，信息技术主要是指网络媒体平台，它是发布主体进行信息发布和受众获取信息的渠道，是支持突发事件迅速传播、网络舆情形成发展的重要条件。Yu 等人探讨了网络媒体在控制突发事件引发的公众恐慌中的危机信息发布策略，指出网络媒体能够放大网络舆情传播的速度和范围，在引导网络舆情发展方面发挥着极其关键的作用。[③] 随着互联网技术的日益发展成熟与完善，以微博、微信、tiktok、twitter、facebook 等为代表的网络媒体平台凭借挣脱时空束缚的优势逐渐取代传统媒体，成为公众进行信息发布与共享的核心技术支撑。在校园安全事件中，网络媒体平台成为网络舆情发展的培养皿，同时参与校园安全事件信息报道与传播的网络媒体数量也能够在一定程度上影响网络舆情的形成。

---

① Gearhart, S., Zhang, W., "Gay Bullying and Online Opinion Expression: Testing Spiral of Silence in the Social Media Environment", *Social Science Computer Review*, Vol. 32, 2014, pp. 18 – 36.

② 肖静、李北伟、魏昌龙等：《信息生态系统的结构及其优化》，《情报科学》2013 年第 8 期。

③ Yu, L., Li, L., Tang, L., "What can Mass Media do to Control Public Panic in Accidents of Hazardous Chemical Leakage into Rivers? A Multi-agent-based Online Opinion Dissemination Model", *Journal of Cleaner Production*, Vol. 143, 2017, pp. 1203 – 1214.

(四) 信息环境

信息环境主要指网络舆情事件在舆论场域中的疏解情况，它是信息人、信息、信息技术所涉及的各种因素共同作用形成关系的总和，包括经济、政治、人文、制度等在内的内部环境与外部环境。本书侧重于政治等外部环境，从政府舆情疏解能力的角度来考量。政府权力部门、网络媒体平台运营方、校园安全领域相关专家等构成舆情信息环境的管控主体，其中政府权力部门处于管控主体的核心地位。在校园安全事件发生后，政府会通过组织官方主流媒体发布舆情相关信息、促使网络媒体平台运营方限制负面言论、安排校园安全领域专家普及校园安全知识等途径对舆情的传播和发展实施干预，以及时疏解校园安全事件网络舆情对社会带来的冲击，政府舆情疏解的方法和途径对舆情环境产生了重要影响。与此同时，舆情持续时间也在一定程度上代表了政府的疏解能力，舆情事件在舆论场内的持续时长是指某事件引发的网络舆情不断发展最终经过完整的演化阶段所耗费的时间，舆情持续时间越长，则政府的舆情疏解能力越弱，反之，则表示政府舆情疏解能力越强。[1]

二 分析方法

定性比较分析方法（Qualitative Comparative Analysis，QCA）最早由社会学家 Charles C. Ragin 于 1987 年提出，后经众多学者的不断研究和完善形成了较为完备的理论体系。该方法是一种以多个案例为导向，能够从整体组态上探寻多重并发因果所诱致的复杂社会问题"如何"发生的分析方法，充分结合了定性与定量研究方法的优势。[2] 可具体分为清晰集定性比较分析法（csQCA）、多值集定性比较分析法（mvQCA）和模糊集定性比较分析法（fsQCA）三种，其适用特点各不相同。[3] 其中 fsQCA 是

---

[1] 张亚明、高祎晴、宋雯婕等：《信息生态视域下网络舆情反转生成机理研究——基于 40 个案例的模糊集定性比较分析》，《情报科学》2023 年第 3 期。

[2] 李明、曹海军：《"沟通式"治理：突发事件网络舆情的政府回应逻辑研究——基于 40 个突发事件的模糊集定性比较分析》，《电子政务》2020 年第 6 期。

[3] 滕玉成、郭成玉：《什么决定了地方政府的回应性水平？——基于模糊集定性比较分析》，《西安交通大学学报》（社会科学版）2022 年第 6 期。

一种面向多样性的方法，非常适合观察随机但复杂的现象，已经越来越频繁地被运用于管理研究中，[①] 而且其变量取值较为灵活，允许部分隶属，能够更精准地反映案例与集合的隶属度。

本书采取 fsQCA 方法分析校园网络舆情风险主要基于以下考量。首先，QCA 适用于研究多个因素之间的组合关系。校园安全事件网络舆情的发生和发展是网民、媒体、政府、"意见领袖"等多种因素共同作用的结果，这些因素在网络舆情的整个发展过程中都起着重要的作用。其次，本书选取了 44 个校园安全事件案例，属于中小型样本，QCA 在用于研究中小型样本案例的因果关系中具有显著优势。此外，影响校园安全事件网络舆情生成的因素一般难以实现完全隶属或完全不隶属的区分，需要对影响因素进行模糊隶属度分类，fsQCA 能较好地满足研究需求。

第三节　校园网络舆情风险分析

一　样本与数据

微博和微信目前已经成为中国使用最广泛的社交平台，其用户所表达的意见和观点，能够较为全面地反映某一事件的网络舆情动向。知微事见是一个对互联网舆情事件进行聚合分析的平台，能够通过对某一事件在微博、微信、网络媒体三大平台上的传播效果进行综合评价和计算，从而得到该事件的影响力指数。本书按照"最大差异，结果相同""最大相似，结果不同"原则，从知微事见平台中选取了 2015—2023 年发生的 44 起阶段性完结的校园安全事件，构建了本书的案例库。

二　变量解释和赋值

Evan J. Douglas 在其研究中提出，"要执行 fsQCA 分析，首先需要

[①] Kraus, S., Ribeiro-Soriano, D., Schüssler, M., "Fuzzy-set Qualitative Comparative Analysis (fsQCA) in Entrepreneurship and Innovation Research-the Rise of a Method", *International Entrepreneurship and Management Journal*, Vol. 14, 2018, pp. 15–33.

指定配置模型——确定模型中应该包含哪些条件变量，以解释感兴趣的结果"[1]。在本书中，将结果变量设定为网络舆情影响力，影响力高的网络舆情事件说明已经在舆论场域内进行了大范围的传播，网络舆情已经形成，影响力低则说明只是出现了零星意见讨论，并未在舆论场域内引起大范围的传播，网络舆情并未形成。除此之外，还必须确定并定义影响结果的条件变量。本书根据上述理论框架，设置了7个条件变量：网民关注度（A）、"意见领袖"影响力（B）、中央媒体介入度（C）、信息载体（D）、事件类型（E）、网络媒体参与度（F）和舆情疏解时长（G）。

需要说明的是，本书对信息载体和事件类型两个变量参照现有研究进行赋值。信息载体（D）变量根据赵丹等人[2]和杨兰蓉等人[3]的研究结论，对仅采用图片或文字其中一种的情况赋值为0，采用图片和文字组合的赋值为0.33，采用图片、文字和音频组合的赋值为0.67，采用文字和视频组合的赋值为1。事件类型（E）这一条件变量，根据中国《国家突发公共事件总体应急预案》，再参照高虓源等人[4]的研究，将自然灾害类事件赋值为0，事故灾难类事件赋值为0.33，公共卫生事件赋值为0.67，社会安全事件赋值为1。除以上两个变量外，其余变量均根据案例实际情况，采用模糊集数值进行赋值，具体变量及其所对应的测量标准见表4-1。

三 变量校准

在fsQCA中，校准是给案例赋予集合分数的过程，也是运行fsQCA分析的前提，每一个案例在各个变量中均有隶属分数。本书将根据实际

---

[1] Evan J. Douglas, Dean A. Shepherd, Catherine Prentice, "Using Fuzzy-set Qualitative Comparative Analysis for a Finer-grained Understanding of Entrepreneurship", *Journal of Business Venturing*, Vol. 35, 2020, pp. 1 – 17.

[2] 赵丹、王晰巍、相甍甍等：《新媒体环境下的微博舆情传播态势模型构建研究——基于信息生态视角》，《情报杂志》2016年第10期。

[3] 杨兰蓉、邓如梦、郜颖颖：《基于信息生态理论的政法事件微博舆情传播规律研究》，《现代情报》2018年第8期。

[4] 高虓源、张桂蓉、孙喜斌等：《公共危机次生型网络舆情危机产生的内在逻辑——基于40个案例的模糊集定性比较分析》，《公共行政评论》2019年第4期。

表4-1 条件变量及结果变量的设置与测量

变量类型	变量维度	变量名称	测量说明	参考来源
结果变量		网络舆情	舆情影响力指数	胡象明等
条件变量	信息人	A. 网民关注度	事件持续期间平均传播速度	李晚莲等
		B. "意见领袖"影响力	粉丝排名前8位"意见领袖"粉丝数量总和	Kim, J. W., Candan, K. S., Tatemura, J.
		C. 央媒介入度	参与报道央级媒体所占比例	黄怡璇、谢健民
	信息	D. 信息载体	图/文 (0)、图+文 (0.33)、图+文+音频 (0.67)、文+视频 (1)	杨兰蓉、邓如梦、邹颖颖；赵丹等；周昕、李瑞
		E. 事件类型	根据《国家突发公共事件总体应急预案》划分事件类型。社会安全事件 (1)、公共卫生事件 (0.67)、事故灾难 (0.33)、自然灾害 (0)	高庹源等
	信息技术	F. 网络媒体参与度	参与报道的网络媒体数量	李明、曹海军；黄怡璇、谢健民
	信息环境	G. 舆情疏解时长	舆情事件在舆论场的持续时间	李晚莲等

需求，采用直接校准法将变量数据转化为模糊集隶属分数。其中信息载体（D）和事件类型（E）两个变量的赋值标准参照已有研究标准，因此直接采用四值模糊集校准法，使用1、0.67、0.33、0四个校准数值分别指代"完全隶属""偏隶属""偏不隶属"和"完全不隶属"。对于其他变量，本书根据案例本身数据，选取分别代表完全隶属、交叉点、完全不隶属的三个重要阈值范围的定性锚点来进行校准，并参照学界惯例，将3个锚点分别设定为样本数据的95%分位数、50%分位数和5%分位数，[1] 具体变量校准锚点情况见表4-2。

---

[1] Beynon, M. J., Jones, P., Pickernell, D., "Country-level Entrepreneurial Attitudes and Activity through the Years: A Panel Data Analysis Using FSQCA", *Journal of Business Research*, Vol. 115, 2020, pp. 443-455.

表4-2　　　　　　　　　　　各变量校准锚点

变量类型	变量维度	变量名称	校准锚点 完全隶属	校准锚点 交叉点	校准锚点 完全不隶属
条件变量	信息人	A. 网民关注度	47.35	10.5	1
		B. "意见领袖"影响力	18058.2	6545.5	940.6
		C. 央媒介入度	65.5	37.9	0.515
	信息	D. 信息载体	1	0.67　0.33	0
		E. 事件类型	1	0.67　0.33	0
	信息技术	F. 网络媒体参与度	85.85	46.5	6.15
	信息环境	G. 舆情疏解时长	464.5	165	62.45
结果变量		R. 网络舆情	80.47	69.3	47.965

四　真值表构建

进行 fsQCA 分析前，需要回归案例对每个案例进行编码和总结，以构建真值表。真值表列出了在消除矛盾配置并确定逻辑余数后因果条件的可能组合。本书构建的真值表见表4-3。

表4-3　　　　　　　　　　　　真值表

A	B	C	D	E	F	G	R
1	1	1	1	1	1	0	1
1	1	1	1	1	1	1	1
0	1	1	1	1	0	0	1
1	1	0	1	1	1	1	1
1	1	0	1	0	1	1	1
1	0	1	1	1	1	1	1
1	1	1	0	1	1	1	1
1	1	1	1	0	0	1	1
0	1	0	1	1	1	1	1
0	1	1	1	1	1	1	1
1	1	1	0	1	1	0	1
1	0	1	0	0	1	1	1
1	1	0	0	0	1	0	0

续表

A	B	C	D	E	F	G	R
0	1	1	1	0	1	1	0
1	0	1	0	1	1	0	0
1	0	1	0	0	1	0	0
1	0	1	0	1	0	0	0
0	1	0	1	1	0	1	0
0	1	0	1	0	0	0	0
0	1	0	0	1	0	1	0
0	0	0	1	0	0	1	0
0	0	0	0	1	0	0	0
0	0	0	1	0	0	0	0
0	1	0	0	0	0	1	0
0	0	0	0	0	0	0	0
0	0	0	0	0	0	1	0

五 数据分析和结果

（一）单因素必要性分析

单变量必要性分析的实质是检验单一条件变量解释结果变量的程度，本书在进行组态分析前需要对影响校园安全事件网络舆情生成的条件变量进行必要性检验，检验内容主要包括一致性（consistency）和覆盖率（coverage）两项关键指标。具体而言，一致性指标衡量条件变量与结果变量之间的关联程度，当一致性值大于 0.9 时，表明该条件变量是结果变量出现的必要条件；若大于 0.8，则视为结果变量出现的充分条件。而覆盖率指标则用于评估条件变量对结果变量的解释力度。在此，"~"表示"非"，即表示条件变量的相反状态。[①] 如果所有条件变量的一致性均低于 0.9，则意味着不存在产生主导影响的单一条件变量，结果变量的出现是多个条件变量共同作用的结果。本书使用 fsQCA4.0 软件对条件变量进行单因素必要性分析，分析结果见表 4-4。

---

① 李晚莲、高光涵：《突发公共事件网络舆情热度生成机理研究——基于48个案例的模糊集定性比较分析（fsQCA）》，《情报杂志》2020 年第 7 期。

表4-4　　　　　　　　　　单因素必要性分析

条件变量	网络舆情生成 (outcome = R)		网络舆情未生成 (outcome = ~R)	
	Consistency	Coverage	Consistency	Coverage
A	0.720270	0.862925	0.450917	0.530491
~A	0.608108	0.530035	0.883486	0.756184
B	0.809009	0.821592	0.480734	0.479414
~B	0.487387	0.488708	0.821101	0.808492
C	0.701351	0.845736	0.444954	0.526888
~C	0.607658	0.527159	0.869725	0.740914
D	0.812162	0.695334	0.615596	0.517547
~D	0.436486	0.536248	0.637615	0.769231
E	0.817117	0.736500	0.613303	0.542834
~E	0.492793	0.564791	0.702294	0.790398
F	0.833784	0.854571	0.473395	0.476454
~F	0.489189	0.486124	0.855505	0.834825
G	0.725676	0.745833	0.602752	0.608333
~G	0.618919	0.613393	0.748165	0.728125

对于校园安全事件网络舆情生成的结果，各条件变量的一致性分值均不高于0.9，所以上述7个条件变量都不是网络舆情生成的必要条件。但值得注意的是"意见领袖"影响力（B）、信息载体（D）、事件类型（E）和网络媒体参与度（F）的一致性分值均高于0.8，分别为0.809009、0.812162、0.817117、0.833784，这表明，"意见领袖"影响力、信息载体、事件类型和网络媒体参与是校园安全事件网络舆情生成的充分条件。单因素必要性分析结果表明，校园安全事件网络舆情并不由单一变量触发生成，而是多因素共同作用的结果，"意见领袖"、信息载体、事件类型和网络媒体等因素在促进网络舆情生成中发挥了重要作用。

对于校园安全事件网络舆情未生成的结果，所有条件变量的一致性分值也都不高于0.9，说明不存在导致网络舆情未生成结果的必要条件。但是低网民关注度（~A）、低"意见领袖"影响力（~B）、低中央媒体介入度（~C）和低网络媒体参与度（~F）的一致性分值均高于0.8，分别为0.883486、0.821101、0.869725、0.855505，这表明低网民关注度、低"意见领袖"影响力、低中央媒体介入度和低网络媒体参与度是校园安全事件网络舆情未生成的充分条件。上述分析表明，单个条件变量无法抑制网络舆情的生成，低网民关注度、低"意见领袖"影响力、低中央媒体介入度和低网络媒体参与度在抑制网络舆情生成的过程中发挥了重要作用。综上所述，信息人和信息技术对网络舆情生成和网络舆情未生成都具有显著的影响，信息则对网络舆情的生成具有显著影响。

（二）条件组合分析

条件组合分析的作用在于找到影响结果存在与否的重要影响因素或组合路径。本书运用fsQCA4.0软件对中国情境下的44个校园安全案例数据进行分析，识别校园安全事件网络舆情生成与否的组态路径，在执行分析前，遵循Fiss的建议，[①] 将案例阈值和一致性阈值分别设定为1和0.8，并参考杜运周等的做法，[②] 将PRI一致性阈值设置为0.70，得到复杂解、中间解、简约解三种组合方案，其中，中间解的重要优点是它们不允许消除必要条件，相较而言优于另外两种解，常被QCA研究广泛使用和汇报，因此本书选用中间解结果。此外，通过对比中间解和简约解之间的嵌套关系，分析识别出解的核心条件。同时出现在中间解和简约解中的条件为该解的核心条件，它是对结果产生重要影响的条件；只在中间解中出现的条件为边缘条件，是起辅助贡献的条件。[③] 分析结果中，条件组合路径中的符号"*"表示"且"，"~"表示"非"即相反值。原始覆盖率（raw coverage）表示该条件组合能够解释的案例比例，一般作为考查条件组合路径对于结果解释力强度的指标。唯一覆盖率（unique coverage）表示有多少案例仅能被该条组合路径所解释，也可以表达为净解释力。

---

① Fiss, P. C., "Building Better Causal Theories: A Fuzzy Set Approach to Typologies in Organization Research", *Academy of Management Journal*, Vol. 54, 2011, pp. 393–420.

② 杜运周、刘秋辰、程建青：《什么样的营商环境生态产生城市高创业活跃度？——基于制度组态的分析》，《管理世界》2020年第9期。

③ 杜运周、贾良定：《组态视角与定性比较分析（QCA）：管理学研究的一条新道路》，《管理世界》2017年第6期。

相关符号说明如下：参考 Ragin 的表示方式，① "●"和"⊗"分别代表核心条件的存在和不存在，"•"和"⊗"分别代表边缘条件的存在和不存在，空格表示条件可有可无。

（三）网络舆情生成路径分析

校园安全事件网络舆情生成的条件组合路径（见表 4-5）共 6 条，其整体覆盖率（solution coverage）为 0.682432，表示这些路径的组合能够解释大约 68% 的校园网络舆情生成结果。整体一致性（solution consistency）为 0.983128，高于 0.8 的可接受阈值，表示能够比较全面地覆盖和体现校园安全事件网络舆情的生成情况。从表 4-5 中还可以看出，所有路径的原始覆盖率均高于唯一覆盖率，说明存在符合多重因果路径的支持案例。对不同的路径进行整合分析，可以将 6 条路径划分为三种校园安全网络舆情生成构型。

构型一，信息刺激下的信息人驱动型。该类型主要由路径 1 和路径 5 构成，该类型路径以"意见领袖"影响力、中央媒体介入度和事件类型作为核心条件，其余条件以不存在或辅助形式出现。该类型路径表明，当事件信息具有很强刺激性，引发高影响力"意见领袖"参与讨论，并吸引众多中央级权威媒体对事件进行报道时，尽管其他条件仅起到轻微的辅助作用，也容易导致校园安全事件网络舆情形成。典型案例包括某幼儿园虐童事件、某中学恶性伤人事件、某中学霉食品事件、某小学校园欺凌事件、奥迪车冲撞学生事件、一中学搬新址后学生身体异常事件、女孩遭欺凌受伤事件等。该类型案例一般都是由于事件信息具有高度的敏感性和刺激性，进而引起中央媒体的关注和报道，并经过一些影响力较高的"意见领袖"的转发与讨论后备受网民关注，最终引发大范围的网络舆情。

构型二，信息刺激下的信息人与技术协同驱动型。该类型对应路径 2，以"意见领袖"影响力、事件类型和网民媒体参与度为核心条件，信息载体和舆情疏解时长为边缘条件。该路径表明，当校园安全事件发生后，由于事件性质高度敏感且信息呈现方式具有较高吸引力，引发了网

---

① Ragin, C. C., *Redesigning Social Inquiry: Fuzzy Sets and Beyond*, Chicago: University of Chicago Press, 2008, pp. 204–206.

络媒体的广泛报道和"意见领袖"的大量转发，加之官方舆情疏解不力，致使舆情环境持续恶化，最终导致了网络舆情的形成。典型案例包括幼儿园臭鸡腿事件、女童眼中被塞纸片事件、某学院鼠头鸭脖事件等。此类案例由于极强的刺激性和敏感性，经常引起网络媒体的广泛报道，涉事官方多以掩盖真相等方式企图抑制舆情发酵，但往往导致舆情环境持续恶化，造成更大范围的网络舆情。

构型三，信息环境助力下的信息人驱动型。该类型主要由路径3、路径4和路径6构成，以网民关注度和舆情疏解时长为核心条件，其余条件以不存在或辅助形式出现。该路径表明，当校园安全事件发生后，由于官方的舆情疏解工作成效不佳，在网络媒体和"意见领袖"等主体的传播下，舆情信息在舆论场内持续发酵，引发了网民的高度关注与广泛讨论，最终形成了网络舆情。典型案例包括某小学毒跑道事件、某小学踩踏事件、一学校学生餐后集体呕吐事件、某中学体育馆坍塌事件、小学生作文课后坠亡事件等。该类型案例一般是由于官方舆情疏解工作效果不佳，舆情长期无法消退，进而引发广泛讨论和关注并形成了大范围的网络舆情。

表4-5　　校园安全事件网络舆情生成组合路径分析结果

条件变量	路径1	路径2	路径3	路径4	路径5	路径6
A. 网民关注度	•	—	●	●	⊗	●
B. "意见领袖"影响力	●	●	⊗	•	●	•
C. 央媒介入度	●	—	•	⊗	•	•
D. 信息载体	—	•	⊗	•	•	•
E. 事件类型	●	●	—	•	●	⊗
F. 网络媒体参与度	•	●	•	•	⊗	⊗
G. 舆情疏解时长	—	•	●	●	⊗	●
原始覆盖率	0.421622	0.426577	0.172973	0.22027	0.21036	0.132883
唯一覆盖率	0.103604	0.0963964	0.0612612	0.0099099	0.0144144	0.0112613
解的一致性	0.989429	0.985432	0.977099	0.991886	0.991507	0.986622
总体解的整体覆盖率	0.682432					
总体解的整体一致性	0.983128					

校园安全事件网络舆情未生成的条件组合路径（见表4-6）共4条，其整体覆盖率（solution coverage）为0.638991，表示这些路径的组合能够解释大约63%的校园网络舆情生成结果。整体一致性（solution consistency）为0.966019，同样高于0.8的可接受阈值，整合4条路径，可以分为两种构型。

构型四，无技术支撑的信息人缺位型。该类路径主要对应路径7，以～"意见领袖"影响力和～网络媒体参与度为核心条件，该路径表明，在网络媒体参与度极低、"意见领袖"影响力很弱的情况下，事件信息缺乏传播介质，校园安全事件即便发生，广大网民也无法获得事件相关的信息，因此也不会引起大范围的关注和讨论，更无法导致网络舆情。

构型五，信息—技术双缺位型。该类路径主要由路径8、路径9和路径10构成，～信息载体和～网络媒体参与度为核心条件。该路径表明，由于事件信息表现形式较为传统，缺乏吸引力，加上网络媒体参与报道程度极低，没有引起网民和"意见领袖"等主体的广泛关注和讨论，因此也无法形成网络舆情。

表4-6　校园安全事件网络舆情未生成组合路径分析结果

条件变量	路径7	路径8	路径9	路径10
A. 网民关注度	⊗	⊗	⊗	•
B. "意见领袖"影响力	⊗	⊗	•	⊗
C. 央媒介入度	⊗	⊗	•	•
D. 信息载体	—	⊗	⊗	⊗
E. 事件类型	⊗	—	—	•
F. 网络媒体参与度	⊗	⊗	⊗	⊗
G. 舆情疏解时长	—	⊗	•	⊗
原始覆盖率	0.493578	0.334862	0.194495	0.163303
唯一覆盖率	0.230275	0.0266055	0.0302752	0.0311927
解的一致性	0.978182	1	0.944321	1
总体解的整体覆盖率	\multicolumn{4}{c}{0.638991}
总体解的整体一致性	\multicolumn{4}{c}{0.966019}

第四节　校园网络舆情风险典型案例

QCA方法强调从集合的角度来考察条件变量与结果变量的关系，这意味着它关注的是条件变量的组合，而不是单个变量的独立作用。因此，引入对典型案例的追踪有助于观察这些条件变量的实际组合情况，以及它们如何共同作用于校园网络舆情风险的生成与消解。此外，QCA方法被视为一种具有"黑箱特性"的技术，其内部作用机制往往不易直接观察。通过对典型案例的追踪，还可以探索"黑箱"内部的作用机制，即通过深入剖析典型案例，观察变量在实际情境中的具体表现，深入理解变量之间的相互作用关系以及它们如何共同影响结果。① 本书选取2023—2024年发生的校园网络舆情案例，结合校园网络舆情生成的三种构型，进一步对校园网络舆情风险进行阐释。

一　信息刺激下的信息人驱动型：学生举报导师学术造假事件

（一）案例过程②

2024年1月，网上出现一封某大学学生联名实名举报信，信中称其导师所带领的所有学生的论文，以及以其为通讯作者发表在各期刊上的诸多文章，出现一数多用、数据编造、数据随意篡改等现象。举报人称除学术造假外，其导师还有压榨学生等有违师德的行为。当晚，举报人所在学院在官网发布声明，称学院关注到网上关于该教师涉嫌学术不端等问题的举报信息，将立即成立工作专班，启动调查程序。2月，该大学发布涉事教师学术不端等问题调查处理情况。经过调查，确认涉事教师存在学术不端行为，学校决定撤销其职务，解除聘用合同，报请对涉及其学术不端的科研论文、科研项目等予以撤稿、撤项，停用其主编的教材。

---

① 高庾源、张桂蓉、孙喜斌等：《公共危机次生型网络舆情危机产生的内在逻辑——基于40个案例的模糊集定性比较分析》，《公共行政评论》2019年第4期。
② 袁秀月：《11名学生联合举报导师，"不愿带着污点毕业"》，中国新闻网，https://www.chinanews.com.cn/sh/2024/01-18/10148779.shtml，最后访问日期：2024年5月24日。

（二）案例分析

学术道德作为高校教育与研究活动的基石，不仅承载着学术界的尊严与操守，更是塑造高校品牌与形象的核心要素。师德师风作为学术道德的具体体现，直接关系到教师的职业素养和学术追求，对于塑造教师和高校的整体形象起着举足轻重的作用。近年来，某些涉及学术不端和师德失范的事件频繁成为网络舆情的焦点，引起社会的广泛关注，通过分析可知，该事件形成网络舆情风险的原因主要有以下几点。

1. 事件敏感性强

该事件涉及高校学术不端与师德师风问题，具有很强的刺激性，在知识经济和创新驱动的时代背景下，学术界的声誉和形象对于整个社会的信任和进步至关重要。因此，公众对学术不端行为持有高度的警觉和零容忍态度。该事件触动了公众对学术诚信与师生关系的敏感神经，引发了广泛的社会关注和讨论。

2. 大量网络"意见领袖"的参与

在该事件的传播过程中，社会评论家、自媒体等网络"意见领袖"通过积极表达自身观点和看法，有效地引导了公众舆论的方向。他们的态度多元且复杂，一方面表现出对学生的深切痛惜与赞扬，另一方面则对学术不端行为进行了严厉的批判，并呼吁涉事大学及相关部门对此事件进行深入调查与处理。这些声音不仅促使公众更加深入地思考事件背后的深层次问题，也在一定程度上推动了相关部门的积极应对与解决。

3. 重要媒体进行报道

据知微事见统计，在该事件中共有41家重要媒体参与报道，其中，央广网、人民网等中央媒体更是发挥了引领作用。央广网在事件初期便迅速反应，进行了及时而详尽的报道，全面梳理了学生举报的学术不端行为的具体内容，并深入剖析了学校的态度和处理措施。人民网则持续关注事件的进展和后续处理，强调学术诚信的重要性，并对涉事大学的积极处理态度给予了正面评价。

在"意见领袖"与主流媒体的共同推动下，该事件的热度不断升级，吸引了越来越多的网民关注。他们在网络上积极表达自己的观点和情绪，形成了复杂的网络舆情。这一过程中，"意见领袖"与媒体通过信息筛选、解读和传播，共同塑造了公众对事件的认知和态度，使该事件在社会舆论中产生了深远的影响。该事件表明，事件本身敏感程度高的情况下，会引发信息人自觉参与，形成舆论热度。一方面，该事件警示校方要加大学术道德规范力度，严格查处学术不端行为，加强对师德师风的培养与管控，谨防此类事件再次发生。另一方面，政府和高校要加强同"意见领袖"与媒体的合作，充分发挥"意见领袖"与主流媒体对舆论的引导作用。

二 信息刺激下的信息人与技术协同驱动型：鼠头鸭脖事件

（一）案例过程①

2023年6月初，一段"食堂吃出疑似老鼠头"的视频，在社交平台出现并广泛传播。视频显示学生饭菜内存在体积较大的黑色异物，并伴有疑似动物牙齿的突出部分，引发了广泛的社会关注。之后，当地市监局对此事进行了初步调查，通过比对当事人提供的图片，初步判断该异物为鸭脖。同时，当地市监局还对涉事学校的菜品留样进行了专业检测。随着事件的发展，J省成立了专门的联合调查组，负责调查处理该食品安全事件。后经过深入调查，事件调查处理情况正式公布，经专家鉴定，该异物被判定为老鼠类啮齿动物的头部。鉴于事件的严重性和恶劣影响，国务院食安办于10月约谈了该市人民政府主要负责人，要求市政府加强食品安全监管，切实保障人民群众的饮食安全。随后，涉事后勤服务有限公司因在事件中的不当行为，于2024年3月被该市市场监督管理局列入严重违法失信企业名单，以示惩戒。

（二）案例分析

通过对案例过程的分析可知，"鼠头鸭脖"事件形成网络舆情风险的原因主要有以下几点。

1. 事件敏感性强

"鼠头鸭脖"事件牵涉校园食品安全这一当下社会高度关注的议题，直接关系到学生的身心健康与生命安全，进而触及了公众对于学校环境、

---

① 闫淑欣、赵薇：《高校食堂"鼠头鸭脖"事件背后：10万能拿下一个档口？》，中国新闻网，https://www.chinanews.com.cn/cj/2023/06-11/10022891.shtml，最后访问日期：2024年5月24日。

学生权益保护以及官方公信力的深层次担忧。这种敏感性使事件一经发生，便迅速吸引了社会的广泛关注，成为舆论的焦点。

2. 事件曝光载体的特殊性

该事件最初以短视频的形式在网络上曝光。短视频作为一种新兴的媒体形式，具有直观、简洁、富有冲击力的特点，可以在短时间内迅速吸引大量网友的注意。视频中展现的异物疑似老鼠头，与正常食物存在明显差异，这种强烈的反差性使事件在短时间内就引发了广泛的讨论和关注。

3. 信息人的积极参与

随着事件的发酵，越来越多的网络媒体开始跟进报道，各种观点、分析层出不穷。同时，一些具有影响力的"意见领袖"也纷纷加入讨论的行列，他们的转发和评论进一步扩大了事件的影响范围。在这一过程中，公众对于事件的关注度持续上升。

4. 学校与政府回应不力

在事件暴发后的舆情回应关键期内，官方并未做出有效应对。不仅没有对事件本身进行及时的调查和处理，对公众的关切也并未做出回应，错过了舆情公关的黄金期，这种沉默进一步加剧了公众的疑虑和不满。在事件暴发后三天，市监局宣称饭菜内的异物为鸭脖，这一结论与公众的认知存在较大差异。许多网友表示，视频中看到的异物明显与鸭脖不符，因此对官方的结论表示怀疑。这种怀疑进一步引发了网民的负面情绪，使舆情环境持续恶化。最终，该事件网络舆情进入高潮，大量网民在网络上表达对于事件本身乃至当地政府的不满，形成了一种复杂而紧张的舆情氛围，对社会的稳定和政府的公信力产生了一定的冲击。

三 信息环境助力下的信息人驱动型：中学体育馆坍塌事件

（一）案例过程①

2023年7月，某中学体育馆楼顶发生坍塌，当时两名教练带领10余名女子排球队队员正在体育馆内进行排球训练。几分钟后，当地消防救

---

① 孙晓宇：《体育馆屋顶坍塌事故调查报告公布 多人被建议追责》，新华网，http：//www.xinhuanet.com/local/20240221/b8568079d271458db167950fb94cc6a8/c.html，最后访问日期：2024年5月24日。

援支队接到体育馆屋顶坍塌报警，快速到达事故现场。后经核实，事故发生时，馆内共有19人，其中4人自行脱险，15人被困。该事故造成11人死亡、7人受伤，直接经济损失1000余万元。事故发生的原因是违法违规修缮建设、违规堆放珍珠岩，珍珠岩堆放致使雨水滞留，导致体育馆屋顶荷载大幅增加，超过承载极限，引发坍塌。该事件引发社会强烈反响，50余名有关责任人被追责。

（二）案例分析

体育馆作为学校的重要设施，本应是安全、坚固的象征，然而却突然发生坍塌，造成大量师生的伤亡。这种突如其来的灾难性事件，无疑触动了社会的敏感神经，引发了公众的广泛关注和讨论。通过对案例过程的分析可以发现，该事件引起网络舆情风险的主要原因有以下几点。

1. 造成大量师生伤亡，事故后果极为恶劣

近年来，学校安全问题频发，使公众对学校安全问题的关注度不断提高。体育馆坍塌事件的发生，使公众对学校安全问题的担忧和不满情绪迅速积聚并爆发出来，形成了强大的舆情压力。在信息化、网络化的时代背景下，这一事件迅速成为舆论的焦点，各种信息、观点在网络空间中迅速传播、扩散。

2. 学校对家长瞒报消息引发争议

在该事件中，虽然当地消防救援支队的处置工作及时，但在舆情疏导方面却存在明显的短板。救援工作的迅速展开为挽救生命赢得了宝贵时间，但在面对遇难者家属和受伤人员时，沟通工作的缺失却加剧了舆情风险的产生。遇难学生的家长被送往医院后，长时间无人出面与其沟通伤情，甚至直到有的孩子彻底失去生命体征后家长才被告知。这种冷漠、不透明的处理方式，让家属们感到无助和愤怒，进而通过社交媒体等渠道表达不满和悲愤，加剧了舆情风险。

3. 社交媒体及"意见领袖"的推波助澜

在体育馆坍塌事件曝光后，网络媒体与"意见领袖"纷纷介入，通过大量转发与扩散相关信息，使事件迅速成为舆论焦点，其热度在短时间内急剧攀升。这种快速传播和广泛关注的态势，推动了舆情风险的升级。值得注意的是，该事件中一些"意见领袖"在缺乏对事件深入了解和全面分析的情况下，过早地发表过激言论。他们往往凭借个人情感和

主观判断，对事件进行片面解读，并引导网民进行负面情绪的宣泄。这种不负责任的言论和行为，不仅加剧了网民的愤怒和不满情绪，更进一步推动了舆情风险的扩散和升级。

第五节 校园网络舆情风险的综合治理对策

一 建构全方位校园网络舆情应急处置机制

在复杂多变的网络舆论环境中，政府应当深刻认识到校园突发事件的重要性，对有可能形成舆情风险的事件保持高度敏感并给予及时处置。这不仅仅是对公共利益的维护，更是对社会稳定的保障。这要求政府建立和健全校园网络舆情应急处置机制。

第一，健全舆情监测与预警机制。舆情监测与预警的关键是对网络舆情的现状与发展趋势做出准确的评估。政府应构建专业化的网络舆情监测团队，借助大数据和人工智能等前沿技术手段，实现对校园网络舆情的实时、全方位监控。在此基础上，亟须构建一套合理且系统的网络舆情评估指标体系，用以量化分析舆情态势。同时，应设立高效的预警系统，通过对网络舆情数据的深度挖掘与分析，预测可能涌现的舆情风险，并据此设定不同层级的预警阈值。一旦舆情数据触及或超越预设的预警阈值，预警机制应即刻启动，迅速通知相关部门及人员，确保他们能够提前制定应对策略并做好准备工作。

第二，健全快速响应机制。快速响应机制是为了确保政府能在校园突发事件发生后的公关黄金期内及时做出反应。接收到预警通知后，政府相关部门应立即启动应急预案，成立专项工作小组，对舆情进行深度剖析，以精准把握舆情动态和公众关切。在此基础上，制定切实可行的应对策略，明确各部门的职责与分工，确保各项措施能够迅速有效地得到执行。同时，需要建立高效的信息报告和通报制度，通过构建畅通的信息流通渠道，确保政府部门间信息的实时传递和共享，提高应对效率。此外，政府还应当根据舆情环境的变化不断优化应急预案，创新应对策略，以适应新形势下的挑战。

第三，健全舆情引导机制。舆情引导机制是校园网络舆情应急处置机制的关键组成部分。在舆情引导工作中，政府应深化与主流媒体、社交平台等多元传播渠道的合作关系，构建权威信息发布体系，确保信息的准确性、及时性和权威性，有效引导校园网络舆情的走向，稳定公众情绪，防止不实信息的扩散。政府回应在舆情引导过程中发挥着至关重要的作用。面对校园网络舆情中的热点问题和公众关切，政府应迅速做出反应，提供准确、全面的信息，澄清事实真相，消除公众疑虑。政府回应不仅要及时，更要注重其有效性和针对性，确保能够切实解决公众关注的问题，增强政府的公信力，并塑造良好的政府形象。

第四，健全经验总结机制。经验总结机制是校园网络舆情应急处置机制的完善和提升环节。政府应建立舆情应对案例库，对每一次舆情应对过程进行记录和分析，总结成功的经验和不足之处。同时，定期组织经验交流和培训活动，分享典型案例和先进经验，提升舆情应对团队的专业能力和水平。此外，根据舆情应对的实际情况，不断完善应急预案和处置流程，提高应对效率和效果。

二 做好"意见领袖"分类规制引导工作

随着互联网环境的变化，"意见领袖"的内涵与外延得到了极大的扩展，在校园突发事件舆论场中，网络"意见领袖"的参与会影响网民对事件的看法，从而在一定程度上引导舆论风向。在整个网络环境下，网络"意见领袖"大致分为四个类型：公众人物属性"意见领袖"、知识分享属性"意见领袖"、自媒体属性"意见领袖"、非媒体性质的企事业单位与政府职能部门所设立的官方账号。[①] 对于这四类不同的网络"意见领袖"，政府应采取针对性策略进行最大限度的团结与管理。

第一，公众人物属性"意见领袖"的规范引导。公众人物属性"意见领袖"在现实生活中拥有较高的社会知名度和广泛的影响力，当这些公众人物选择在互联网平台上运营个人账号时，其固有的知名度与影响力得到进一步放大和量化，迅速转化为网络空间的吸引力，吸引大量的粉丝群体聚集于其账号之下。同时，公众人物所具备的自带流量属性，使其在网络空间中能够迅速形成强烈的粉丝效应，引发广泛的关注和讨论。因此，他们往往成为舆论话题的直接生产者，对社会舆论的形成和

---

① 周晶晶：《网络意见领袖的分类、形成与反思》，《今传媒》2019年第5期。

传播产生重要影响。对于这类"意见领袖",可以考虑定期或不定期地举办座谈会等形式的交流活动。通过邀请具有代表性的网络"意见领袖"参加,向他们通报相关信息,听取意见建议,并借助其影响力,对粉丝群体进行积极有效的引导。这不仅有助于提升网络空间的舆论质量,也能够促进网络社会的和谐稳定发展。

第二,知识分享型"意见领袖"的规范引导。知识分享型"意见领袖"的特点在于其在某一特定领域具备深厚的专业知识储备或丰富的经验积累,在相关领域内具有显著的影响力和权威性。他们的受众群体主要集中于对该领域感兴趣的爱好者或从业者,通过分享专业见解和经验,为受众提供有价值的信息和指导。以微博这一社交媒体平台为例,微博官方会定期公布各类榜单,其中的"垂直V影响力榜"对互联网、旅游、科技、时尚等不同领域内的微博"意见领袖"进行分类和排名。这一榜单不仅反映了各领域"意见领袖"的影响力和受欢迎程度,也为人们了解和关注这些"意见领袖"提供了便捷的渠道。政府在团结"意见领袖"时,应充分了解其背景、特点和影响力范围,有针对性地开展工作,重点关注那些在重点、难点、热门和敏感话题方面表现突出的"意见领袖",与之建立良好的沟通和合作关系,有助于有效引导网络舆论。例如,在应对校园突发事件网络舆情时,应重点关注那些在教育、时事政治、社会热点等领域表现活跃的"意见领袖",及时关注他们的动态和观点,加强与他们的交流和互动,以有效引导网络舆论走向,疏导舆论情绪。

第三,自媒体属性"意见领袖"的规范引导。自媒体属性"意见领袖"源于一般网络用户,他们倾向于聚焦社会热点与焦点问题,以视频和评论性文章为主要表达形式,凭借其言论的感染力与号召力,迅速吸引并积累大量粉丝群体,进而形成一定规模的影响力。然而,为了获取更多关注与流量,部分自媒体"意见领袖"可能不惜捏造事实,以不实言论博取眼球,这些行为不仅损害了政府的公信力,更可能造成谣言的生发,给舆情治理工作带来极大的困难与挑战。为了有效应对这一问题,政府首先需要深入开展调研工作,全面掌握我国自媒体"意见领袖"的基本情况,包括其数量、分布、影响力等方面的信息。在此基础上加强对自媒体的管控与合作,通过建立健全监管机制,规范自媒体的行为,防止不实言论的传播。同时，还应积极与自媒体"意见领袖"进行沟通与合作，引导其提升职业道德素养，树立责任意识，共同维护网络空间的健康与秩序。

第四，非媒体性质的企事业单位与政府职能部门所设立官方账号的规范引导。非媒体性质的企事业单位与政府职能部门所设立的官方账号不承担传统意义上的媒体职能，以官方账号的身份面向广大社会公众。但这些官方账号通过在网络平台上的积极互动和信息发布，可以逐渐积累较高的关注度，在一些具体的舆论事件中扮演着网络"意见领袖"的角色。这一举措不仅有效地拉近了"官方"与"个人"之间的心理距离，使公众能够更为直接地感知和接触到官方信息，同时也为服务群众提供了新的渠道和方式。对于这一类具有特殊身份和影响力的网络"意见领袖"，我们应充分整合资源，通过一系列策略提升其网络知名度、公信力和影响力，包括但不限于优化信息发布策略、提升内容质量、加强与网民的互动等。通过这些措施，可以助推这些"意见领袖"成为推动先进网络文化建设的先锋力量。在校园突发事件发生时，这些官方账号可以通过及时发布积极正面、权威性的言论，利用自身的影响力吸引广大网民的关注，从而有效引导网络舆论的健康发展。这不仅有助于缓解公众焦虑情绪，维护社会稳定，更能够促进整个网络舆论环境的健康和谐发展。因此，对于这一类"意见领袖"的培养和引导，应成为网络舆情治理工作的重要一环。

三 营造规范的网络生态环境

在校园突发事件中，良好的网络生态环境在抑制谣言扩散、平息网民的负面情绪以及促进政府舆情管理方面有着举足轻重的作用。为了有效促进网络生态环境的健康发展，政府应当积极制定并不断完善与网络生态环境紧密相关的法律法规体系，包括但不限于网络行为准则、信息安全保障以及版权保护等方面的详细规定。通过明确界定各方在网络空间中的权利与义务，这些法律法规为网络生态环境的良性运行提供了坚实的法治支撑。

第一，在常态化监管层面，政府应建立健全网络监管机制，推动网络平台建立信息审核机制，严格把关信息发布，有效遏制不良信息的扩散。同时，鼓励网民积极举报违法违规内容，共同营造和维护网络生态环境的良好社会氛围。同时，政府需加大力度打击网络违法行为，对违反法律法规的行为采取严厉措施，形成强有力的威慑效应。

第二，在完善网络制度的同时，政府还应注重网络素养教育的普及与提升。定期组织网络素养教育活动，可以提高网民对网络生态环境重要性的认识，培养他们的自律意识和责任意识，教育网民在行使网络话语权时，应遵守法律法规，尊重他人权益，避免传播虚假信息，减少网络暴力行为的发生。

第三，在网络生态环境治理层面，政府应积极鼓励和支持互联网企业、社会组织和公众等多方力量参与网络治理，形成政府主导、企业自律、社会监督的多元共治格局。这种多元共治模式有助于汇聚各方智慧与力量，共同推动网络生态环境的持续优化与健康发展。

四 丰富官媒传播功能

丰富官媒传播功能是保障网络话语主动权的重要手段。在校园网络舆情事件中，中央媒体及其他官方媒体以其深厚的权威性和公信力，发挥着极为重要的舆论引导作用。然而，当前这些媒体在网络舆论阵地的布局上仍存在一定的局限性。尽管微博与其他门户网站作为主要传播渠道，具备广泛的覆盖面和影响力，但在抖音、快手等短视频下沉市场，其布局却显得相对简陋。这些短视频平台正逐渐成为公众获取信息、表达观点的重要场所，而官方媒体在这些平台上的存在感和影响力却相对有限。这一现状导致用户在短视频平台上接触到官方媒体态度和信息的渠道较为狭窄，进而影响了政府和媒体在辟谣与回应方面的效果。在突发事件发生时，由于缺乏及时、准确、全面的官方信息，公众情绪往往容易被不实信息或负面舆论左右，从而加剧事件的复杂性和不确定性。

主流媒体不仅需要在具体事件上反应迅速、处置得当，更应当在认识和布局上先行一步，掌握先机。为此，中央媒体和其他官方媒体应当积极探索新的传播方式和渠道，守正创新，寻求传统媒体与短视频平台等新兴传播媒介的深度融合。具体而言，可以采取以下措施。首先，中央媒体和其他官方媒体应增加在短视频平台的投入，包括内容制作、运营团队和资源配置，确保在这些平台上拥有持续、稳定且高质量的内容输出。同时，主流媒体可以积极与短视频平台合作，利用平台的算法推荐机制，提升官方信息的曝光率和传播效果。其次，官方媒体应充分利用短视频平台的互动特性，与公众进行实时互动和反馈。其中包括积极回应网民的评论和疑问，及时澄清误解和辟谣，以及主动发起话题讨论，引导公众理性思考和表达。此外，官方媒体还应注重在短视频平台上塑造和传播正面形象，通过展示政府工作的实际成果、公共服务的改善以及社会进步的案例，增强公众对政府和媒体的信任感。以一种更加接地气、有温度的方式传播信息，在突发事件发生时才能有效安抚公众情绪，引导舆论风向，为维护社会的和谐稳定发挥积极作用。

五　落实校园安全管理

加强校园安全管理是消除校园网络舆情风险源头的治本之策，政府加强校园治理的核心在于全面推进依法治校纲领，确保校园管理的法治化、规范化。依法治校不仅是现代教育的基本要求，也是维护校园安全稳定的重要保障。政府应当通过制定和完善相关法律法规，明确校园治理的主体、职责和权限，为校园治理提供坚实的法律支撑。同时，政府还应加强对校园治理法律法规的宣传教育，提高师生员工的法律意识和法治观念，形成全社会共同维护校园安全的良好氛围。

第一，在推进依法治校的基础上，政府应建立健全校园安全督查机制。校园安全督查是确保校园治理措施得到有效执行的关键环节。政府应设立专门的督查机构，配备专业的督查人员，定期对校园进行安全检查和评估。通过督查，可以及时发现和纠正校园管理中存在的问题和隐患，确保校园安全工作的顺利开展。同时，政府还应建立校园安全信息共享机制，实现各级政府、学校和社会之间的信息共享与协同，提高校园安全管理的效率和水平。

第二，除了定期的安全督查外，政府应组织开展不定期的校园安全隐患排查工作。隐患排查是预防校园突发事件的重要手段。政府应指导学校制订详细的安全隐患排查方案，明确排查的重点、方法和要求。通过排查，可以及时发现和解决校园内存在的各种安全隐患，有效预防校园突发事件的发生。同时，政府还应加强对学校安全隐患排查工作的监督和指导，确保排查工作的全面、深入和有效。

第三，在加强校园治理的过程中，政府还应注重提升校园安全管理的科技化水平。随着信息技术的快速发展，科技手段在校园安全管理中的应用越来越广泛。政府应鼓励学校引入先进的安防设备和技术，如智能监控系统、人脸识别技术等，提高校园安全管理的智能化和精细化水平。同时，政府还应加强对校园安全管理人员的培训和教育，提高他们的专业素养和技能水平，确保校园安全管理工作的高效运行。

第四，政府还应加强与社会各界的合作与沟通，共同推进校园治理工作的深入开展。校园治理是一个系统工程，需要政府、学校、家庭和社会等多方面的共同参与和努力。政府应加强与家长的沟通联系，引导家长积极参与校园治理工作，共同维护学生的安全健康。同时，政府还应加强与社区、公安、消防等部门的协作配合，形成校园安全管理的合力，防范校园突发事件的发生，在事件发生后进行及时处置，避免风险的进一步扩大。

第五章

青少年心理健康风险分析与多元共治实践

当代青少年是第一个百年奋斗目标实现的见证者,更是保障第二个百年奋斗目标实现的生力军。关注和保护青少年的心理健康,是维护和促进全生命周期健康的重要基石,也是推动中国式现代化高质量发展的必然选择。本章通过对当前中国青少年心理健康风险的类型、特征和形成机制进行把握,梳理国内外青少年心理健康保护的政策实践与服务经验,助力形成有关青少年心理健康的科学认知和行动方案。

第一节 青少年心理健康概述

通常来说,心理健康是指个体在心理上的良好状态和适应能力,意味着个体能够有效地管理和控制自身情绪,能形成积极良好的自我认知与自尊,具有良好的社交关系与人际交往能力,以及良好的问题解决能力与压力应对策略。[1] 相反地,青少年心理健康风险是指在一系列心理、生理、社会环境因素的复杂作用下,处于青少年时期的个体由于心理失调,在情绪、认知和行为等方面表现出的失序倾向或状态,包括但不限于焦虑、抑郁、自卑、自闭、攻击性、适应困难等。[2] 近年来,青少年心

---

[1] Silvana, G., Anderas, H., Marianne, K., Julian, B., Norman, S., "Toward a New Definition of Mental Health", *World Psychiatry*, Vol. 2, 2015, pp. 231-233.

[2] Schultze-Lutter, F., Schimmelmann, B.G., Schmidt, S.J., "Resilience, Risk, Mental Health and Well-being: Associations and Conceptual Differences", *European Child Adolescent Psychiatry*, Vol. 25, 2016, pp. 459-466.

理风险日益增大,且呈现出低龄化趋势。据调查,全国青少年心理问题发生率为20%—40%,其中在15—24岁青少年群体中有1/3的人存在不同程度的心理问题,全国各类精神疾病患者中约有1/3为青少年。[①] 累积、扩张的心理健康风险严重影响了青少年的身心健康和学习生活,也对社会的长治久安造成潜在威胁。

一 心理健康的个体、家庭与社会价值

青少年是国家的希望、民族的未来。《中国儿童发展纲要(2021—2030年)》中强调,促进青少年健康成长,能够为国家可持续发展提供宝贵资源和不竭动力。可见,关注和重视青少年的心理健康状况,对个体、家庭和社会的可持续发展具有显著意义。

首先,心理健康有助于保障个体的自我成长与未来发展。青少年阶段不仅是知识和技能积累的高峰期,更是自我认知、情感调控以及社会适应能力迅速提升的关键期,拥有一个健康积极的心理状态至关重要。良好的心理健康状态能够帮助青少年更好地适应各种压力,建立积极的自我认知,形成良好的社会交往能力,为未来个人的全面发展打下坚实基础。相反,不良心理状态可能导致青少年情绪波动、学业退步、社交障碍等,进而影响其未来的职业发展和生活质量。

其次,心理健康有助于维护青少年家庭的稳定和团结。具有良好心理特质的青少年通常也具有良好的情绪管理能力,能够更好地应对生活中的压力与挑战,进而促进家庭成员间的关系融洽和理解支持,形成良好的家庭氛围。相反,青少年的不良心理状况容易造成家庭成员间关系紧张,激化家庭成员的情绪压力,甚至催化形成新的健康风险,对家庭的和谐稳定造成负面影响。

最后,心理健康有助于青少年更好地发挥其作为社会建设生力军的历史使命。青少年是社会的未来和希望,他们的心理健康状况直接关系到社会的稳定和繁荣。良好的心理健康有助于青少年更好地融入社会、发挥个人潜力、为社会发展做出积极贡献。相反,若青少年的心理健康

---

① 苏现彪、殷爱华、杨楹、吴书鑫、刘金同、王旸、王玮:《中国青少年心理亚健康状态检出率的Meta分析》,《中国儿童保健杂志》2021年第6期。

风险无序扩张，则可能严重威胁社会治安和公共健康。

二 青少年群体常见的心理健康问题

当所面临的心理健康风险难以被个体及社会环境充分消解时，青少年有可能出现各种类型的心理问题。一般来说，青少年的心理健康问题具有复杂性、多样性、高共病性和互相影响等特征，大致可以分为以下几类。

（一）情绪类问题

负性心理情绪体验是青少年群体中最为常见的心理健康问题，主要包括情绪不稳定、焦虑障碍、抑郁症等。其中，情绪不稳定是指青少年在面对各种情绪激发因素时，难以保持相对稳定的情绪，常出现情绪波动大、易怒、情绪低落等状态，进而影响个体的日常生活。[1] 焦虑障碍是指个体对于现实或者未来所发生事件的一种持续性的担忧或者恐惧状态，根据严重程度和持续的时间可以分为轻度担心紧张不安、中度恐惧和极端恐怖等病理性焦虑。[2] 抑郁则是一种显著持久的情绪低落，表现为对外界事物兴趣减退、悲伤、意志消沉、失眠等。[3]

（二）行为类问题

行为类问题是个体在心理因素驱动下产生的一系列损害身体、心理或社会功能的危害性行为，在青少年群体中以自我伤害和自残行为，以及成瘾问题最为常见。其中，自我伤害和自残行为是指个体在没有自杀意愿的前提下，故意对身体组织实施自我破坏而导致直接伤害的行为，包括有意割伤皮肤、灼烧自己、有意图地击打或撞击其他物体以伤害自己等。成瘾则是一种重复性的强迫行为，即使在已知这些行为可能造成不良后果的情形下，仍然持续重复，是一种过度的心理依赖。在青少年

---

[1] Serena, S., Sharron, M., Namitha, S., Nishal, K., Jacob, P., "Assessment of Mental Health and Emotional Stability", *International Journal of Engineering Research and Technology*, Vol. 9, 2020, pp. 397 – 401.

[2] 汪向东、王希林、马弘：《心理卫生评定量表手册》，中国心理卫生出版社1999年版，第318—320页。

[3] Angst, J., Dobler-Mikola, A., "The Definition of Depression", *Journal of Psychiatric Research*, Vol. 18, 1984, pp. 401 – 406.

群体中，典型的成瘾包括物质滥用、物质依赖等。

（三）饮食和体像类问题

青少年不健康饮食行为具有普遍性且与情绪类问题高度聚集。一般来说，饮食类问题包括过度饮食和限制性饮食两种。其中，过度饮食包括暴饮暴食、情绪性进食、外因性进食等；限制性饮食则是个体为了控制体重，长期严格地控制进食的慢性节食行为。[1] 相似地，体像类问题是指青少年时期的个体对自己的身体形象产生不实际的认知和不满。

（四）社交和人际关系问题

社交和人际关系问题是青少年在社会化过程中由于认知和心理失调所产生的一系列心理与行为问题，包括社交回避、孤独感、人际关系不良以及对亲情、友情、爱情等亲密关系产生偏差认知等。

（五）创伤类问题

创伤类问题是指个体由于在生活中经历了较为严重的伤害性事件所引起的心理、情绪甚至生理的不正常状态，既包括地震、洪水等自然灾害后的应激性障碍（Posttraumatic Stress Disorders），也包括在遭受家庭、学校或社会环境中的心理虐待或欺凌后所导致的心理伤害。创伤类心理问题的典型症状包括幻觉重现、梦魇、重度焦虑，以及无法控制地想起某事等。[2]

三 青少年心理健康问题的基本特征

一般而言，青少年心理健康问题具有以下基本特征。

（一）人群高发性

流行病学证据表明，青少年是各类心理问题的高发人群。一方面，青少年时期是各类生理和心理特质以及社会角色快速变化的时期。相较于其他人群，青少年群体具有情绪和行为自控能力差，以及独立性和依赖性并存、开放性与闭锁性并存等心理矛盾体验，因而具有更高的心理

---

[1] Warren, J. M., Smith, N., Ashwell, M., "A Structured Literature Review on the Role of Mindfulness, Mindful Eating and Intuitive Eating in Changing Eating Behaviours: Effectiveness and Associated Potential Mechanisms", *Nutrition Research Reviews*, Vol. 30, 2017, pp. 272–283.

[2] 李璐寰、童辉杰：《创伤后应激障碍研究进展》，《社会心理科学》2008年第1期。

敏感性。另一方面，青少年群体资源挖掘与开发能力较弱，对心理风险的识别与应对能力不足，抗挫折能力有待提高，更容易出现思维、情感、行为等方面的心理问题。

（二）表现多样性

由于个体所持有的资源类型和体量存在差异，青少年在压力性事件的影响下，通常表现出差异化的心理行为反应。[1] 例如，面对欺凌或家庭暴力，部分青少年可能会表现出抑郁、恐惧等情绪反应，而另外一部分个体可能将压力外化为社交退缩、冲动性行为、学习困难等行为。这些不同表现形式反映了青少年心理的多样性和复杂性。

（三）成因多元性

青少年心理健康问题的发生往往受到个人特质、家庭环境、学校环境、社会环境等多种因素的共同影响。在个体层面，自我认知、心理韧性以及生理因素如荷尔蒙变化、大脑发育等因素共同影响心理健康。在家庭环境层面，亲子关系、家庭氛围对青少年心理健康有重要影响。研究表明，童年期经历过虐待的青少年更容易出现焦虑、抑郁、退缩等内化问题，以及攻击与违纪行为等外化问题。[2] 在学校层面，学业压力、同伴关系、学校氛围等会影响青少年的心理状态。研究表明，青少年遭受欺凌与其心理健康问题的产生有密切联系。[3] 在社会层面，媒体影响、社会期望、文化背景也在塑造青少年心理健康中发挥作用。

（四）发展阶段性

青少年心理健康往往与个体发展阶段密切相关，具有阶段性特征。[4] 随着青少年的成长，其心理健康问题的表现可能会发生变化，呈现出不同的特点和趋势。例如，面对创伤性事件所带来的心理冲击，12周岁以

---

[1] Steinberg, L., "A Social Neuroscience Perspective on Adolescent Risk-taking", *Developmental Review*, Vol. 28, 2008, pp. 78 – 106.

[2] 俞国良、李森：《危机与转机：童年期虐待对青少年心理健康的影响及应对策略》，《北京师范大学学报》（社会科学版）2021年第1期。

[3] 杨斌、武春雷、王博等：《青少年传统欺凌、网络欺凌与心理健康的关系研究》，《现代预防医学》2020年第4期。

[4] Costello, E. J., Copeland, W., Angold, A., "Trends in Psychopathology Across the Adolescent Years: What Changes When Children Become Adolescents, and When Adolescents Become Adults?", *Journal of Child Psychology and Psychiatry*, Vol. 10, 2011, pp. 1015 – 1025.

下的青少年更容易通过外化行为来表现其不适应,而 12 周岁以上的青少年则更容易将其内化为负性情绪表达。①

(五) 后果深远性

青少年时期的心理健康状况对个体发展的影响具有长远性。青少年时期是个体心理发展和社会性发展的关键时期。在这个时期,个体社会角色逐渐明确,其自我意识有了较大提高,开始持续更新对自我、对他人、对社会等方面的认识。研究表明,约有 20% 心理障碍青少年的症状可持续至成年期,并对其社会适应、婚姻关系、人际交往、就业状况等方面产生影响。②

四 青少年心理健康的影响因素

如图 5-1 所示,青少年的心理发展是个体与环境因素互相作用的结果。

(一) 个体因素

青少年的个体特征对其心理健康状况具有重要作用。个体的压力应对方式、心理弹性等因素都可能影响其对不同环境因素的反应程度,进而影响其心理健康水平。研究表明,青少年的情绪调节与心理健康存在较为密切的关系,情绪调节的成功进行有利于个体发展出积极的社会适应和心理健康。③

(二) 家庭因素

家庭环境是影响青少年心理健康的重要因素之一。家庭自然结构的完整性会影响青少年心理健康,单亲家庭子女、留守儿童、非婚生子女等更容易出现心理健康问题。家庭的温暖、支持和稳定有助于青少年建立良好的自尊、自信和情感安全,从而促进其心理健康的发展。相反,家庭冲突、家庭暴力、家庭成员的精神健康问题等负面因素可能导致青

---

① Owen, G., Osterweis, M., Solomon, F., Green, M., "Bereavement During Childhood and Adolescence", *Bereavement: Reactions, Consequences, and Care*, Vol. 38, 1984, pp. 13-22.

② 静进:《当前儿童青少年心理健康状况解读与对策建议》,《中国学校卫生》2023 年第 2 期。

③ 刘文、张妮、于增艳等:《情绪调节与儿童青少年心理健康关系的元分析》,《中国临床心理学杂志》2020 年第 5 期。

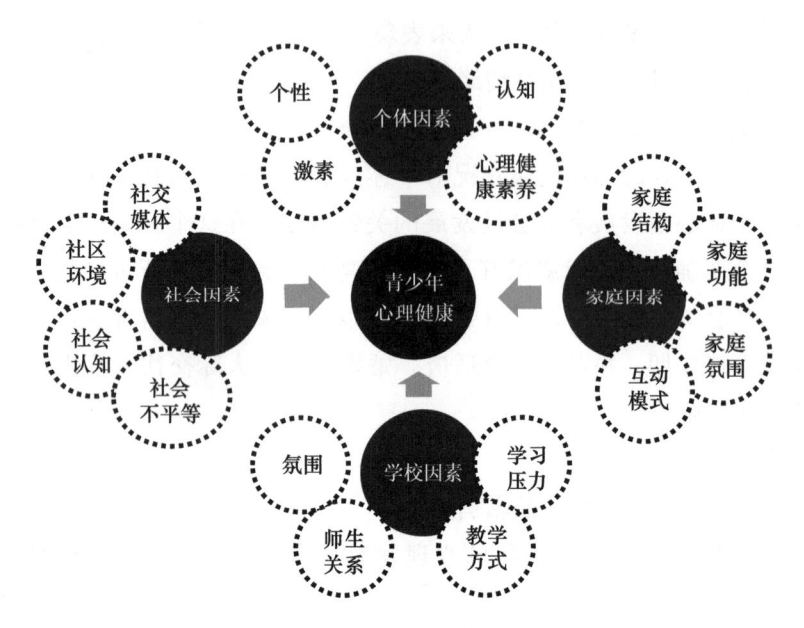

图 5-1　青少年心理健康的影响因素

少年形成消极的个人品质，进而对其心理健康产生负面影响。

（三）学校因素

学校环境中的学业压力、同伴关系、师生关系等因素对青少年心理健康发挥着重要作用。过高的学业压力和来自同伴的欺凌可能导致焦虑、抑郁等心理健康问题，而良好的师生关系和积极的同伴关系则有助于青少年的心理健康发展。

（四）社会因素

研究表明，社会环境的变化会直接或间接地对青少年心理健康造成影响。[①] 直接地，拥挤、污染、不和谐的社会环境可能会造成压抑、紧张、恐惧的社会氛围，危害青少年的心理健康。间接地，社会对性别、种族、性取向等议题的态度，以及大众媒体中传播的暴力、色情等内容，都可能影响青少年的自我认知和压力应对能力。

---

① 俞国良、李建良、王勍：《生态系统理论与青少年心理健康教育》，《教育研究》2018 年第 3 期。

第二节 青少年心理健康发展现状与影响因素的实证分析

利用人口健康数据中心的青少年健康主题数据库，本小节拟在统计青少年心理健康风险的发生率和分布特征的基础上，对影响青少年心理健康的因素及其机制进行分析。

一 数据来源与分析方法

青少年健康主题数据库是由山东大学主导，基于99327名初高中生形成的多年度横截面数据。调查主要采用现场测试、调查问卷、资料收集方法获取青少年精神与心理、生命质量、社会健康、危险行为等维度信息。[①]

本小节采用症状自评量表（SCL-90）测度青少年的心理健康状况。该量表包括90个项目，对应10个因子，被广泛应用于16岁以上个体的心理健康流行病学调查。特别在中国人群中，SCL-90量表具有良好的信度与效度表现。

在SCL-90中，躯体化主要反映主观的躯体不适感，包括心血管、胃肠道、呼吸等系统的主述不适，以及头痛、背痛、肌肉酸痛和各种心理不适引发的躯体表现；强迫症状主要指那种明知没有必要但又无法摆脱的无意义的思想、冲动、行为等表现，还有一些比较一般的感知障碍，如脑子"变空了""记忆力不好"等；人际关系敏感主要指某些主观的不自在感和自卑感，尤其是在与他人相比较时更突出；抑郁反映的是与临床上抑郁症状群相联系的广泛的概念；焦虑一般指那些无法静息、神经过敏、紧张以及由此而产生的躯体征象；敌对主要从思维、情感及行为三方面来反映受测者的敌对表现，项目包括从厌烦、争论、摔物，直至争斗和不可抑制的冲动爆发等各个方面；恐怖与传统的恐怖状态或广场恐惧症所反映的内容基本一致；偏执主要指思维方面，如投射性思维、敌对、猜疑、关系妄想、被动体验与夸大等；精神病性有幻听、思维播

[①] 参见山东大学、青少年健康主题数据库：国家人口健康科学数据中心数据仓储PHDA，2021。

散、被控制感、思维被插入等反映精神分裂样症状的项目；其他主要反映睡眠及饮食情况。该量表采用1—5级评分，分别对应"从无""轻度""中度""偏重"和"严重"状态。得分越高，个体在该维度上表现出的风险越大。

本小节基于青少年健康主题调查2020年度横截面数据，采用描述性统计分析、差异分析、回归分析、定性比较分析等方法，回应我国青少年心理健康总体状况如何，不同类型青少年心理健康状况是否存在差异，影响青少年心理健康的主要因素有哪些，影响因素之间存在何种组态效应，等等问题，助力青少年心理健康风险的识别与管理。

二 当代青少年心理健康发展现状分析

（一）心理健康总体水平分析

如表5-1所示，研究发现，高中生的SCL-90因子得分从高到低依次为强迫症状、人际关系敏感、抑郁、焦虑、偏执、敌对、精神病性、恐怖、躯体化。

表5-1　　　　　　青少年SCL-90因子得分

因子	平均值	标准差	排序
躯体化	1.431	0.575	10
强迫症状	1.745	0.692	1
人际关系敏感	1.613	0.690	2
抑郁	1.557	0.684	3
焦虑	1.525	0.657	4
敌对	1.466	0.640	7
恐怖	1.442	0.629	9
偏执	1.481	0.627	6
精神病性	1.458	0.593	8
其他	1.505	0.621	5
总体均值	1.528	0.593	

注：研究样本 n = 9480。

根据SCL-90症状自评量表的理论设计，将9个因子中任意一项因子得分≥2作为心理健康问题的阳性检出指标。如果被试在某一项因子得分≥3，则视为被试在该因子方面存在中度心理障碍。

根据阳性检出指标，对 SCL-90 各因子得分呈阳性症状的人数进行描述统计分析，结果见表 5-2。在 9480 名高中生被试中，因子得分≥2 有 3939 人，占总人数的 41.55%；因子得分≥3 有 1062 人，占总人数的 11.20%，证明心理健康风险在当代青少年中不容忽视。值得注意的是，超过 20% 的青少年呈现强迫症状（33.69%）、人际关系敏感（26.97%）、抑郁（22.20%）、焦虑（21.57%）、偏执（20.91%）和敌对（20.13%）等症状阳性，值得相关政策与实践高度重视。

表 5-2　　　　　　　　青少年心理健康问题检出率

因子	因子得分≥2 n	%	因子得分≥3 n	%
躯体化	1578	16.65	272	2.87
强迫症状	3194	33.69	621	6.55
人际关系敏感	2557	26.97	531	5.60
抑郁	2105	22.20	487	5.14
焦虑	2045	21.57	423	4.46
敌对	1908	20.13	392	4.14
恐怖	1786	18.84	365	3.85
偏执	1982	20.91	379	4.00
精神病性	1691	17.84	305	3.22
合计※	3939	41.55	1062	11.20

注：研究样本 n=9480，一个被试可能同时有一个以上因子得分≥2、因子得分≥3。

（二）心理健康的群体间差异分析

1. 性别差异

对男女生 SCL-90 各因子得分进行两独立样本 t 检验，结果见表 5-3。研究发现，高中生在 SCL-90 总体均值上存在显著的性别差异（$p<0.001$），女性 SCL-90 总体均值得分高于男性 SCL-90 总体均值得分。具体而言，高中生在躯体化、强迫症状、人际关系敏感、抑郁、焦虑、恐怖等因子上的得分存在显著性别差异（$p<0.001$），在敌对因子（$p<0.01$）、精神病性（$p<0.05$）上的得分存在一定的性别差异，女性

得分均高于男性。但是，在偏执因子上的得分不存在显著的性别差异（$p>0.05$）。

表5-3　　　　青少年SCL-90因子得分的性别差异检验

因子	男 平均值	男 标准差	女 平均值	女 标准差	t
躯体化	1.408	0.587	1.455	0.569	3.920***
强迫症状	1.699	0.701	1.792	0.683	6.4725***
人际关系敏感	1.589	0.696	1.639	0.684	3.484***
抑郁	1.502	0.671	1.610	0.693	7.695***
焦虑	1.481	0.653	1.568	0.659	6.418***
敌对	1.449	0.645	1.485	0.636	2.662**
恐怖	1.381	0.615	1.501	0.637	9.225***
偏执	1.481	0.643	1.484	0.613	0.211
精神病性	1.447	0.605	1.472	0.583	2.04*
总体均值	1.497	0.593	1.560	0.588	5.188***

注：研究样本 n=9404（男=4525，女=4879）；*$p<0.05$，**$p<0.01$，***$p<0.001$。

2. 城乡差异

对户籍所在地为城市和农村的高中生SCL-90各因子得分进行两独立样本t检验，结果见表5-4。研究发现，高中生在SCL-90总体均值上存在显著的城乡差异（$P<0.001$），农村高中生SCL-90总体均值得分高于城市高中生SCL-90总体均值得分。具体而言，高中生在躯体化、强迫症状、人际关系敏感、抑郁、焦虑、恐怖、偏执、精神病性因子上的得分存在显著城乡差异（$p<0.001$），在敌对因子（$p<0.01$）上的得分存在一定的城乡差异，农村高中生在上述因子上的得分均高于城市高中生。

表5-4　　　　青少年SCL-90因子得分的城乡差异检验

因子	城市 平均值	城市 标准差	农村 平均值	农村 标准差	t
躯体化	1.381	0.551	1.453	0.576	-5.207***
强迫症状	1.667	0.678	1.787	0.690	-7.189***

续表

因子	城市 平均值	城市 标准差	农村 平均值	农村 标准差	t
人际关系敏感	1.546	0.659	1.647	0.697	-6.037***
抑郁	1.495	0.663	1.585	0.682	-5.492***
焦虑	1.471	0.631	1.548	0.651	-4.848***
敌对	1.434	0.628	1.481	0.642	-3.053**
恐怖	1.377	0.590	1.474	0.637	-6.413***
偏执	1.440	0.609	1.502	0.628	-4.107***
精神病性	1.418	0.573	1.478	0.596	-4.153***
总体均值	1.472	0.572	1.555	0.593	-5.807***

注：研究样本 n = 8184（城市 = 2415，农村 = 5769）；*p < 0.05，**p < 0.01，***p < 0.001。

3. 独生与非独生差异

对家庭状况为独生子女和非独生子女的高中生 SCL-90 各因子得分进行两独立样本 t 检验，结果见表 5-5。研究发现，独生子女与非独生子女的高中生在 SCL-90 总体均值上存在差异（P < 0.01），非独生子女的高中生 SCL-90 总体均值得分高于独生子女的高中生 SCL-90 总体均值得分。具体而言，高中生在强迫症状、人际关系敏感、抑郁、恐怖因子上的得分存在显著差异（p < 0.001），在焦虑因子（p < 0.01）上的得分存在一定的差异，非独生子女高中生的得分均高于独生子女高中生。而在躯体化、敌对、偏执、精神病性因子上的得分则不存在显著差异（p > 0.05）。

表 5-5　独生与非独生青少年 SCL-90 因子得分的差异检验

因子	独生子女 平均值	独生子女 标准差	非独生子女 平均值	非独生子女 标准差	t
躯体化	1.416	0.596	1.439	0.567	-1.769
强迫症状	1.679	0.699	1.776	0.689	-6.198***
人际关系敏感	1.571	0.655	1.633	0.688	-3.956***
抑郁	1.518	0.682	1.575	0.684	-3.691***
焦虑	1.499	0.664	1.537	0.654	-2.615**
敌对	1.463	0.662	1.469	0.632	-0.4415

续表

因子	独生子女 平均值	独生子女 标准差	非独生子女 平均值	非独生子女 标准差	t
恐怖	1.408	0.638	1.458	0.624	-3.489***
偏执	1.478	0.659	1.484	0.612	-0.367
精神病性	1.452	0.617	1.463	0.583	-0.8433
总体均值	1.500	0.608	1.542	0.586	-3.087**

注：研究样本 n = 9399（独生子女 = 2820，非独生子女 = 6579）；* $p < 0.05$，** $p < 0.01$，*** $p < 0.001$。

三 当代青少年心理健康的影响因素分析

在分析青少年心理健康风险发生的总体情况的基础上，本小节采用多元线性回归的方法进一步探究影响青少年心理健康风险的因素。结合现有资料和前期研究结果，我们从青少年个体特征、家庭环境、学校环境几个方面选取了父亲受教育水平、母亲受教育水平、家庭经济条件、家庭关系、父母期望教育、密友数量、健康状况、学校适应、运动行为等影响因素为自变量，并以青少年 SCL-90 量表的总得分为因变量进行分析。

我们使用逐步回归法进行多元线性回归分析并筛选自变量，设定选入自变量的显著性水准为 0.05，剔除自变量的显著性水准为 0.10。最终纳入模型的影响因素有父亲受教育水平、学校适应、家庭经济条件、家庭关系、运动行为、密友数量、健康状况，$R^2 = 0.1899$，说明父亲受教育水平、学校适应、家庭经济条件、家庭关系、运动行为、密友数量、健康状况可以解释 18.99% 的青少年心理健康问题的产生。多元线性回归分析结果如表 5-6 所示。

表 5-6　青少年心理健康影响因素的多元线性回归分析

预测模型	回归系数	标准误	t	$p > \lvert t \rvert$
父亲受教育水平	-1.086	0.269	-4.040	0.000
学校适应	-0.566	0.026	-21.810	0.000
家庭经济条件	-3.708	0.890	-4.170	0.000

续表

预测模型	回归系数	标准误	t	$p>|t|$
家庭关系	-23.738	1.849	-12.840	0.000
运动行为	-2.359	0.510	-4.630	0.000
密友数量	0.791	0.243	3.260	0.001
健康状况	-12.165	0.512	-23.750	0.000
常数项	275.373	3.737	73.690	0.000

数据分析结果显示，密友数量对青少年心理健康风险的产生有显著的正向影响，父亲受教育水平、学校适应、家庭经济条件、家庭关系、运动行为、健康状况对青少年心理健康风险的产生有显著的负向影响。具体而言有以下方面。

密友数量与青少年心理健康问题的产生呈正相关，青少年拥有的密友数量越高，越容易产生心理健康问题。首先，这可能是因为拥有许多密友会在一定程度上增加社交压力，而过大的社交压力可能进一步导致焦虑、抑郁等心理健康问题的产生。其次，这可能是因为亲密关系质量对青少年的心理健康具有重要影响，如果密友之间的关系不健康，例如，存在暴力、欺凌或者冲突等问题，可能会对青少年的心理健康产生负面影响。

父亲受教育水平与青少年心理健康问题的产生呈负相关，父亲受教育水平越高，青少年越不容易产生心理健康问题。首先，这可能是因为高受教育水平的父亲可能会给孩子更多的关注、支持和引导，这种积极的教养方式有助于培养青少年的自尊心、自信心和适应能力，减少心理健康问题的产生。其次，高受教育水平的父亲可能具有更强的沟通能力和解决问题能力，能够与青少年开展更有效的沟通，及时发现和解决青少年的心理健康问题。

学校适应与青少年心理健康问题的产生呈负相关，青少年学校适应情况越好，越不容易产生心理健康问题。学校是青少年主要的社会化场所之一，良好的学校适应往往是由于青少年在学校中具有社会支持和群体归属感。老师、同学的情感支持、良好的人际关系、友好和谐的校园气氛，都有助于青少年拥有良好的心理体验，从而降低心理健康问题产生的概率。

家庭经济条件与青少年心理健康问题的产生呈负相关,家庭经济条件越好,青少年越不容易产生心理健康问题。首先,经济条件较好的家庭往往能够提供更好的物质条件,有助于提高青少年的生活满意度和幸福感,从而减少心理健康问题的产生。其次,经济条件较好的家庭通常拥有更多的时间和资源,父母更愿意也更容易与青少年建立良好的亲子关系,从而减少其心理健康问题的产生。

家庭关系与青少年心理健康问题的产生呈负相关,家庭成员间关系越融洽,青少年越不容易产生心理健康问题。首先,在成员关系融洽的家庭中,家庭成员之间通常能够提供更多的情感支持,让青少年处在一种安全和稳定的环境中,有助于降低青少年产生心理健康问题的可能性。其次,在成员关系融洽的家庭中,家庭成员之间通常能够坦诚地表达自己的想法和感受,也更容易理解和支持对方,这有助于减少家庭成员间的误解和冲突,从而降低青少年心理健康问题发生的可能性。

运动行为与青少年心理健康问题的产生呈负相关,青少年运动的频率越高,越不容易产生心理健康问题。一方面,运动能够促进生理上的身体健康,而身体健康与心理健康密切相关。运动可以促进血液循环、释放内啡肽和多巴胺等神经递质,有助于缓解焦虑、抑郁等心理健康问题。另一方面,运动是一种有效的压力释放和情绪调节的方式,青少年可以通过运动放松身心,释放紧张情绪,减轻心理压力,从而减少心理健康问题的产生。

健康状况与青少年心理健康问题的产生呈负相关,青少年健康状况越好,越不容易产生心理健康问题。身体健康的青少年通常具有良好的生活规律和作息习惯,例如定期锻炼身体、保持良好的饮食习惯、规律作息等,有助于青少年树立积极阳光的心态,减少心理健康问题的产生。

四 当代青少年心理健康影响因素的组态效应分析

青少年心理健康问题的产生是一个复杂过程,受到多种因素的共同影响,同时各个影响因素之间也可能存在相互作用,可见青少年产生心理健康问题的路径不一定是唯一的。我们利用 excel 中的 RAND 函数对应

第五章 青少年心理健康风险分析与多元共治实践

生成每个样本的随机数,按随机数降序选择40个样本进行组态效应分析。结合现有资料和前期研究结果,选择家庭经济、父母期望、朋友数量、健康状况、学校适应情况5个解释变量,分析各个影响因素的组态效应。

我们采用直接法对变量进行校准,选取样本数据的95%分位数作为完全隶属的锚点,选取样本数据5%分位数作为完全不隶属的锚点,选取样本数据50%分位数作为交叉点,将样本数据转换为0—1之间的数值。单一变量必要性分析具体结果见表5-7。分析结果显示,在高青少年心理健康风险的必要性分析中,各个条件的一致性水平均小于临界值0.9,说明不存在作为结果必要条件的单个条件变量。

表5-7　　　　　单一变量必要性条件分析结果

条件变量	高青少年心理健康风险		低青少年心理健康风险	
	一致性	覆盖度	一致性	覆盖度
高家庭经济	0.679	0.553	0.715	0.707
低家庭经济	0.641	0.649	0.548	0.674
高父母期望	0.635	0.628	0.592	0.711
低父母期望	0.707	0.588	0.690	0.697
高朋友数量	0.498	0.527	0.579	0.744
低朋友数量	0.759	0.597	0.633	0.605
高健康状况	0.659	0.517	0.730	0.695
低健康状况	0.611	0.650	0.493	0.637
高学校适应	0.590	0.500	0.738	0.760
低学校适应	0.717	0.693	0.515	0.604

我们频数阈值设为1,一致性阈值设为0.75,并在真值表中剔除PRI一致性小于0.4的样本,完成真值表的构建。条件组态分析的具体结果见表5-8。分析结果显示,存在3条路径可以生成高青少年心理健康风险。根据每种组态核心条件的差异,可将生成高青少年心理健康风险的路径归纳为脆弱叠加型和家庭压力型两种模式。

表5-8　　　　　　　　　　条件组态分析结果

条件组态	组态1	组态2	组态3
家庭经济	—	•	⊗
父母期望	⊗	—	●
朋友数量	⊗	⊗	⊗
健康状况	⊗	⊗	•
学校适应	⊗	⊗	⊗
一致性	0.78	0.83	0.80
原始覆盖度	0.35	0.35	0.24
唯一覆盖度	0.06	0.07	0.06
解的一致性	0.82		
解的覆盖度	0.49		

第一种是脆弱叠加型。该模式的核心特征是个体弱势叠加学校适应不良，两方面共同导致青少年心理健康问题，以组态1和组态2为代表。在组态1和组态2中，健康状况和学校适应均为核心条件。组态1表示，青少年个人健康状况不佳且缺少朋友、难以适应校园生活时，即使父母对其学业期望不高，也会产生心理健康问题。该组态能够解释约35%的高青少年心理健康风险案例，其中约6%的青少年心理健康问题案例仅能被该组态解释。组态2表示，青少年个人健康状况不佳且缺少朋友、难以适应校园生活时，即使家庭经济状况较好，也会产生心理健康问题。该组态能够解释约35%的高青少年心理健康风险案例，其中约7%的青少年心理健康问题案例仅能被该组态解释。在此组态中，个体健康状况不佳与学校适应不良相互叠加催化，造成青少年心理健康处于高风险状态。一个典型案例14岁的小勇由于偏食挑食，导致营养不良，身材瘦弱。小勇因脑瘫导致智力发育缓慢，从小跟不上学习进度，又长期遭受校园暴力，逃避上学。身体健康状况不佳、无法适应校园生活的小勇最终产生了严重的心理健康问题。①

---

① 案例来源：社工中国《走出青春之殇，不做"少年的你"——心理社会治疗模式介入校园暴力应激障碍青少年个案》，http://practice.swchina.org/case/2021/0423/38842.shtml，最后访问日期：2024年5月21日。

第二种是家庭压力型。该模式的核心特征是主要由家庭因素造成青少年心理健康问题，以组态3为代表。组态3表示，在家庭经济状况不佳，而父母对孩子学历具有高期望时，青少年具有较高的心理健康风险。在组态3中，家庭经济和父母期望为核心条件。该组态能够解释约24%的高青少年心理健康风险案例，其中约6%的青少年心理健康问题案例仅能被该组态解释。

综上所述，青少年的心理健康受个体、家庭、学校和社会等多重因素的复杂影响。在关注重视青少年群体的普遍性心理危机的同时，有必要进一步关注人群间以及形成路径间的差异性，以更加科学精准的风险锚定带动相关政策与实践的精细化发展。

第三节 青少年心理健康保护的政策发展

据统计，全球约有1/7的10—19岁青少年罹患各种类型的心理疾病，占该年龄段总疾病负担的13%，造成高达40亿美元的年度经济损失。[1]维护和促进青少年的心理健康不仅是实现个体全生命周期健康的重要基石，也是维护家庭团结、助力社会稳定可持续发展的关键着眼点。1977年，世界卫生组织强调，"每个国家都应该有聚焦儿童青少年心理健康的国家计划"。2005年，世界卫生组织再次发布"儿童与青少年心理健康政策与计划指导包"（Mental Health Policy and Services Guidance Package: Child and Adolescent Mental Health Policies and Plans），鼓励各国制定和实施更加全面的青少年心理健康支持政策，加强对青少年心理健康问题的关注和应对能力。在世界卫生组织的积极号召下，青少年的心理健康问题于近半个世纪以来受到全球政策与实践的广泛关注。

一 从碎片化走向整合型：全球青少年心理健康保护的政策沿革

通过对代表性国家的青少年心理健康保护政策进行梳理与比较，我们发现相关政策发展呈现出从碎片化走向整合型的基本趋势，这意

---

[1] Kuehn, B. M., "Lack of Adolescents' Mental Health Care Is a Global Challenge", *JAMA*, Vol. 19, 2021, p. 1898.

味着青少年心理健康保护议题正逐渐从社会治理体系的边缘化走向中心化。

(一) 早期青少年心理健康保护政策的碎片化探索

已有研究发现,早期的政策探索多在健康保障、教育管理、儿童福利与保护等初始框架下展开,通过增设相关内容以适应青少年日益增长的心理健康需求。[1] 然而,受疾病负担、地区经济发展水平、政策注意力分配、社会文化等多重因素的复杂影响,不同国家的青少年心理健康保护政策在覆盖范围、表现形式、保障强度等方面呈现出较大差异。

1. 健康政策框架下的青少年心理健康保护

中、高收入国家,如美国、加拿大、英国、澳大利亚、德国、荷兰、瑞典等,多依托医疗保险与公共服务强化个体的经济安全和服务获得,以提高社会对青少年心理健康危机的整体应对能力。例如,美国国会和卫生与公共服务部以罹患心理疾病患者为重点保障对象,于2008年在《心理健康平权与成瘾公平法案》("Mental Health Parity and Addiction Equity Act", MHPAEA)中强调,保险公司要对心理健康服务与身体健康服务提供同等的保险范围与支付标准以消除对心理健康的歧视。2010年,《平价医疗法案》("Affordable Care Act", ACA)进一步将心理健康服务纳入医疗保险支付范畴,更好地保障了个体心理健康照护服务的获得。在英国,1983年《心理健康法》("Mental Health Act")以立法的形式保障了心理疾病患者获得诊疗和健康服务的权利,将心理治疗、心理评估、精神健康药物等纳入国家医疗服务体系。针对青少年心理疾病发生率高但服务获取机会最少的问题,加拿大于2014年启动"ACCESS Canada"项目,力争5年内增进青少年对心理健康问题的关注与认识,实现疾病早期诊断,同时为青少年患者提供友好循证干预,改善青少年群体预后。相较而言,中低收入国家对公民心理健康议题的关注起步较晚,基础较为薄弱。在印度和墨西哥等国,以保护心理疾病患者权利、规范心理健康服务标准和质量为主要内容的《心理健康法》直至2017年才被正式提出。虽然部分中低收入国家尝试在医保体系中逐步纳入

---

[1] Shatkin, J. P., Belfer, M., "The Global Absence of Child and Adolescent Mental Health Policy", *Children and Adolescent Mental Health*, Vol. 9, 2004, pp. 104–108.

心理健康服务，但由于心理健康服务供给不足、质量不佳、心理疾病的污名化等问题，政策覆盖范围与实施效果仍十分有限。

2. 教育政策框架下的青少年心理健康保护

学校是青少年心理健康保护的重镇，各国多积极开展以心理健康教育、咨询、评估、筛查、治疗等服务为依托的行动计划，以澄清学校在青少年心理健康保护中的独特作用。例如，美国2001年提出的《不让任何一个孩子掉队法案》（"No Child Left Behind Act"）强调，学校有必要提供包含心理健康咨询、社会情绪支持等在内的全方位服务以更好地保障学生的学业成就。特别是针对有特殊教育需求的学生，《残疾人教育法案》（"Individuals with Disabilities Education Act"，IDEA）规定，学校有责任提供心理健康服务和支持，以帮助残疾学生充分参与学校生活与学习。2004年，日本在原1998年《学校保健法》的基础上增设心理健康内容形成《学校心理卫生法》。该法规定，学校应该开展心理健康教育、设立心理健康支持团队提供心理健康服务、定期进行心理健康评估、营造良好的心理健康氛围。此外，加拿大、澳大利亚、挪威、新西兰等国家也积极尝试在教育法规和政策中融入更多的心理健康保护元素。

3. 儿童福利政策框架下的青少年心理健康保护

以提升青少年生活质量为目标，各国政府多以地区内高风险点位的心理健康议题为依托，制定零散性、焦点化的工作计划。例如，美国以青少年自杀预防为主题，于2004年出台《加勒特·李·史密斯纪念法案》（"The Garrett Lee Smith Memorial Act"，GLSMA）为各州、领地、部落和高等教育机构提供资金支持，用于开展青少年自杀预防和心理健康服务项目。更早一些（2002年），聚焦容易引起青少年心理问题的校园霸凌事件，日本教育厅联合多部门发布《预防校园霸凌指导方针》，以指导学校、家庭和相关部门更好地建立校园安全环境以应对霸凌问题，并引导建成校园霸凌报告制度，通过加强校园霸凌事件的严格监测与严肃处理保护青少年的心理健康。

早期健康、教育和福利政策对公众心理健康风险的关注和介入虽然未明确以青少年作为独立政策主体，但在一定程度上夯实了青少年心理健康建设的行动基础。然而，历史经验表明，由单部门主导的碎片化政策囿于资金配套不足、资源联动与协调能力弱、专家指导缺乏等缺陷，容易在实施过程中"有心无力",难以真正为促进青少年心理健康提供持续动力。

(二) 整合型青少年心理健康保护政策的提出与应用

近十年来,随着"大健康""全生命周期健康"等观念的全球普及,部分国家开始将青少年心理安全作为一项独立议题,尝试探索形成全方位、多层次、整合型的解决方案(代表性政策如表 5-9 所示)。

其中,英国卫生与社会保健部于 2015 年发布一项以青少年为主要对象、名为"未来的希望"的健康战略计划,后在此基础上于 2017 年发布《儿童与青少年心理健康绿皮书》,主张以心理健康服务团队建设助力改善青少年心理健康状况。据统计,该计划 2018 年共资助建设 58 个服务团队,经过多轮开发与发展,2023 年在英国全域内共建成 399 个团队,服务覆盖超过 300 万(约 35%)儿童及青少年,较大幅度提升了青少年的心理健康水平。[①] 值得注意的是,新冠疫情暴发以后,大量心理健康服务计划面临部分或完全中断,青少年的心理健康在高发性与低保护性的双重胁迫中面临严峻挑战。为了最大限度地保障疫情防控期间儿童青少年的心理健康,美国于 2020 年颁布《学生心理健康服务法案》,后于 2021 年颁布《救援计划法案》,为中小学提供 1227 亿美元的紧急救济金,部分用于精神卫生保健的宣传、培训开展心理健康教育与服务。2022 年 6 月,《两党安全社区法案》进一步拨款 5000 万美元支持和扩大学校医疗健康资源(包括心理健康服务),拨款 10 亿美元用于学校心理健康教师培训,拨款 10 亿美元用于辅助学生进行危机干预、自杀预防、物质滥用介入等,并通过医疗补助计划开展学生心理早期筛查与定期筛查,系统支持以学校为基础的心理健康服务。澳大利亚则于 2021 年正式推行《国家儿童心理健康与福祉战略》,以社会环境优化、心理健康服务体系建设和心理健康教育与素质提升为抓手,通过建立以国家指导委员会为核心、多部门共同参与的协作机制,共同推进儿童心理健康政策体系的长效建设。

---

① National Institute for Health and Care Research, "22/25 HSDR Evaluating the Implementation of the Transforming Children and Young People's Mental Health Provision Green Paper-Commissioning Brief", 2022.

表 5-9　　　　　聚焦青少年心理健康保护的代表性政策

国家	政策名称	年份	参与部门	主要内容
英国	《未来的希望》（"Future in Mind"）	2015	卫生与社会保健部；教育部；公共健康署；社区和地方政府部；国家健康服务部门	1. 提高心理健康意识，减少社会歧视与污名化； 2. 加强早期干预与预防，识别和处理心理健康问题的早期迹象； 3. 推动不同部门与机构的整合服务，构建更加紧密的心理健康服务网络； 4. 提高心理健康服务质量，保证心理健康服务的可及性和可持续性； 5. 鼓励家长和学校的合作，推动对青少年心理健康问题的多主体共同关注
英国	《儿童与青少年心理健康绿皮书》（"Children and Young People's Mental Health Provision: Green Paper"）	2017	卫生与社会福利部；教育部	1. 加快落实学校心理健康负责人制，提升学校心理健康工作专业性； 2. 建设以护士、教育心理学家、学校管理者、志愿者、社会工作者、社区为共同主体的心理健康服务团队； 3. 缩短青少年获取心理健康服务的等待时间； 4. 重点关注16—25岁青年人的心理健康； 5. 关注网络和社交媒体对青少年心理健康的影响； 6. 强调心理风险的早期识别与干预； 7. 关注对青少年家庭的赋能，引导家庭在青少年心理健康干预中的积极参与
美国	《学生心理健康服务法案》（"Mental Health Student Services Act"）	2020	—	1. 提供资金引导学校与当地心理健康专业人员合作，为学生提供更加综合全面的心理健康服务； 2. 为青少年家庭提供更加积极的心理健康教育与社会支持，赋能家庭成员； 3. 通过提供全面、符合文化和语言需求的服务来支持具有心理健康服务需求的青少年从而保障教师专注于教学

续表

国家	政策名称	年份	参与部门	主要内容
澳大利亚	《国家儿童心理健康与福祉战略》（"The National Children's Mental Health and Wellbeing Strategy"）	2021	国家指导委员会；卫生部；公众服务部；教育与培训部	1. 实施家庭赋能计划，提升儿童青少年所在家庭心理健康质素，营造良好的社区氛围，为儿童青少年心理健康发展提供良好的社会环境； 2. 优化心理健康服务系统网络，强化服务主体间合作，增强儿童青少年心理健康服务的可及性和公平性；关注儿童青少年群体内部的复杂性和异质性，强调个性化需求的关注和满足；强化服务人员专业性； 3. 大力推进健康教育，强化儿童青少年健康素养； 4. 关注政策科学性，强调建立基于循证和交叉验证的儿童青少年心理健康政策体系

（三）政策转型的历史情境分析

从碎片化的政策调整到整合型行动计划的提出，青少年心理健康政策的发展既是结构、历史和制度体系的整合，也是情境变量、行动者和制度互动所形成的复杂结果。

一方面，将支持和促进青少年的心理健康上升至国家发展战略层面映射出健康管理和青少年福利供给从边缘被动到积极赋能的理念转型。早期政策对青少年心理健康的关注主要是因为近代西方儿童福利观使人们开始意识到青少年身心的特殊性和脆弱性，而社会发展与转型则凸显出健康作为社会公共产品的重要性，这些理念促使各国开始扮演青少年心理健康责任人的角色。但是，由于青少年常被视作被动、边缘化的权利主体，且社会文化对心理疾病多持有污名化认知，所以国家多以保守的渐进式政策回应青少年和社会对心理健康的强烈需求。随着社会文明的进步、青少年权利观念的深化发展和健康观念的普遍提升，决策者开始认识到青少年心理健康在促进社会治理中的独特价值，转而以更加积极的态度对青少年心理健康进行干预，发展型、普惠性、覆盖风险发育全周期的制度安排成为必然选择。

另一方面，整合型青少年心理健康行动计划的提出是环境变化和社会背景在政策层面的映射。随着国家决策者和社会主体逐渐认识到青少年心理健康在维护家庭团结、稳定社会秩序、保障经济持续发展等维度的潜藏价值，早期政策开始尝试在既定政策框架下回应个体、学校、家庭和社会对青少年心理健康的诉求。随着经济的持续发展与政府部门间合作协同能力的稳步提升，中、高收入国家可以付出更多的财力和政治注意力来应对青少年的心理健康风险，在政策覆盖对象、政策项目安排、政策待遇水平上进行扩容；相反，对中低收入国家而言，在国家整体资源有限、公众关注度较低、心理疾病污名化严重、教育文化认知单一，以及相关政策数据缺乏等因素的综合挤压下，青少年心理健康保护长期处于政策发展的边缘位置，[①] 系统化、整合型的政策建设仍任重而道远。

二　中国经验：构建全方位守护青少年心理健康的新格局

青少年是国家和民族的未来，青少年的心理健康是国家富强、民族复兴的重要保障。近年来，党和国家高度重视青少年心理健康工作，积极推动相关法律政策不断健全和完善，为青少年提供更全面、更有效的支持和保护。

（一）中国青少年心理健康保护政策的发展简述

2013 年 5 月 1 日，《中华人民共和国精神卫生法》正式实施，为维护和促进青少年心理健康提供了法律依据。2019 年，在"健康中国"的战略背景下，《健康中国行动——儿童青少年心理健康行动方案（2019—2022 年）》出台，标志着青少年心理健康工作上升至国家战略位置。此后，教育部、卫健委等部门联合出台《关于加强学生心理健康管理工作的通知》《生命安全与健康教育进中小学课程教材指南》《新型冠状病毒感染疫情形势下学生突出心理问题防治工作实施方案》等系列政策文件，合力推动青少年心理健康工作。2023 年，教育部、最高人民检察院、中

[①] Zhou, W., Ouyang, F., Nergui, O. E., Bangura, J. B., Acheampong, K., Massey, I. Y., Xiao, S., "Child and Adolescent Mental Health Policy in Low-and Middle-Income Countries, Challenges and Lessons for Policy Development and Implementation", *Frontiers in Psychiatry*, Vol. 11, 2020, pp. 150–158.

央宣传部等十七部门联合印发《全面加强和改进新时代学生心理健康工作专项行动计划（2023—2025 年）》（以下简称《行动计划》），探索形成聚焦青少年心理健康议题，整合学校、家庭、社区等多元主体力量，覆盖从风险监测与识别，到早期干预与服务转介，再到疾病诊治与康复这一心理健康风险发育全周期的政策连续系统，打造全方位守护青少年心理健康的新格局。

（二）新时代青少年心理健康保护政策的科学性分析

多主体、全方位工作方案的提出是中国式现代化高质量发展要求在青少年心理健康促进领域的延伸。遵循社会政策分析的一般性框架，可以发现《行动计划》作为指导性文件，为积极应对新时代青少年心理健康风险提供了富有科学性的有效解法。

首先，在顶层设计上，《行动计划》明确了青少年心理健康工作在教育体系中的角色和站位，实现了心理健康工作与全面培养育人工作的有效衔接，利用"德、智、体、美、劳"的教育评价托举心理健康提升工程，促进政策协调与系统整合。

其次，在要素配置上，《行动计划》以监测预警、健康教育、咨询服务、干预处置为抓手，搭建起青少年心理健康服务的"四位一体"工作体系，同时对人才队伍建设、心理健康科研、健康环境营造等具体措施进行系统部署，形成了"点面结合、分层分类、目标明确"的工作方案。以心理健康教育为例，《行动计划》强调不仅要开设心理健康相关课程，而且要全方位开展心理健康读本编写、心理健康主题教育、心理健康"服务包"提供等工作。同时，配合青少年心理与认知发展的客观规律，对处于不同受教育阶段的青少年开展不同形式的心理健康教育。例如，中小学需结合相关课程开展心理健康教育，中等职业学校需开足思想政治"心理健康与职业生涯"模块学时，高等职业学校和普通高校则应将心理健康课程设置为必修课或开设更具针对性的选修课等，形成贯穿青少年全教育周期内的心理健康教育连续系统。

最后，在实现路径上，《行动计划》形成了省级政府组织领导下的多部门协作、广社会动员、全公众参与的青少年心理健康工作机制。《行动计划》将学生心理健康工作纳入省级人民政府履行教育职责的评价体系，同时将其作为学校办学水平评估和领导班子年度考核的重要指标，从制度上保证了青少年心理健康工作的顺利开展。同时,《行动计划》通过明确各级政府教育、卫健等17个部门的职责范围与责任,引导家庭、学校、社区和社会多元主体在青少年心理健康促进中积极参与,形成了多部门联合、医教体融合、家校社协调的工作合力,为实现有限青少年心理健康资源的优化配置提供可能。

(三) 新时代青少年心理健康保护政策的发展性分析

遵循吉尔伯特的福利政策分析框架,可以发现新时代的政策设置有效更新了青少年心理健康工作的内涵和外延,为后续相关政策完善与实践推进提供了价值遵循。

首先,从政策对象来看,我国的青少年心理健康保护工作经历了从特惠型、选择式服务供给向普惠型、普及式福利递送的快速转型。面对青少年群体日益增长的心理健康需求,早期的政策及实践多以心理救助形式,选择对特殊人群,如事实无人抚养儿童、留守儿童、贫困家庭儿童等,进行短时性的紧急干预。随着社会的发展,新时代的青少年心理健康政策在强调对脆弱人群进行重点关注的同时,更加注重对全体人群的服务覆盖。在这个过程中,经济稳态发展为青少年心理健康服务的普及化提供了坚实的物质基础,而社会文化对"心理健康"的情感转型以及其背后"结构性"风险的批判性理解助推了政策普惠性的实现。

其次,从给付内容上来看,青少年心理健康保护正逐渐从"重诊疗、轻预防"向"防控结合、教育向先"转型,蕴含着政策制定从"需求—缺陷"到"预防—能力"的视角转换。早期的心理健康政策倾向于将青少年心理问题视作一种疾病态,强调从诊疗服务的可及性、公平性、可持续性等角度提升社会心理服务能力。而新时代的社会政策在回应照护需要的同时关注青少年心理风险的结构性要素及积蓄过程,强调前移干预关口,以更多的预防、监测、预警和早期干预服务增强个体、家庭和社会应对青少年心理健康问题的能力,平滑青少年心理健康风险发育曲线。

再次,从福利输送上看,新时代的青少年心理健康政策更加注重分工协作与社会参与,强调多元主体共治。传统的青少年心理健康政策常由单一政府部门主导,治理责任多在政府职能部门内部消化。随着社会治理模式的转型,以及不同服务主体在青少年心理健康促进中显现的差异化边际效应，新时代的健康政策建设是一项系统工程：在宏观层面纳入青少年心理健康的相关主体为系统性解决方法的提出提供制度基础，在微观层面鼓励更多主体互动形成高效成熟的协作方案。

最后，从筹资模式上看，新时代的青少年心理健康政策主张公共财政、学校经费和多渠道投入机制共同为服务付费，彰显出青少年心理健康服务作为一项正外部性公共产品的历史定位。一方面，以公共财政为支撑的筹资能够最大限度保障心理健康服务的公平性；另一方面，多渠道筹资机制的健全能够有效扩容服务体系建设所需资金池，推动心理健康服务体系的持续性发展。总体而言，现阶段中国特色青少年心理健康政策的制定与完善为全方位、多层次、高质量服务体系的建设提供了良好的制度基础。

第四节 青少年心理健康保护的服务实践

维护和促进青少年心理健康是实现全生命周期健康的重要基石，构建适应于中国青少年心理健康特征、具有中国特色的心理健康服务体系是中国特色社会主义和谐社会建设的内在要求。近年来，在党和政府的重视下，教育部、卫健委等部门协同引导学校、家庭和社会形成育人合力，共同探究，以提供更加多元、全面和长效的青少年心理健康服务。

一 国际共识：青少年心理健康服务的常用框架

青少年的心理健康状态是一系列生理、心理和情境因素复杂作用的结果，具有较强的复杂性、异质性和不确定性。因此，防范和应对青少年的心理健康风险是一项系统工程。现阶段，用于理解青少年心理健康发育规律，指导心理障碍预防与干预实务开展的框架主要包括三种。

（一）多伦温德模型

多伦温德模型主要从心理社会压力传导的角度来理解青少年的心理健康，强调风险的可防可控性。[1] 如图5-2所示，模型认为青少年在遇

---

[1] Dohrenwend, B. S., "Social Stress and Community Psychology", *American Journal of Community Psychology*, Vol. 1, 1978, pp. 1–14.

到压力性生活事件后，受到环境因素与个体心理特质的影响将会产生特定的短时压力反应。若个体缺乏良好的心理调适能力或及时有效的外部支持，压力反应将最终超出其承载能力，发展形成不良的心理问题或疾病。

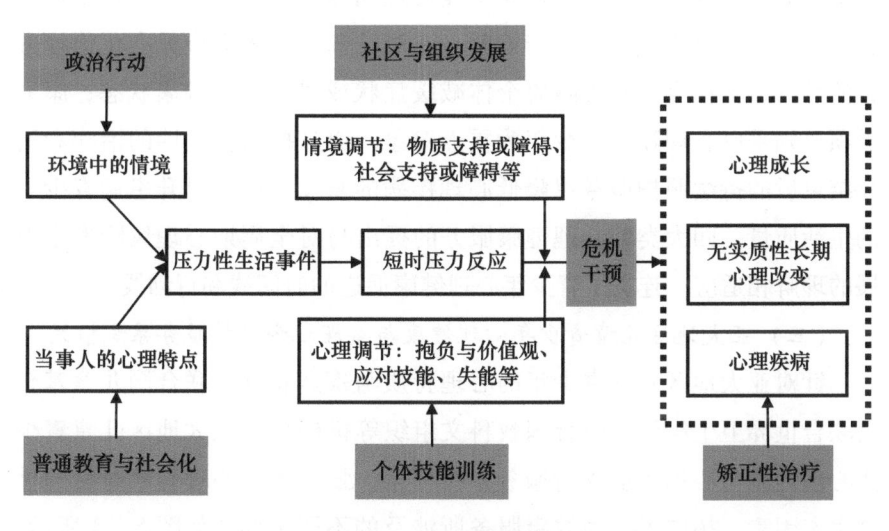

图 5-2　多伦温德模型

因此，多伦温德模型强调，青少年心理健康的维护除了在心理结果产生后进行矫正性治疗，更需要在压力性生活事件发生前和发生后进行心理健康风险的监测、预警和早期干预，避免风险向严重疾病表征转化。另外，在预防过程之中，模型一方面强调普通教育与社会化和个体技能训练的重要作用，关注对青少年个体的赋能与发展，另一方面引入政治行动、社区、组织等环境因素对心理健康的潜在影响，鼓励相关实践从改善青少年所处社会环境的角度来提升心理健康，有效拓展了对心理健康服务的理解。

（二）美国国家医学院精神障碍预防委员会心理健康干预分类

在时间维度上，美国国家医学院精神障碍预防委员会（Institute of Medicine, Committee on Prevention of Mental Disorders）将青少年心理健康服务划分为促进类、预防类、治疗类和康复类四大类，强调心理健康服务是一个覆盖风险发育全周期的连续系统。[①] 其中，促进类项目以全体青少年为对象，旨在提升人群的健康素养，或在普遍意义上消除容易引起不良心理反应的环境性因素；预防类项目则包括普遍性预防项目、选择性预防项目和指向性预防项目，旨在分别针对所有人、高风险人群和出现早期症状人群进行介入以避免不良心理问题产生；治疗类项目是对具有心理疾病的个体进行识别与诊断，或对已知的疾病进行标准化治疗方案的开发，旨在促进心理障碍个体减缓症状或尽早回到健康状态；康复类项目则是以心理障碍青少年为重点对象，通过提供长期性的治疗和治疗结束后的持续照护服务以降低心理疾病的复发可能，提升患病青少年的生活质量。四大类型心理健康服务的提出与对全周期心理风险发生发展的理解相适应，连贯了青少年心理健康促进的时间线和行动线。

（三）亚太地区儿童青少年心理健康与心理社会支持服务系统框架

针对亚太地区儿童青少年的心理特质与疾病特征，联合国儿童基金会联合世界卫生组织、联合国教科文组织等机构推出亚太地区儿童青少年心理健康与心理社会支持服务系统框架，强调关注心理健康背后的社会生态因素，拓展了心理健康服务所涉及的不同主体。如图 5-3 所示，青少年心理健康促进可分为回应性照护、心理风险预防、心理健康促进三大领域。其中，回应性照护以心理疾病的产生为准入，包括对青少年心理健康需求的筛查、评估、转介、管理、治疗与持续照护等；心理风险预防旨在减少心理健康问题的风险因素，开发并增强保护性因素，具体包括个人资产建设、积极同辈支持、家长或照料者心理社会能力建设、生活环境改善等；而心理健康促进是在社会决定因素层面处理青少年心理健康的相关因素，包括青少年的社会参与、相关政策与立法体系的完善等。在三项领域的工作中，心理健康促进工作是基础，心理风险预防工作是核心，而回应性照护是底线，三者相互结合形成对青少年心理健康的系统强化。

[①] National Research Council (US), Institute of Medicine (US) Committee on the Prevention of Mental Disorders and Substance Abuse Among Children, Youth, Young Adults, *Preventing Mental, Emotional, and Behavioral Disorders Among Young People: Progress and Possibilities*, Washington (D. C.): National Academies Press (US), 2009, p. 16.

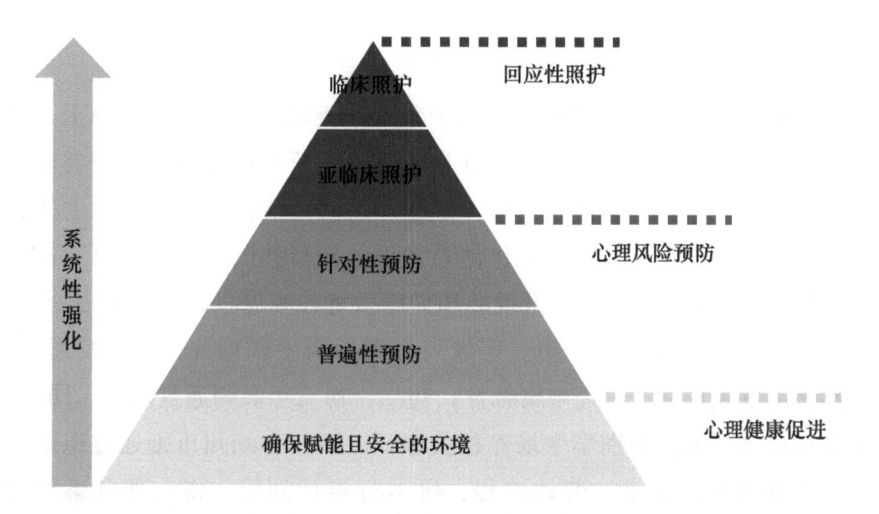

图 5-3　亚太地区儿童青少年心理健康与心理社会支持服务系统框架

通过比较可以发现，青少年心理健康促进的常用框架虽然侧重点不同，但整体上具有相似的价值取向。一是强调服务行动的连续性，特别是预防性、发展性服务在青少年心理健康提升中的重要作用；二是强调服务内容的系统性，关注个体、学校、家庭、社区和社会多元主体在青少年健康促进中的共同力量。基于此共识，中国社会正积极展开多样化的社会实践。

二　中国经验：串联全周期、多场景的青少年心理健康服务体系建设

在《健康中国行动——儿童青少年心理健康行动方案（2019—2022年）》《全面加强和改进新时代学生心理健康工作专项行动计划（2023—2025年）》等政策文件和青少年心理健康服务框架的推动指导下，我国青少年心理健康服务发展迅速，逐渐形成基于学校、家庭、社区、医院等主要场景，覆盖风险发育全周期、多元主体共同参与的青少年心理健康服务体系。在这个过程中，相关政策与实践的服务策略主要有两种：第一种以学校、家庭、社区、医院等主体为对象，通过赋能增强相关主体为青少年提供直接性心理健康服务的能力；第二种以青少年为对象，通过对其所处社会环境（如学校、家庭等）的结构和功能进行改变，间接

引导相关主体发挥保护效应。

（一）基于学校的心理健康教育与风险监控

学校是为青少年提供心理健康干预的关键场所。在直接服务上，以心理健康教育为依托，以课堂教育为主阵地，新时代的中小学校尝试通过统筹教师、教材、课程、学科、专业等建设，结合不同年龄学生的心理特点，加强学生心理健康工作体系建设，提高和改进心理健康工作能力。例如，北京市文汇中学开设心理健康教育校本课程，以学段为划分，重点关注学生个体差异。初一年级以心理课为主要形式，从入校适应、情绪调节等模块切入心理健康教育；初二、初三年级则通过班会、团会、专题讲座等形式，帮助学生培养相关意识。浙江省湖州市则通过组织中小学生参与户外活动、劳动课程、研学行走计划等，将心理健康教育"全发展"贯穿"全流程"之中。在完成常规性健康教育的同时，针对高风险症状与高风险人群，新时代的学校心理健康行动还逐渐向心理监测、预警与干预延伸。山西省在科学发展心理健康评估量表的基础上，精准建立动态更新的学生心理健康工作台账，全省4000多所中小学全天候开放心理辅导室、心理服务热线、网络咨询平台等，为有需求的中小学生提供咨询服务。福建省在中小学建立"学校—年段—班级"三级预警防控体系，重点加强春季、入学季、毕业季等特殊节点学生的心理危机排查，实施心理筛查与心理约谈制度。江苏省徐州市针对高风险人群，启动"一表五清"个性化关爱行动，为来自单亲家庭或长期留守、有先天性疾病、家庭经济困难、家庭期望高、学习压力大的学生建立个性化关爱登记表，配备"两制关爱导师"（教师关爱导师制＋同学互助伙伴制）。通过主动管理与积极响应的"双管齐下"，实现校园对青少年心理健康风险的系统管理。在间接服务上，中小学校通过对容易引起青少年心理健康问题的校园风险因素（如校园欺凌与暴力、学习压力过大、不良师生关系等）进行介入干预，以及对系统性风险的管理，为青少年心理健康发展创造良好的校园环境。

（二）基于家庭的心理赋能与健康促进

家庭是青少年生活的最主要场所。基于家庭的青少年心理健康服务旨在通过改善家庭系统的功能与结构，优化家庭的支持功能与适应能力，进而为青少年心理的健康发展创造良好的社会环境。在早期的心理干预实践中，青少年所在家庭被视作引起健康后果的前置变量。随着心理动力学、家庭治疗等的兴起，以家庭成长带动青少年心理健康发展成为新的实践方向。一方面，新时代青少年心理健康服务体系通过家庭教育指导提升家长的心理健康素养和心理健康教育能力，引导家长关注孩子的心理健康，树立科学养育观念。《全面加强和改进新时代学生心理健康工作专项行动计划（2023—2025年）》中就明确规定，要把家长心理健康培训纳入健康教育议程，"至2025年，开展心理健康教育的家庭教育指导服务站比例达到60%，有条件的服务站每个月开展1次家庭心理健康教育"。另一方面，家庭可以在社会工作机构等的支持指导下，通过对自身结构关系与互动模式的调整促进实现家庭团结与家庭功能的积极转变，实现对青少年心理健康的保护与促进。大量证据表明，家庭的不良动力性结构，如亲密性、控制性、情感性等，以及不良代际交往模式等异常因素容易诱发青少年的心理健康危机。相反，来自上海、深圳等地区的实践经验发现，针对家庭沟通与情感表达、情感调解、亲子关系建设、争端解决、情感支持与倾诉等维度的家庭治疗将有效改善青少年的家庭生活环境，对提升青少年的心理健康水平具有显著作用。但必须承认，以青少年心理健康为目标的家庭治疗多在东部沿海地区试点开展。对中西部等经济和社会服务发展较为落后的地区而言，家庭情感与功能仍大多依赖于天然韧性进行调整，缺乏系统化的社会解决方案。

（三）基于社区的"双元"心理支持

社区作为社会治理和城市规划的基层单元，是青少年日常生活中产生互动联系的重要单位，也是促进青少年心理健康的平台之一。特别是新冠疫情后，基层社区在社会治理中的重要性进一步凸显。从2021年起，我国在重大公共卫生项目中设置了儿童青少年心理健康促进试点项目，试点地区96%的村和社区都设立了心理辅导室和社会工作室。在现有实践中，社区场域中的青少年心理健康服务多依托于街道未成年人保护工作站，由心理服务机构或社会工作机构开展。例如，哈尔滨市香坊区由街道未成年人保护工作站链接"安娜心理沙龙团队"，为社区内的儿童、青少年提供未成年人情绪管理、行为规范、综合素质提升、家庭关系培训等服务，有效缓解了社区内青少年的心理健康问题。另外，随着互联网技术的快速发展以及网络社交在青少年群体中的普遍流行，基于社区的心理健康服务开始从线下向线上延伸，通过互联网平台的使用为青少年提供更加便捷的心理咨询与干预服务。上海市共青团支持上海青春在线青少年公共服务中心共同开发12355"青小聊"网络咨询服务平台，利用便捷的线上渠道为青少年提供心理知识普及、心理咨询等服务。除了打通线上、线下双渠道为青少年提供直接性的心理健康服务，部分社区还尝试对社区环境进行调整以间接促进青少年的心理健康发展。"生物—心理—社会医学"模型认为，社区的物理环境（如环境暴露、功能场所等）和社会环境（如安全感、暴力氛围、社会凝聚力等）都会在一定程度上影响居民的心理健康。[①] 因此，上海、北京等部分地区社区试点通过改善社区环境、鼓励居民在社区治理中的参与以实现居民的心理赋能，但上述举措是否以及在多大程度上能够促进青少年的心理健康发展仍未得到有效验证。

（四）基于医院的心理疾病诊疗服务

作为青少年心理健康保护的最后一道防线，医院主要承担回应性照护与矫正性治疗的功能。近年来，心理健康和精神卫生工作逐渐纳入社会综合治理范畴。随着国家心理健康和精神卫生防治中心的设立以及社会心理服务体系建设试点工作的开展，我国持续加强精神专科医院和儿童医院、妇幼保健机构儿童青少年心理咨询与专科门诊建设，在完善医疗卫生机构儿童青少年心理健康服务标准规范、提升精神科医生诊疗水平上取得显著进步。相关学者统计，我国精神卫生服务体量在十余年间大幅扩容。2005年，全国精神疾病医疗机构仅572家，人均床位密度为1.04张/万人，平均每十万人中才有1位精神科医师。截至2020年年底，全国共有近6000家精神卫生医疗机构，其中312家（0.53%）设有儿童精神科病房，1548家（26.08%）设有康复科，超过30个省市设立了区域性的精神卫生中心。同时，开放床位数量、执业医师数量分别达到5.65张/万人和3.55名/万人。[②] 但面对日益旺盛的青少年心理健康需求，

[①] Roux, A. V. D., Mair, C., "Neighborhoods and Health", *Annals of the New York Academy of Sciences*, Vol.1, 2010, pp.125-145.

[②] 马宁、陈润滋、张五芳等：《2020年中国精神卫生资源状况分析》，《中华精神科杂志》2022年第6期。

必须承认我国当前的精神卫生服务仍面临很大的缺口，且表现出突出的结构性矛盾。一方面，优质的精神卫生医疗资源多集中在东南沿海省份，近10%的地级市没有专门的精神卫生专业机构，近50%的县医院没有精神科床位或执业医生。但大量证据表明，中西部地区处于不良社会经济地位的青少年反而具有更高的心理健康风险和更为迫切的诊疗需求，却难以被其所在地区的医疗服务体系消化，造成大量健康需求被搁置。另一方面，青少年作为心理问题的高发群体，其心理状态与特征具有区别于其他年龄段人群的特质性。然而，现阶段设立未成年人精神专科的医疗服务机构仍十分有限，难以充分应对青少年群体日益旺盛的心理健康需求。《中国青年发展报告》显示，我国至少3000万名17岁以下的儿童青少年面临情绪或行为问题，但得到合适诊断和治疗的青少年比例不到20%。在新的历史阶段与历史使命下，如何系统提升各级、各类医疗服务机构对青少年心理健康问题的应对能力，是形成青少年心理健康促进行动闭环的重要议题。

（五）"校家社医"联动：青少年心理健康服务体系建设的未来方向

青少年心理健康的保护与促进是一项系统工程。强调学校、家庭、社区、医院等在心理健康服务中的共同责任，完善多元主体协同育人机制，既是符合青少年心理健康发育客观规律的优质解法，也是推动中国式现代化高质量发展的必然选择。综合考虑多元主体的实践基础与能动特性，研究认为有必要在新时代加速形成"预防在校、家、社—诊疗在医院—康复回校、家、社"的链式服务框架，强化心理健康服务在不同场景间的转介与连续获得，同时协同多元主体构建青少年心理健康的多层支持系统（如图5-4所示）。

在该系统中，学校、家庭和社区合力形成青少年心理健康的第一道防线。通过知识、数据、资源、服务等的互通和共享，改善青少年所处社会环境，为其提供健康教育、心理风险的监测与管理，以及社会处方治疗（即非临床的服务与建议）等服务，实现心理风险的积极防范。在这个过程中，学校作为主导力量，可以为家庭和社区提供信息引导、心理健康教育和培训，帮助家庭和社区提升识别与管理青少年心理健康问题的能力，而家庭和社区可以作为外生性力量帮助学校应对不愿意接受校内心理健康服务或需要更高强度治疗的青少年。当青少年心理健康进

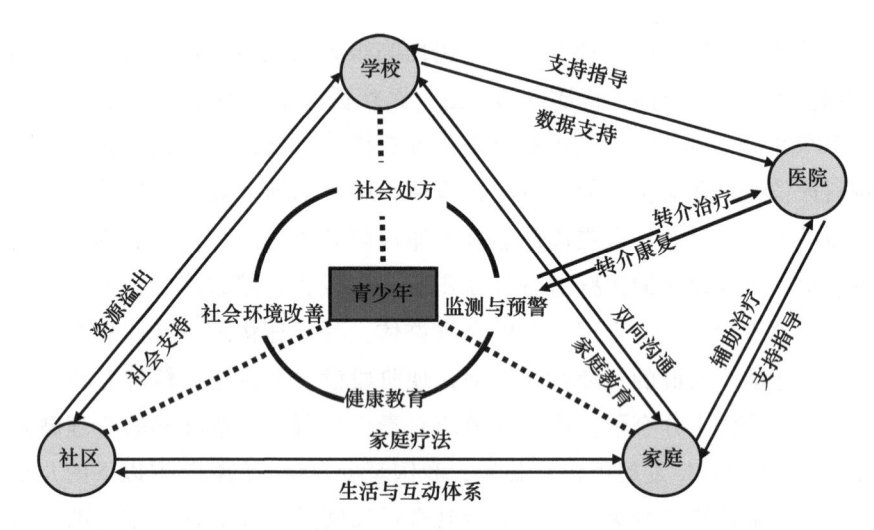

图 5-4　青少年心理健康保护的"校家社医"联动工作机制

入疾病状态而其健康需求难以被社会处方治疗满足时，医院作为第二道防线开始发挥作用，为个体提供专门化、专业化的临床诊疗或危机干预。其间，学校、家庭、社区等作为青少年心理健康的社会决定因素，亦可以通过直接或间接的服务进行临床辅助，并在治疗后长期承担康复服务职能。

整体而言，发展基于医院的诊疗性服务是青少年心理健康的有效保障，而基于学校、家庭、社区等场景的预防性和康复性服务在青少年心理健康促进中发挥着越来越重要的作用。在整个协作过程中，学校、家庭和社区所提供的支持是多层次的。第一级是面向所有学生的社会环境改善与心理健康知识普及。通过对不利环境因素的消除和青少年心理健康素养的培养，发展青少年应对心理危机的能力。第二级是为有心理健康风险的青少年提供的选择性的心理健康服务。通过监测与预警、个性化心理咨询与辅导、非临床治疗等，为青少年的心理健康风险提供预防性服务或早期干预。第三级是为已经出现心理健康困扰的青少年提供强化的综合性心理健康服务。在专业临床心理学家的支持下，联动多元主体为青少年提供密集型、连续性的介入支持。

第五节　新时代青少年心理健康保护的行动展望

青少年是国家的未来和希望，青少年的心理健康是国家长期稳定和可持续发展的重要基石。然而，青少年在生物、心理、社会、环境等因素的交叠影响下，面临着较为突出的心理健康风险。特别是新冠疫情后，随着社会环境的快速改变和创伤压力的持续积累，越来越多的青少年出现抑郁、焦虑等心理问题，成为社会治理的新重点、新难点。近年来，随着党和国家对青少年心理健康问题的重视，政府引导学校、家庭、社区、医院等多元主体围绕青少年心理健康促进展开了丰富的政策与服务实践，并逐渐呈现出高人群聚焦性、高服务内容迭代性、高服务形式多元性等特征，为形成中国特色青少年心理健康保护体系打下了坚实基础。

未来，基于党的新时代卫生健康工作方针，以及青少年心理健康工作的新特征与新需求，应当进一步强调对青少年心理风险的系统治理，逐步健全青少年心理健康保障机制、完善青少年心理健康服务体系、创新青少年心理健康干预策略，以科学而富于弹性的政策与服务发展适应青少年心理健康发育规律及其所面临的复杂形势。具体可从以下几步展开。

一　织密政策网络，筑牢青少年心理健康保护网

贯彻落实相关法律规定，进一步织密青少年心理健康保护的政策网络是新时代青少年心理健康工作的前提基础。《中华人民共和国基本医疗卫生与健康促进法》《中华人民共和国精神卫生法》等法律为做好青少年心理健康工作提供了法律保障，同时《全面加强和改进新时代学生心理健康工作专项行动计划（2023—2025年）》等文件再次澄清了青少年心理健康政策的主体间性，为做好相关工作指明了方向，确定了思路。但必须承认，我国现阶段的政策仍存在横向配套政策发展不充分，纵向地方政策发展不均衡的问题。

一方面，《行动计划》等文件明确规定了青少年心理健康保护的系统治理思路，强调多职能部门、多社会主体的共同责任。但是，对多元主

体间的责任边界如何划分、协同工作的资金与人力资源何以保证、工作何以监督、绩效何以评估等问题尚未做出细化规定。通过梳理权责清单有关文件发现，相关政策因涵盖内容广泛导致无法针对性地细致分解每一项权责的具体分工，对一些基本问题缺乏明确规定，从而导致权责清单编制上出现程序不规范或与实际不符的情况，因此，在政策执行过程中，容易出现多部门的责任同构化或碎片化，造成秩序混乱或服务无法适从等问题。同时，作为专项公共行动，青少年心理健康保护尚未普遍形成稳定的筹资机制。职能部门大多根据工作落实需要随时动态调整部门预算，没有建立与财务部门或其他协同部门的横向沟通与预算协同机制，导致政策实施过程中容易出现资金不足或预算不合理等问题。另外，当前政策除少数量化目标外，并未强调对青少年心理健康保护工作的监督与评估。因此，在实际运行过程中，有些部门可能会将相关工作中的绩效监督评估等同于政府一般的公共事务，将其视作一项暂时性任务，缺乏持续投入，评估结果也不能真实地反映多元主体的协同治理情况。另一方面，各级地方政府是青少年心理健康的守护者，是相关工作的第一责任人。在《行动规划》印发后，各省级政策积极跟进，根据本省实际情况制定具体行动方案。但在市、区（县）一级，特别是中西部地区的非省会城市，仅有少数地区制定了专门的工作方案，对青少年心理健康保护的重视程度仍普遍不高。

有鉴于此，新时代的青少年心理健康保护应进一步落实完善配套性政策，明确各方职责，强化多部门政策间的激励相容与协同治理，形成完整的主责、问责、追责机制；同时推动国家、省级行动规划向市、区级行动方向延伸转化，以更质密科学的政策网络保障青少年心理健康工作的持续深化。

二 补齐服务短板，完善青少年心理健康服务体系

补短板、强联动，进一步完善"校家社医"协同式心理健康服务体系建设是新时代青少年心理健康工作的重点内容。系统治理是符合青少年心理健康发展的客观规律和复杂形势的必然选择，而如何实现多元主体的均衡布局与有效衔接是实现系统治理的关键。

通过对文件文本、统计数据等的比较，可以发现现阶段以青少年心

理健康保护为焦点议题的政策叙事和资源配置多以学校和医疗服务机构为主场所，对家庭和社区场景中的心理健康服务尚未形成稳定的筹资与运行机制。一方面，传统社会对学校育人责任的重视与渲染使家庭和社区的心理健康教育观念缺失，使家庭和社区参与青少年心理服务的意识不足；另一方面，以家庭和社区为场景的心理健康服务面临心理服务人员队伍建设和服务设施的双重限制，使家庭和社区在青少年心理健康风险的识别与早期干预上略显能力不足。另外，作为青少年日常生活的主要场所，家庭和社区在为患病青少年提供连续性康复服务上具有天然优势。但现阶段，相关服务仍局限在用药监督、日常看护上，鲜少形成对家庭康复和社区康复的系统指导手册。因此，在意识与能力的双重挑战下，家庭和社区成为青少年心理健康服务闭环中的短板，在一定程度上限制着服务体系效用的充分发挥。

与此同时，联动机制的建设是实现青少年心理健康系统治理的关键，其中以医校协同为重点难点。大量现实证据显示，学校囿于专业知识和技术指导的欠缺，健康教育可能流于形式。尤其是学校专业医疗资源短缺，缺少专门针对青少年心理健康的风险识别、监测、早期干预和非临床治疗的能力。未来，学校和医院可以考虑从两方面入手，加强协同合作。一方面，在青少年心理危机干预上，基于科学统一的诊疗转介标准，争取实现"一校一医"的对接，开设绿色通道帮助有需求、有意愿的学生快速诊疗。另一方面，在常态化工作中，引导医疗服务机构开设青少年心理健康专科医院或科室门诊，鼓励延展面向学校教师等人群的健康教育和重点高风险人群的健康监测服务，实现青少年心理健康专科服务的全覆盖。同时，鼓励学校整合多元主体力量辅助医疗服务机构开展社会处方治疗，实现医疗服务技术和信息的拓源更新。以家庭、社区为发展重点，强调学校和医院的协同整合，以均衡流畅的多元主体协作推动形成高效可持续的青少年心理健康服务系统。

二　推进科学研究，持续创新青少年心理健康服务策略

持续深化青少年心理健康服务策略的科学决策与创新发展，是新时代青少年心理健康工作的重要保障。青少年心理健康保护实践是我国社会治理领域的一项新议题，整体呈现出发展时间短、底子薄等特征，所

应用的理论与模式经验亦大多基于西方发达国家语境下的实践经验。但在我国独特的传统文化、社会结构、心理特质等方面的影响下，我国青少年心理健康的发展状况与风险发育机制呈现出区别于西方国家的独特属性，其对不同主体与形式的干预服务亦表现出区别于西方青少年的效用函数。因此，积极探索形成富有中国特色的青少年心理健康服务策略具有突出的现实价值与历史意义。

首先，深入推动青少年心理健康风险与疾病研究，为相关政策与实践的科学决策提供参考基础。在宏观上结合我国青少年心理问题的疾病谱系和地区、人群分布特征，充分识别高风险点位与高风险人群，形成重点突出、统筹兼顾的干预规划；在微观上深入病因布局优先领域，在深化对疾病全程科学研究的基础上定制形成个性化干预方案，迈向动态监测与精准诊治。

其次，积极探索形成符合中国青少年心理特质的、融合直接心理健康服务与间接青少年发展促进目标的科学干预手段，提高青少年心理健康服务的有效性与可及性。一方面，持续优化健康教育、青少年心理健康多学科诊疗、社会处方治疗等服务的要素配置与实现路径；另一方面，积极促进公众觉知，消除心理疾病的污名化，鼓励青少年主要生活场所及相关主体通过对自身结构、功能以及互动方式的调整，为心理健康发展创造良好的社会环境提供社会支持。

最后，引导鼓励新技术、新主体在相关实践中的应用和参与，助推实现青少年心理健康服务体系的动态更新与可持续发展。通过挖掘现代技术平台，尤其是网络平台在青少年心理发展中的独特价值，实现传统青少年心理健康服务的手段与形式更新以及服务体系的赋能与再更新。与此同时，在调动学校、家庭、社区、医院等多元主体积极性的同时，积极引导社会工作机构、慈善基金会等非政府组织参与青少年心理健康保护工作，形成对服务体系的有效补充。

在新的历史阶段，面对日益增长的心理健康服务需求与复杂多变的工作形势，有必要在法规政策完善、服务体系建设、服务策略优化等方面持续发力，以富于弹性的社会实践探索形成中国特色的青少年心理健康保护经验与模式，助力实现新时代青少年的心理健康持续发展。

第六章

大学生交通安全行为调查与综合治理对策

　　近年来，一起起高校交通安全事故屡见报端，刺激着人们敏感的神经。由于高校校园道路情况复杂、大多实行粗放式管理，再加上我国机动车数量的持续上升，高校内的车辆通行量不断增加，带来一系列的交通安全问题。校园内道路狭窄、人流密集，车辆和行人交织在一起，容易发生交通事故。而校园周边往往也是交通繁忙的地段，大学生在出行时需要面对各种复杂的交通状况。作为社会的重要群体，大学生的交通安全问题尤为重要。他们身处校园，同时也频繁地参与社会交通活动，因此，增强大学生的交通安全意识，掌握交通安全知识，不仅出于保护他们自身生命安全的需要，也是维护社会稳定和谐的必要举措。

　　然而，当前大学生交通安全状况不容乐观。一些大学生由于交通安全意识淡薄、交通规则掌握不足，往往会在交通出行中犯下错误，做出交通违规行为，导致交通事故的发生。这不仅给他们自身带来了伤害，也给家庭和社会带来了不可估量的损失。加强大学生交通安全教育，增强他们的交通安全意识，是预防和减少交通事故、保障大学生生命财产安全的重要措施。同时，这也需要社会各界共同努力，改善交通环境，加强交通管理，为大学生创造一个安全、和谐的交通出行环境。

第一节　大学生交通安全行为概述

一　大学生交通安全事故分析

（一）大学生交通安全事故的类型

大学生交通安全事故主要包括以下几种类型。

第一，步行事故。一方面，大学生自身的安全意识淡薄和自我保护能力较差是导致这类事故频发的重要原因。由于一些大学生对交通安全法规了解不足，他们可能会忽视交通规则，如横穿马路时不走人行横道、在道路上随意穿行或折返等，从而增加了发生交通事故的风险。另一方面，校园内的交通设施和环境也可能对步行安全产生影响。例如，如果校园道路设计不合理，缺乏明确的交通标识和指示，或者道路状况不佳，都可能导致大学生在校园内行走时发生意外。此外，校园内的交通流量大、车速过快等因素也可能增加步行者发生交通事故的风险。

第二，乘坐交通工具时发生的事故。这类交通事故的发生部分是大学生安全意识薄弱，存在侥幸心理导致的。比如在我国，电动自行车只能搭载十二周岁以下的儿童。然而，高校校园内人多车少，高峰期缺乏代步工具，违规载人现象普遍。部分大学生为了出行方便选择违规载人或者被搭载，认为这种行为不会造成严重的危害，而实际上违规载人时，车辆的平衡性、稳定性以及制动效果都可能受到影响。在紧急情况下，如需要突然刹车或避让障碍物时，违规载人的车辆可能无法及时做出反应，或者车辆发生侧翻或碰撞时，乘员也可能因为缺乏足够的保护措施而遭受严重的伤害。

第三，驾驶非机动车时发生的事故。由于高校校园面积较大，再加上上、下课时间点、进餐时间段等特殊时间出行需求量大，一些大学生选择使用自行车、电动自行车等非机动车代步。然而，部分大学生骑车速度过快，或在校园内逆向行驶，甚至存在无证驾驶无牌照车等情况，这些都可能导致交通事故的发生，危及大学生的人身安全和财产安全。

第四，驾驶机动车时发生的事故。随着越来越多的大学生考取驾驶证，驾驶机动车时发生的事故也呈上升趋势。大学生作为新手驾驶员，驾车时间短、经验少，往往缺乏足够的驾驶经验和应对紧急情况的能力。

他们在面对复杂的交通环境和突发状况时，可能会因为紧张或判断失误而导致事故的发生。

(二) 大学生交通安全事故的特征

1. 复杂性

大学生交通安全事故的复杂性表现在事故成因复杂多样，事故的处理也面临诸多麻烦。首先，大学生作为相对年轻、缺乏社会经验的群体，往往对交通规则和安全常识了解不足，交通安全意识淡薄。他们可能过于自信，或者抱有侥幸心理，认为在校园内或周边道路上行驶相对安全，因此放松警惕，忽视潜在的安全隐患，在驾驶或骑行时疏忽大意。其次，校园内道路相对狭窄、交叉路口多且没有信号灯管制，以及校园内人员居住集中、上下课时人流量大等因素，也使校园内的交通环境日益复杂，容易发生交通事故。最后，高校校园与外界的交往日益频繁，进出的车辆和行人较多，这些车辆与行人的交织使校园内的交通状况变得更加复杂多变。在交通事故的处理上，由于大学生通常没有固定的收入和经济来源，一旦发生交通事故，赔偿费用等问题可能给他们带来沉重的经济负担。同时，学校和相关部门在处理大学生交通安全事故时，需要平衡教育、管理和法律责任等多个方面，这也增加了事故处理的复杂性。

2. 集中性

大学生交通安全事故的集中性表现在事故发生时段和发生地点较为集中。一方面，事故多发生在上下课时间点、进餐时间段和晚上。在上下课时间点和进餐时间段，人流量大，机动车和学生之间无法保证一定的安全距离，增大了安全隐患，同时，由于用车需求量大，一些拥有交通工具的学生会违规载人，容易造成交通事故。在晚上，由于一些老校区存在路灯缺失、夜间照明不足的情况，学生通行不便，存在一定的安全隐患。再加上一些大学生交通安全意识和规则意识薄弱，夜宵饮酒后选择开车，从而引发交通事故。另一方面，大学生交通安全事故多发生在通往食堂、宿舍的必经之路和校门口。这些地段人流量和车流量巨大，路况复杂，发生的交通事故较多。特别是在校门口，进出的车辆多、车速较快，安全风险高。

3. 可预防性

大学生交通安全事件的可预防性表现在发生的事故大多是可以通过宣传教育提前预防的。比如大学生因为酒驾、醉驾而引发交通事故主要是因为部分大学生的交通安全意识和规则意识薄弱，对酒驾、醉驾带来的危害认识不够，对交通安全相关的法律法规不了解。再有在大学生群体中，驾驶电动自行车时不佩戴头盔的现象较为普遍，在发生交通事故时人体往往是头部先向前撞击和跌落，容易造成头部受伤，严重者致残甚至死亡。这种情况其实可以通过加强对大学生的宣传教育，提高他们对头盔重要性的认识来避免。

二 大学生交通违规行为分析

大学生的交通违规行为可以进一步细分为违规行为和错误行为两大类。[1] 违规行为是指明知自己的做法是违规的却有意去从事的行为，比如说闯红灯，以及在有人行横道、过街天桥或者地下通道时不走这些设施而随意过街、随意乱穿马路、随意翻越隔离带等。错误行为指的是做出交通行为时存在的一些错误习惯，比如不注意对面的人行红绿灯就过街、换车道或者并线时不看后视镜等。不同的行为可以由不同的影响因素来解释，其中违规行为主要通过社会动机因素解释，而错误行为主要通过个人的信息处理特征来解释。

通过对大学生交通违规行为进行研究，发现违规行为的产生主要基于大学生存在的四种心理。

（一）侥幸心理

侥幸心理是指大学生期望事物能按照自己的愿望发展，取得自己希望的结果，从而做出交通违规行为的心理。有些大学生可能会认为"我只是偶尔违反一次交通规则，不会有什么问题"，或者"交通事故这种事情不会发生在我身上"。这种心理会导致他们在交通行为中忽视安全，如不按规定过马路、闯红灯等。侥幸心理的产生往往与大学生对交通事故发生的概率、交通违规行为被抓的概率估计不准确有关。人们可能会高估自己的能力，低估风险的严重性，产生心理麻痹，从而在交通行为中表现出冒险和轻视安全的态度，养成违规的习惯。然而，即便是小概率的事件也有发生的可能性，而交通事故一旦发生就会对人们的财产和生命安全造成威胁。

---

[1] Reason, J., Manstead, A., Stradling, S., Baxter, J., Campbell, K., "Errors and Violations on the Roads: A Real Distinction?", *Ergonomics*, Vol. 33, 1990, pp. 1315–1332.

(二) 省能心理

省能心理是人们在长期生活中形成的一种心理，主要指个人总是希望以较少的能量消耗和代价付出来换取最好的效果。省能心理表现为嫌麻烦、怕费劲、图方便，或者得过且过的惰性心理。[①] 在交通安全行为中，大学生的省能心理主要表现在为了抄近路在人行道以外斜穿、随意翻越隔离设施，为了节省时间强行闯红灯、超速行驶，等等。此外，为了图方便和省钱，一些大学生可能会选择使用和搭乘不规范的交通工具，如共享单车乱停乱放、乘坐无牌无证的"黑车"等。这些行为看似节省成本，实际存在很大的安全隐患。

(三) 技术自信心理

技术自信心理主要表现为大学生对自己的驾驶技术和能力十分信任，认为自己在面临交通违规行为带来的危险时，完全有能力面对。当大学生对自己的驾驶技术充满自信时，他们更能够在驾驶过程中保持冷静，并在遇到突发情况时迅速做出正确的判断和反应。然而，过度的自信也可能导致驾驶时容易疏忽或过于冒进，从而做出违反交通规则的行为，比如不佩戴头盔、跟车时不保持安全距离、超速驾驶等。

(四) 从众心理

大学生在交通行为中的从众心理主要体现在他们在参与交通活动时，倾向于模仿和跟随其他人的行为。从众是人类的一种基本倾向，这种心理现象可能源于个体对社会规范的遵从、对他人行为的信任以及对孤独的恐惧等。大学生活是一个缩小化的社会，大学生是受同伴压力影响最大的一类群体，他们可能会因为害怕被孤立或希望获得归属感而产生从众行为。同时，在情境不确定或信息不足时，大学生可能会寻求可靠的参照系统。在这种情况下，他们容易跟随多数人的行为，做出闯红灯、超速、酒驾等交通违规行为。

三 大学生交通安全行为的管理

大学生交通安全行为的管理可以分为对大学生校外交通安全行为的

[①] 徐小贤、陆愈实、刘强：《从心理学角度研究人的不安全行为》，《林业劳动安全》2008年第4期。

管理和对大学生校内交通安全行为的管理。

目前国家层面出台的有关道路交通安全的法律法规主要有两部，第一部是2003年第十届全国人民代表大会常务委员会第五次会议通过的《中华人民共和国道路交通安全法》，第二部是2004年国务院第四十九次常务会议通过的根据《中华人民共和国道路交通安全法》制定的《中华人民共和国道路交通安全法实施条例》，规定中华人民共和国境内的车辆驾驶人、行人、乘车人以及与道路交通活动有关的单位和个人，应当遵守道路交通安全法和该条例。因此，如果大学生的交通安全行为发生在校外，执法人员可以根据这两部法律法规对其进行管理。在地方层面，各省份也颁布了相应的文件对交通安全行为进行管理，比如湖南省出台了《湖南省实施〈中华人民共和国道路交通安全法〉办法》《湖南省电动自行车管理办法》等文件，规定本省行政区域内的驾驶人都应当遵守管理办法，这些文件也能很好地指导、管理大学生的校外交通安全行为。

大学生校内交通安全管理一般是自主管理，具有自治性，即非营利组织有自己的内部管理程序，实行自我治理，不受外部实体的控制。[①] 目前暂未出台专门的高校校内交通安全管理的法律法规，比如云南省虽然出台了《云南省学校安全条例》，但它是对学校安全的一个全面规范，并不是专门针对校园交通的。在此背景下，不少高校颁布了本校的校园交通安全管理规定，比如长沙理工大学于2023年6月出台《长沙理工大学校园交通安全管理办法》，共九章，对校园交通安全的管理机构和职责、校园道路管理、机动车管理、非机动车和行人管理、车辆停放管理、交通事故处置、违章处理都做出了详细的规定，并配套制定《长沙理工大学机动车辆出入停放管理办法》等多项制度，为大学生交通安全行为长效治理打下了坚实基础。相比于长沙理工大学相对完善的校内交通管理办法，也有部分高校并未制定或公布相关文件。总的来看，各高校出台的校园交通安全管理办法中对大学生交通安全行为的规定主要涉及超速、违规载人、酒驾、不戴头盔、无证驾车、边骑车边接打电话等行为，这些也是发生在大学生身上次数最多的、危害非常大的交通违规行为。校园交通安全管理

---

① 刘浩田、王加铭：《高校校内交通管理的现状、问题及对策——以西南大学为例》，《法制与经济》2021年第1期。

办法的出台在保障师生安全、减少交通事故的发生、维护校园交通秩序与和谐稳定方面都具有重要意义，还能引导和教育学生遵守交通规则，养成良好的交通习惯，提高他们的文明素养和社会责任感。

然而，大学生校内交通安全管理面临着一个尴尬的境地，即交警部门对大学生校内交通安全行为的监管出现缺位，而高校保卫部门想管却没有执法权。《中华人民共和国道路交通安全法》第一百一十九条规定："道路，是指公路、城市道路和虽在单位管辖范围但允许社会机动车通行的地方，包括广场、公共停车场等用于公众通行的场所。"公安机关据此认为校园道路不属于《中华人民共和国道路交通安全法》的管辖范畴，不参与高校日常的交通安全管理。因此，校园交通安全管理工作主要由高校保卫部门负责。然而，国务院于2004年12月1日实施的《企业事业单位内部治安保卫条例》中去除了高校保卫部门的执法权和处罚权，因此，高校保卫部门并不能查处校园内的大学生交通违规行为，更不能对此进行处罚。[①] 面对校园内普遍存在的超速、乱停乱放等行为，高校保卫部门由于没有执法权，只能进行劝导，管理缺乏约束力，效果并不理想。目前，部分高校对校内的交通违规行为采取罚款等行政处罚措施，但由于缺乏法律依据，易引发争议和纠纷。

第二节 大学生交通安全事故典型案例分析

一 共享电动车引发的交通事故[②]

（一）案例过程

2023年9月底，H大学大一女生小木，搭乘同学小梦驾驶的共享电动车返回宿舍，在行驶到一下坡路段时，为避让前方来车，原本就捏着刹车闸下坡的小梦紧急制动，但车并没立刻停下，摇摇晃晃前进了一段距离，两人连人带车摔倒。小木头部着地伤势严重，昏迷不醒。10月底，

[①] 罗诚、覃宪儒：《高校校园交通管理政策失效问题研究——基于〈道路交通安全法〉的分析》，《学理论》2013年第18期。

[②] 许莹莹：《大学生校内搭乘共享电动车摔伤身亡！家属质疑》，光明网，https://m.gmw.cn/2023-10/31/content_1303555531.htm，最后访问日期：2024年5月23日。

在 ICU 中昏迷了 31 天的小木离世，死亡原因为硬膜下出血、脑疝。警方委托了相关机构对已扣留的涉事共享电动车进行性能测试，测试结果提到这一无号牌两轮电动车为电动自行车，属于非机动车，符合有关技术标准，事发时行驶速度为 35.13—35.53 千米/小时。对此，小木家属质疑，为什么当时捏了刹车时速仍这么快，还符合标准？对于这场事故，小木的家属认为校方引入无牌照电动车的举措失当，并且运营方和校方对这些车辆的日常管理和维护不到位。

（二）案例分析

共享经济是互联网时代社会资源高效配置与利用的一种新兴模式，而共享单车属于交通出行领域的共享经济。[①] 共享单车致力于解决人们出行的"最后一公里"问题，给人们的生活带来了极大的便利。继共享单车后，共享电动车也逐渐流行。近些年，我国高校招生规模不断扩大，为了满足更多学生的教育需求，各高校纷纷兴建新校区或者扩大原来校区的面积，宿舍、食堂和教学楼之间的距离也不断增大。为了更好地满足学生的出行需求，一些高校开始引进共享单车和共享电动车，学生出行更方便的同时也带来了交通安全方面的问题，比如车辆停放无序挤占通行道路、部分大学生骑行过程中不戴头盔引发交通事故等。上述 H 大学的交通事故也属于共享电动车领域，通过对该事故进行分析可知，造成该事故的原因主要包括以下三个方面。

1. 驾驶无牌照共享电动车时不佩戴头盔

驾驶无牌照共享电动车时不佩戴头盔是事故发生的主要原因。测试涉事品牌电动车的视频显示，扫码开启的过程中，在"是否使用头盔"这一项有"使用头盔"和"不使用头盔"两条选择，而不是强制使用头盔。头部是人体最脆弱也最容易受到伤害的部位，一旦发生交通事故伤及头部，就容易出现颅骨骨折、颅内出血等情况，危及生命。戴头盔是最简单且最有效地保护头部的措施，能够起到缓冲、减震的保护作用。案例中的小木没有佩戴头盔，因此摔倒时头部着地就十分容易危及性命。

---

① 王丹：《基于大学城调查数据的校园共享电单车用户出行行为分析》，《统计与管理》2020 年第 3 期。

2. 学校监督管理不到位

学校引入的是无牌照的共享电动车，并且对这些车辆的日常管理和维护也不到位。长期以来，交通安全管理工作在高校各项工作中处于边缘地带，高校交通安全管理的责任划分不明晰，对交通安全工作的重视程度和投入力度远远不够，没有派专业的交通安全管理团队对校内车辆进行管护。此外，高校校园交通安全管理一般是自主管理，但高校保卫处并不具备处罚校园交通违规行为的权力，只有交警才有相应的执法权和处罚权。然而，除非发生重大交通事故、举行重大活动或节假日等特殊情况，交警并不会主动进入大学校园进行交通执法。这就导致部分大学生无视校园交通安全管理规定，在校园内做出超速、超载、违规停车等违规行为，严重威胁校园交通安全、破坏校园交通秩序。

3. 校园内交通设施不足，缺乏代步工具

上述案例中小木搭乘同学小梦驾驶的共享电动车回宿舍，但各地出台的电动自行车管理办法，包括《广东省电动自行车管理条例》都明确规定了"成年人驾驶电动自行车只能搭载一名不满十二周岁的未成年人"。事后小梦说违规载人是因为校园内人多车少，高峰期根本抢不到车。校园内缺乏代步工具，交通设施不足，出行不便，才使违规载人现象普遍，也为这次交通事故的发生埋下了隐患。高校校园作为师生进行教学活动和生活的主要场所，具有明显的潮汐性，即在上下课时间点、进餐时间段、举办大型活动等特殊时间人流量和车流量巨大，容易造成交通拥堵，增加安全隐患。

二　学生租车校内醉驾事故[①]

（一）案例主体

2023年9月17日晚，Z大学附近道路交叉口发生一起交通事故。肇事者王某，18岁，为Z大学的大一新生，在驾驶一辆租借的小型轿车由东向西行驶至道路左转弯时，发生交通事故，与多车相撞，导致2辆汽车、3辆电动车不同程度损坏，7名群众不同程度受伤。经现场吹气式酒

[①] 武乐之：《18岁男子醉驾致7人受伤！警方通报：刚领驾照4个月！》，光明网，https://m.gmw.cn/2023-09/18/content_1303518118.htm，最后访问日期：2024年5月23日。

精检测，结果为83毫克/100毫升，属于醉驾。

（二）案例分析

案例中的肇事者王某2023年5月考取驾驶证，到2023年9月事故发生时才间隔4个月，转弯时车速很快。由此可以看出，王某在驾驶经验还不足的情况下对自己的驾车技术盲目自信，这种情况在大一新生群体中尤为常见。通过对上述交通事故的分析可知，大学生交通安全事故的发生地不仅包括校内，还包括校外。该事故主要由驾驶者王某酒后驾驶导致，而大学生酒驾的原因主要包括以下三个方面。

1. 大学生交通安全意识薄弱，缺乏规则意识

根据国家相关法律法规的规定，机动车驾驶员酒后驾驶属于非常严重违反交通法律法规的行为，极易造成交通事故，危害自己和他人的人身财产安全。很多大学生在校期间并没有接受过系统的交通安全教育和法治教育，因此他们对交通规则、交通风险以及安全驾驶的重要性缺乏深入的了解，对酒驾、醉驾等交通违法行为的危害认识不够，交通安全意识淡薄。

2. 大学生存在侥幸心理

部分大学生可能清楚酒驾的严重法律后果，但却可能因为存在侥幸心理而选择忽视。他们可能认为自己的违规行为被交警发现的概率不高，或者即使被查处，也可以通过各种方式来避免处罚，因此不能很好地遵守相关的法律法规，从而导致交通事故的发生。

3. 社会文化因素

在某些社会文化背景下，酒精被视为社交活动和娱乐的必要元素，酒驾行为也因此更容易被接受或者被忽视。这种文化背景下，人们可能认为只有通过大量饮酒才能获得更好的社交体验和更多的同伴认可，从而忽视了酒后驾驶的危险性。同时，一些大学生可能受到同伴的鼓励或压力，认为如果不喝酒或者不酒后驾车就会被视为不合群或胆小，而酒后驾车则被看作是勇敢或者有个性的表现。

大学生酒驾引发交通事故的案例给社会带来了多方面的影响。每一起酒驾事故都会引发公众的关注和担忧，尤其是涉及大学生这样的年轻群体。这些案例通过媒体的广泛报道，提高了公众对酒驾危害的认识，增强了大家的交通安全意识。同时，这也反映了高校交通安全教育和法治教育的不足。一些学校过于注重大学生的学业成绩和科研表现，忽视

了对大学生道德教育和法律意识的培养。这导致一些大学生在面临酒驾等违法行为时，缺乏正确的判断力和自觉性。因此，学校应该加强对大学生的法律教育和安全教育，帮助他们树立正确的价值观和人生观，正确认识违反交通法律法规的行为可能带来的危害。交管部门也应该从这些案例中吸取教训，加大对酒驾行为的查处力度，实行全天候、全覆盖的执法检查，共同营造一个安全、畅通的通行环境。

三　无证醉驾肇事逃逸事件[①]

（一）案例主体

2023年6月7日23时左右，大学生黄某某在好友的出租屋吃夜宵时，喝了啤酒，23时30分左右，黄某某无证酒后驾驶二轮摩托车到一家清吧拿酒后返回好友的出租屋，6月8日凌晨0时左右，黄某某驾驶二轮摩托车回到自己家中，在家中喝了苞谷酒，6月8日凌晨2时左右，黄某某驾驶车辆从家中出来，后与同向行驶的潘某某发生碰撞，造成两车不同程度的损坏。事故发生后，黄某某驾驶车辆驶离现场，后被潘某某找到，双方交谈期间，黄某某于2时41分报警，交通警察大队的执勤民警对黄某某开具强制措施凭证并带黄某某到人民医院抽取静脉血液送检。经鉴定，黄某某血样检出乙醇成分，确定其为醉驾。综合黄某某犯罪的事实、性质、情节、社会危害程度及认罪悔罪态度等，依法判决黄某某犯危险驾驶罪。

（二）案例分析

通过对上述交通事故的分析可知，黄某某主要存在以下三种交通违法行为。

1. 无证驾驶

《中华人民共和国道路交通安全法》第十九条明确规定驾驶机动车，应当依法取得机动车驾驶证。第九十九条规定未取得机动车驾驶证驾驶机动车的由公安机关交通管理部门处200元以上2000元以下罚款，可以并处15

[①] 牛文君：《"我还可以回去读书吗？" 00后在校大学生无证醉驾，被判刑！》，法治网，http://www.legaldaily.com.cn/index_article/content/2023-09/25/content_8906653.html，最后访问日期：2024年5月23日。

日以下拘留。无证驾驶的人员通常没有接受过系统的驾驶培训，缺乏道路交通安全方面的知识和驾驶技能，这种违法违规行为不仅会扰乱道路交通秩序，而且存在重大的安全隐患，严重威胁自己和他人的生命财产安全。

2. 醉驾

《中华人民共和国道路交通安全法》第九十一条规定：醉酒驾驶机动车的，由公安机关交通管理部门约束至酒醒，吊销机动车驾驶证，依法追究刑事责任；五年内不得重新取得机动车驾驶证。酒驾、醉驾会使驾驶人反应能力和操作能力下降，危害极大。在对酒驾、醉驾行为打击力度很大的情况下，依旧有不少人以身试法，归根结底还是心存侥幸，法律意识淡薄。近年来，大学生酒驾引发交通事故的报道层出不穷，部分大学生可能认为自己身体素质好，酒后驾车不会出现问题。此外，一些大学生受到社会不良风气的影响，认为喝酒后开车是一种豪爽、有个性的表现，从而做出酒驾、醉驾等违法违规行为，等到事故发生之后再后悔已经来不及了。

3. 肇事逃逸

黄某某在事故发生后驶离现场，尽管后来报警自首，但这一行为仍构成肇事逃逸，违反了交通事故处理程序的规定。按规定，肇事逃逸者需要承担相应的民事责任和刑事责任，包括赔偿受害者的医疗费用、精神损失费等，以及被公安机关交通管理部门吊销机动车驾驶证，而且如果肇事逃逸行为构成犯罪，可能面临有期徒刑的处罚。

上述案例是一起典型的年轻大学生因交通违法而获罪的案例，其社会影响深远。首先，它警示广大年轻人，尤其是在校大学生，要严格遵守交通法规，不得酒后驾车、无证驾驶。其次，对于高校而言，应加强对大学生的法治教育，增强学生的交通安全意识。最后，对于家庭而言，家长也应加强对子女的监管，防止其因法律意识淡薄而犯下违法犯罪行为。

四 学生私家车校内交通事故[①]

（一）案例主体

2024年3月19日11时20分左右，T学院发生一起汽车冲撞行人事

[①] 陈卓琼：《某地高校汽车撞人事件在校生：事发路段是去食堂、回宿舍的必经之路，人流量大》，中国青年网，https://baijiahao.baidu.com/s?id=1794037226231018589&wfr=spider&for=pcl，最后访问日期：2024年5月23日。

件,一辆小型汽车连续碰撞致多人受伤。据公安局发布的通报,该车辆冲撞事件,已致3人死亡、16人受伤,受伤人员均已被送医救治。事发路段是通往食堂、宿舍的必经之路,左边宿舍楼,右边教学楼。车祸发生时,正好是学生下课的时候,人流量大。警方通报称,经查,肇事者张某某(男,20岁)系T学院学生,所驾车辆系其家庭所有。事件发生后,张某某的同学也告诉记者,张某某在学校的日常生活中总表现出一种对抗性,有点极端,容易动怒。同时,网上也有不少疑惑和猜测,如学生的私家车为何能开进校内。此前开学,私家车被允许进入校内,方便学生搬运行李,不过校内各路口都有减速带和测速设备,有限速的标志,平日里学生如果有车也多数都停在校外。

(二)案例分析

从案例分析的角度来看,这起交通事故揭示了几个关键的问题和教训。

1. 校园安全是不容忽视的底线

高校作为培养人才、传承文明的圣地,安全应当是校园的首要保障。这起交通安全事故发生在高校校园内,引发了社会各界对校园安全问题的担忧和反思。作为校园安全的管理者和保障者,学校应加强对校园内交通安全的重视,确保道路交通设施的完善和安全,制定严格的出入制度,确保校园内的交通秩序。同时,高校应加强校园交通巡逻和监控,提高应急处理能力,确保一旦发生意外,能够迅速有效地进行处置。此外,学校还应加强对大学生的交通安全教育,增强其安全意识和自我保护能力。

2. 家校合作对于减少大学生的交通违法违规行为十分必要

家庭是孩子成长的第一课堂,家长可以在日常生活中通过言传身教,引导孩子养成良好的交通安全习惯。通过家校合作,学校和家长可以共同制订交通安全教育计划,使教育内容更加全面、系统、有针对性,从而增强大学生的交通安全意识。同时,学校与家长积极沟通孩子在交通安全方面的表现,也可以及时发现和制止大学生的交通违法违规倾向,减少类似交通事故的发生。

3. 大学生的自制力对自身的交通安全行为有一定的影响

低自制力的人更喜欢容易或简单的欲望满足,更倾向于冒险,往往以自我为中心，对他人的痛苦和需求漠不关心或麻木不仁。研究表明，低自制力的人更容易做出交通违法违规行为。[①] 因此，致力于减少大学生交通违法违规行为的措施必须认识到大学生群体内部的多样性，针对不同类型的交通违法违规者采取不同的手段，精准施策。

总的来说，T学院的这起交通事故是一起严重的校园交通安全事件，给伤亡者及其家属带来了极大的痛苦。它提醒我们，无论是学校、家庭还是社会，都需要加强对校园交通安全的重视和管理，采取有效的预防措施，确保学生的生命安全和身体健康。

第三节　大学生交通安全行为的调查

一　问卷调查的样本概述

为了进一步了解大学生交通安全行为的情况，本调查组设计了调查问卷，问卷主要以高校学生为调查对象。由于地域、时间等客观条件限制，本书选择湖南省的大学生进行调查。为了保证样本的代表性，研究在综合考虑地理位置的相似性和是否出台校园交通安全管理规定后选择中南大学、湖南大学和湖南师范大学这三所大学，三所大学均为双一流建设高校，位置临近，属于开放式校园，且都位于城市的核心地带或交通要道附近，周边道路繁忙，尤其是在上下课高峰时段，人流量和车流量显著增加。同时，由于学校内部也有大量的师生和访客，校园内的道路和停车场也经常面临拥堵的情况，道路状况复杂，校园内交通违规行为较多。湖南大学和湖南师范大学在校师生均为40000余人，出台了正式的校园交通安全管理规定或在其他正式的管理规定中涉及校园交通安全管理的内容。中南大学在校师生约70000人，虽然暂未出台校园交通安全管理规定，但校园交通安全措施与前两所大学并不存在明显差异，也会根据《湖南省电动自行车管理办法》和《学生手册》对交通违规的大学生进行通报批评、没收校园通行证等，或者联合交警入校治理交通违法。调查过程中尽量覆

---

① Gottfredson, Michael R., Hirschi Travis, *A General Theory of Crime*, New York: Stanford University Press, 1990.

盖了不同性别、年龄、专业等人口特征的差异性人群。受限于研究环境和自身能力，本书在问卷星平台上设计好问卷后，通过QQ、微信等方式邀请大学生进行填写，并以非概率抽样形式中的滚雪球法进行扩散和传播。调查结束后，共回收536份问卷，回收率100%。针对回收问卷按照三个标准对其进行筛选：第一，作答时间是否短于两分钟；第二，作答结果是否存在逻辑错误；第三，设计的两道陷阱题是否回答正确。筛选后剔除了69份无效问卷，共得到有效问卷467份，问卷有效率达87.1%。被调查对象的基本信息描述性统计如表6-1所示。

在467份有效样本中，男性为196人，占比42.0%；女性为271人，占比58%，样本在性别分布上总体较为均衡，具有一定的代表性。在学历层次上以本科生为主，占总人数的78.4%，约为研究生占比（21.6%）的4倍。其中大一学生占比为1.5%，大二学生占比为9.0%，大三学生占比为13.7%，大四学生占比为53.5%。在所学专业方面，各类专业皆有被调查对象接受调查，其中人文社科类专业占比最高，达到50.5%；其次为理学专业，占比为20.6%。在骑电动车的年限上，近八成学生自大学以来在校园内骑电动车的时间在两年以下，说明被调查对象还缺乏一定的校园骑行经验。在校园骑电动车的频率方面，近一半（49.6%）的大学生一个月之内骑电动车的频率在三次以上，说明电动车成为大学生校园出行的重要选择。在对电动车骑行的校园管理规定或相关法律法规的了解程度上，完全不了解（3.6%）和十分了解（1.5%）的占比低，大多数处于不太了解、一般了解和比较了解的程度，说明还需加强对大学生的宣传教育，加强他们对电动车骑行规定的了解。

表6-1   被调查对象基本信息统计表

变量	类别	测量编码	频率	所占比例（%）
性别	男	1	196	42.0
	女	2	271	58.0

续表

变量	类别	测量编码	频率	所占比例（%）
年级	大一	1	7	1.5
	大二	2	42	9.0
	大三	3	64	13.7
	大四	4	250	53.5
	大五	5	3	0.6
	研究生	6	101	21.6
专业	人文社科类	1	236	50.5
	理学	2	96	20.6
	工学	3	47	10.1
	医学	4	34	7.3
	农学	5	3	0.6
	艺术学	6	9	1.9
	其他	7	42	9.0
政治面貌	中共党员（含预备党员）	1	111	23.8
	共青团员	2	313	67.0
	群众	3	42	9.0
	民主党派	4	1	0.2
自上大学以来在校园内骑电动车的时间	一年以下	1	222	47.5
	一年至两年	2	150	32.1
	两年至三年	3	70	15.0
	三年至四年	4	24	5.1
	四年以上	5	1	0.2
一个月之内在校园骑电动车的次数	一个月 1 次	1	118	25.3
	一个月 2—3 次	2	117	25.1
	一周 2—3 次	3	126	27.0
	一天 1 次	4	29	6.2
	一天多次	5	77	16.5
对电动车骑行的校园管理规定或相关法律法规的了解程度	完全不了解	1	17	3.6
	不太了解	2	156	33.4
	一般了解	3	164	35.1
	比较了解	4	123	26.3
	十分了解	5	7	1.5

二 大学生交通安全行为分析

（一）大学生交通安全违规行为分析

大学生交通安全违规行为主要调查大学生违规骑行的频率，研究选择违规载人、不戴头盔、行驶过程中使用手机这三种现实生活中看似微小但大量存在的日常违规现象进行研究。从大学生交通安全违规行为来看：（1）在"骑行时搭载超过12周岁成员"方面，47.3%的被调查对象选择"几乎从不"，该题项的平均值为2.133，中位数为2，整体来看，大学生骑行时违规搭载的频率较低；（2）在"骑行时不戴头盔"方面，30.8%的被调查对象选择"经常发生"，16.7%的被调查对象选择"非常频繁"，该题项的平均值为3.15，中位数为3，这表明大学生骑行时按照规定佩戴头盔的水平还不够高；（3）在"骑行时拨打、接听电话"方面，47.3%的被调查对象选择"几乎从不"，只有0.4%的被调查对象选择"非常频繁"，该题项的平均值为1.854，中位数为2。具体如图6-1所示。总的来看，大学生骑行时不戴头盔的现象较为普遍，这可能是因为有些头盔佩戴起来不够舒适，头盔的重量、大小以及透气性等因素会影响大学生的佩戴意愿。同时，部分大学生可能认为佩戴头盔并不必要，对头盔在保护头部安全方面的重要性认识不足。他们可能认为只

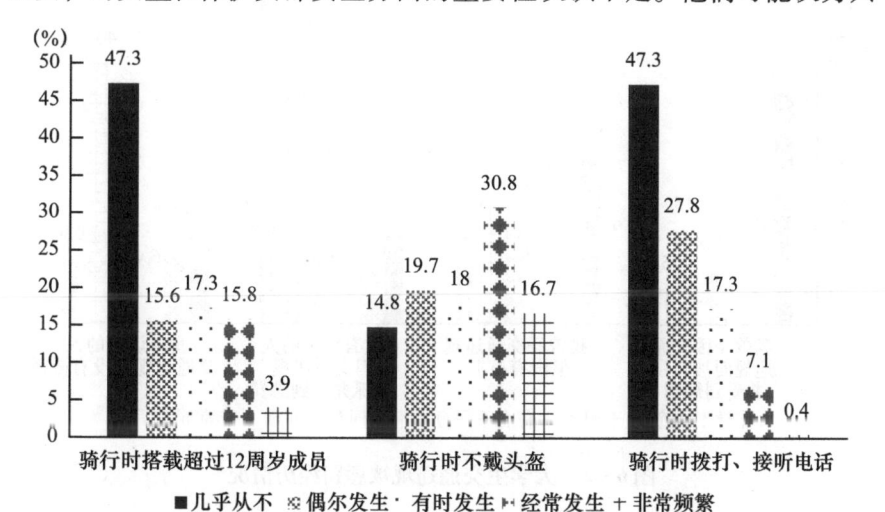

图 6-1 大学生交通违规行为情况

有在特定的高风险情况下才需要佩戴头盔，忽视了日常骑行中潜在的安全风险。

（二）大学生交通违规被惩罚经历分析

大学生交通违规被惩罚经历主要指大学生及其认识的人是否因交通违规而被抓住并被惩罚。从图6-2来看：（1）在"我曾经因交通违规而被抓住并受到惩罚"方面，36.3%的被调查对象选择"非常不同意"，该题项的平均值为2.565，中位数为2；（2）在"我曾经交通违规但没有被抓"方面，25.7%的被调查对象选择"非常不同意"，20.8%的被调查对象选择"不同意"，该题项的平均值为3.118，中位数为3；（3）在"我有认识的人因交通违规被抓并受到惩罚"方面，32.3%的被调查对象选择"同意"，10.9%的被调查对象选择"非常同意"，该题项的平均值为3.764，中位数为4，身边人的交通安全行为会对大学生产生较大影响，如果有认识的人因交通违规而被抓住并受到惩罚，可能会对大学生起到一定的警示和教育作用；（4）在"我有认识的人交通违规但没有被抓"方面，40.7%的被调查对象选择"同意"，9.9%的被调查对象选择"非常同意"，该题项的平均值为4.024，中位数为5，如果有认识的人交通违规但没有被抓住，可能会使大学生存在一定程度的侥幸心理。

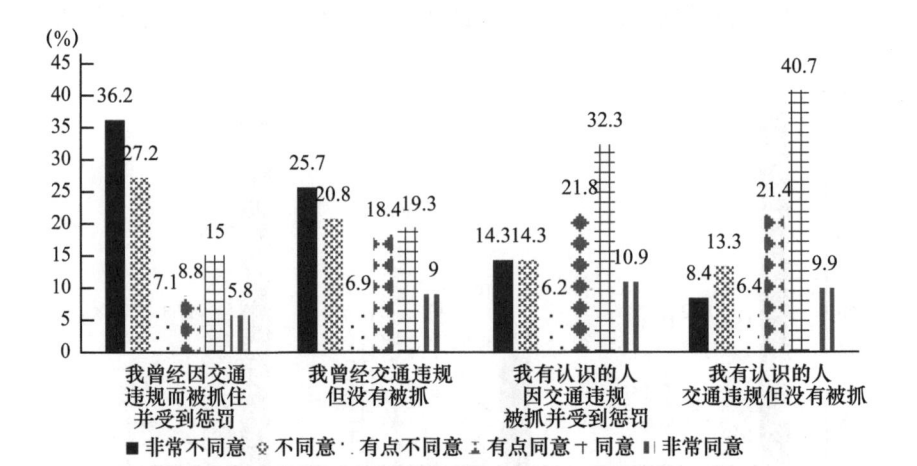

图6-2 大学生交通违规被惩罚经历情况

(三) 大学生交通安全遵守意愿分析

大学生交通安全遵守意愿主要调查大学生未来遵守交通安全规则的意愿，研究选择未来骑行时不违规载人、按照规定佩戴头盔、骑行时不使用手机这三种意愿进行研究。从调查数据来看：(1) 在"未来不违规搭载人员"方面，37.3%的被调查对象选择"比较愿意"，37.9%的被调查对象选择"非常愿意"，该题项的平均值为4.011，中位数为4；(2) 在"未来按照规定佩戴头盔"方面，34.9%的被调查对象选择"比较愿意"，36.4%的被调查对象选择"非常愿意"，该题项的平均值为3.957，中位数为4；(3) 在"未来骑行时不使用手机"方面，34.5%的被调查对象选择"比较愿意"，52.5%的被调查对象选择"非常愿意"，该题项的平均值为4.347，中位数为5。具体如图6-3所示。可以看出，大学生交通安全遵守意愿比较强烈，愿意遵守交通安全的相关规定。

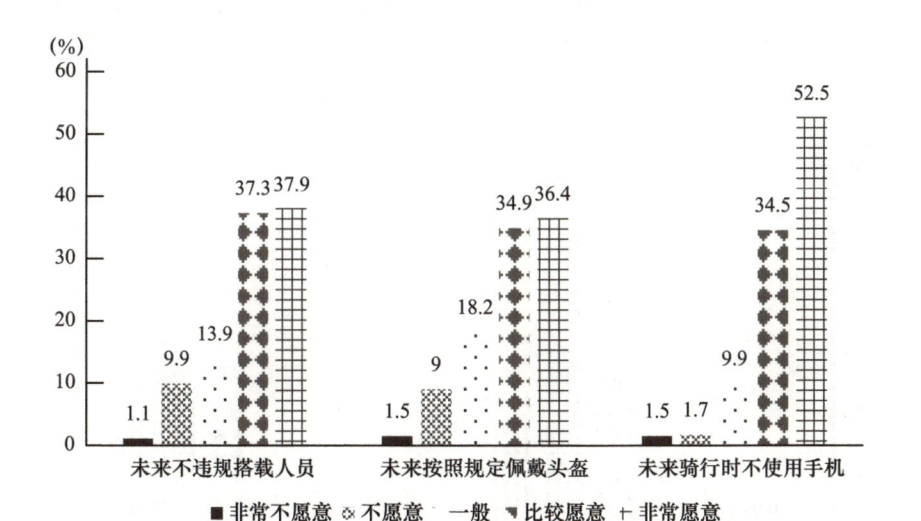

图6-3 大学生交通安全遵守意愿情况

(四) 大学生交通安全行为影响因素分析

这部分主要从正式制裁和非正式制裁两方面分析大学生交通安全行为的影响因素，其中正式制裁包括感知正式制裁的确定性和感知正式制裁的严重性两个方面，非正式制裁包括感知的社会制裁、感知的内部损失和感知的身体损失三方面。

1. 正式制裁

大学的保卫部（处）是学校道路交通安全管理的主管部门，负责校园道路交通安全管理工作。大学生违反校园交通安全规制时面临的正式制裁主要是学校保卫处给予的口头批评教育、通报批评（包括通报单位和校园网公开通报）、依照校园交通安全管理规定给予的处罚（包括收回校园卡通行授权、禁止进入校园、扣学分和取消评奖评优资格等），情节严重者移交公安机关处理。

（1）感知正式制裁的确定性

感知正式制裁确定性指感知的大学生交通违规行为被发现以及被惩处的可能性。感知正式制裁确定性的水平越高，越能够抑制大学生的交通违规行为。[①] 对感知正式制裁确定性的考察主要通过"交通违规行为被抓住的可能性很大"和"交通违规行为被抓后受惩罚的可能性很大"两个题项进行。从图6-4来看，感知正式制裁确定性总体均值为4.714，中位数为5，表明大学生感知的正式制裁确定性处于较高水平。"交通违

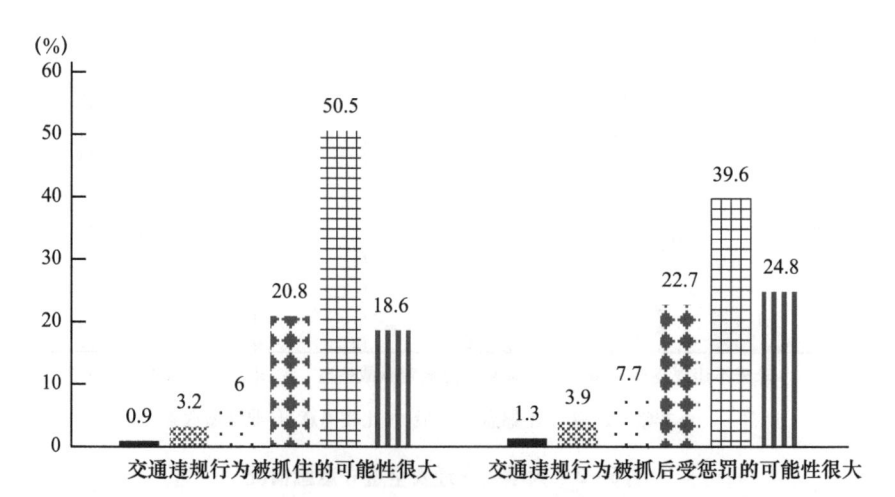

图6-4 大学生感知正式制裁确定性的情况

[①] Nagin, D. S., Pogarsky, G., "Integrating Celerity, Impulsivity, and Extra-legal Sanction Threats into a Model of General Deterrence: Theory and Evidence", *Criminology*, Vol. 4, 2001, pp. 865–892.

规行为被抓住的可能性很大"题项的平均值为 4.728，中位数为 5。从百分比来看，50.5% 的被调查对象同意交通违规行为被抓住的可能性很大，18.6% 的被调查对象非常同意交通违规行为被抓住的可能性很大。"交通违规行为被抓后受惩罚的可能性很大"题项的平均值为 4.7，中位数为 5。从百分比来看，39.6% 的被调查对象同意交通违规行为被抓后受惩罚的可能性很大，24.8% 的被调查对象非常同意交通违规行为被抓后受惩罚的可能性很大。这说明大部分的被调查对象都相信如果自己不遵守交通安全法规，很有可能会被抓住和被处罚。

(2) 感知正式制裁严重性

感知正式制裁的严重性是指感知的大学生交通违规行为被发现后将要接受的惩罚的力度。理论上，感知正式制裁严重性的水平越高，越能够抑制大学生的交通违规行为。[①] 对感知正式制裁严重性的考察主要通过"交通违规行为会受到严厉的处罚"和"交通违规行为受到的处罚会对生活产生重大影响"两个题项进行。从图 6-5 看，感知正式制裁严重性总体均值为 4.258，处于较高的水平。"交通违规行为会受到严厉的处罚"题项的平均值为 4.34，中位数为 5。从百分比来看，34.5% 的被调查对象同意交通违规行为会受到严厉的处罚，16.7% 的被调查对象非常同意交通违规行为会受到严厉的处罚。"交通违规行为受到的处罚会对生活产生重大影响"题项的平均值为 4.176，中位数为 4。从百分比来看，33.2% 的被调查对象同意交通违规行为受到的处罚会对生活产生重大影响，13.5% 的被调查对象非常同意交通违规行为受到的处罚会对生活产生重大影响。

2. 非正式制裁

(1) 感知的社会制裁

感知的社会制裁，即感知到的因不遵从交通安全规制而失去同龄人、朋友或父母的尊重或认可。先前研究表明，感知的社会制裁的威胁（即受访者认为如果他们违反交通规则，他们的朋友会认为他们是"愚蠢

[①] Nagin, D. S., Pogarsky, G., "Integrating celerity, Impulsivity, and Extra-legal Sanction Threats into a Model of General Deterrence: Theory and Evidence", *Criminology*, Vol. 4, 2001, pp. 865 – 892.

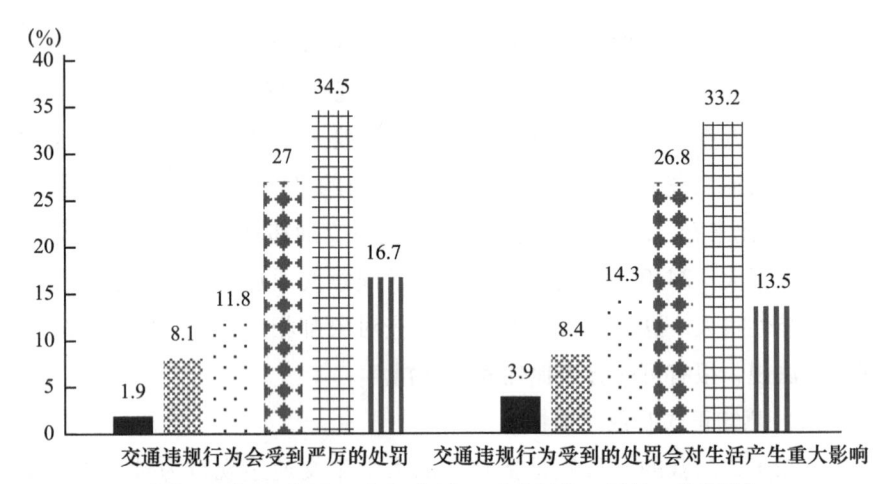

图 6-5　大学生感知正式制裁严重性的情况

的"）对潜在违规者产生了显著的约束作用。[1] 对感知社会制裁的考察主要通过"交通违规被抓后被他人知道的可能性很大"和"交通违规被抓被他人知道后会对生活产生很大影响"两个题项进行。从图 6-6 来看，大学生感知的社会制裁总体均值为 3.683，处于中等水平。"交通违规被抓后被他人知道的可能性很大"题项的平均值为 3.889，中位数为 4。从百分比来看，21.6% 的被调查对象有点同意交通违规被抓后被他人知道的可能性很大，29.6% 的被调查对象同意交通违规被抓后被他人知道的可能性很大，12.4% 的被调查对象非常同意交通违规被抓后被他人知道的可能性很大。"交通违规被抓被他人知道后会对生活产生很大影响"题项的平均值为 3.7，中位数为 4。从百分比来看，26.3% 的被调查对象有点同意交通违规被抓被他人知道后会对生活产生很大影响，26.8% 的被调查对象同意交通违规被抓被他人知道后会对生活产生很大影响，8.1% 的被调查对象非常同意交通违规被抓被他人知道后会对生活产生很大影响。大学生认为交通违规被抓被他人知道的可能性越大、造成的影响越严重，越有可能会抑制自己的交通违规行为。

---

[1] Scott Baum, "Self-reported Drink Driving and Deterrence", *Australian & New Zealand Journal of Criminology*, Vol. 3, 1999, pp. 247-261.

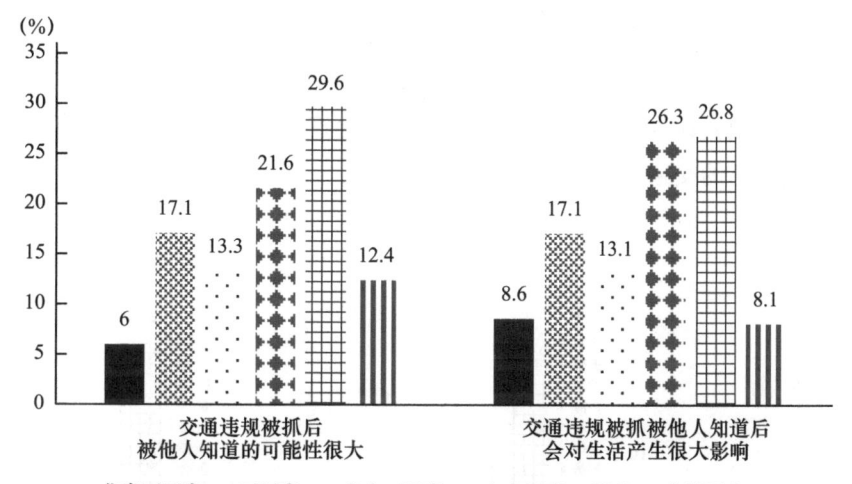

第六章 大学生交通安全行为调查与综合治理对策 / 175

图 6-6 大学生感知社会制裁的情况

(2) 感知的内部损失

感知的内部损失,即由于不遵从交通安全规制违背了自己的道德准则而产生的内疚感,可以预测做出交通违规行为的可能性。这意味着,越是认同"即使我没有被抓,违反交通安全规制也会让我感到内疚"这一论断的人,越不可能做出交通违规行为。[1] 对感知内部损失的考察主要通过"如果我交通违规,我会感到内疚"和"如果我因交通违规而内疚,会对生活产生很大影响"两个题项进行。从图6-7来看,大学生感知的内部损失总体均值为4.04,处于中等偏上水平。"如果我交通违规,我会感到内疚"题项的平均值为4.069,中位数为4。从百分比来看,30%的被调查对象有点同意交通违规会让人感到内疚,25.9%的被调查对象同意交通违规会让人感到内疚,14.1%的被调查对象非常同意交通违规会让人感到内疚。"如果我因交通违规而内疚,会对生活产生很大影响"题项的平均值为4.011,中位数为4。从百分比来看,29.8%的被调查对象有点同意因交通违规而内疚会对生活产生很大的影响,29.6%的被调查

---

[1] Kaviani, F., Young, K. L., Robards, B., Koppel, S., "Understanding the Deterrent Impact Formal and Informal Sanctions have on Illegal Smartphone Use while Driving", *Accident Analysis and Prevention*, Vol. 145, 2020, pp. 1-10.

对象同意因交通违规而内疚会对生活产生很大的影响，10.1%的被调查对象非常同意因交通违规而内疚会对生活产生很大的影响。大学生越认为交通违规会让人感到内疚并且这种内疚会产生很大的影响，越有可能会抑制自己的交通违规行为。

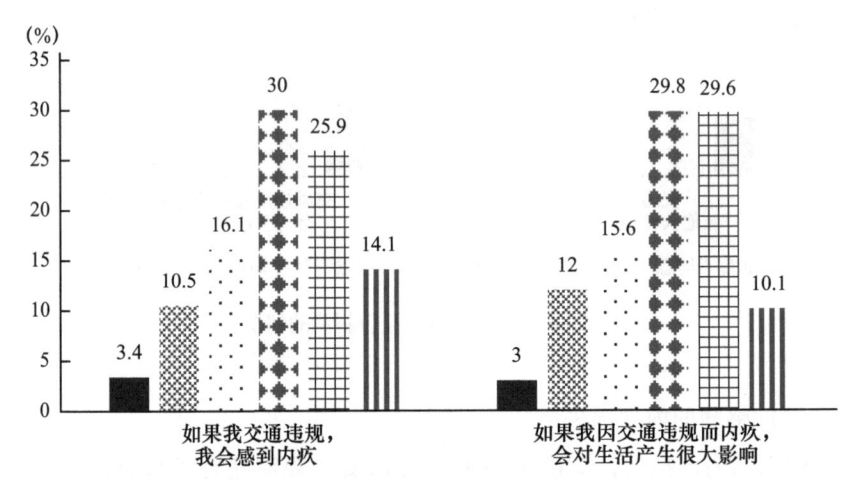

图6-7 大学生感知内部损失的情况

（3）感知的身体损失

感知的身体损失，即害怕因不遵从交通安全规制而伤害他人或自己。不少学者认为，感知的身体损失是最具影响力的非法律威慑因素，能够显著降低人们的交通违规行为。[①] 对感知身体损失的考察主要通过"交通违规行为受伤的概率会很大"和"交通违规行为受伤的程度会很严重"两个题项进行。从图6-8来看，大学生感知的身体损失总体均值为4.454，处于中等偏上水平。"交通违规行为受伤的概率会很大"题项的平均值为4.61，中位数为5。从百分比来看，25.3%的被调查对象有点同意交通违规行为受伤的概率会很大，39.2%的被调查对象同意交通违规行

---

① James Freeman, Alexander Parkes, Naomi Lewis, Jeremy D. Davey, Kerry A. Armstrong, Verity Truelove, "Past Behaviours and Future Intentions: An Examination of Perceptual Deterrence and Alcohol Consumption upon a Range of Drink Driving Events", *Accident Analysis and Prevention*, Vol. 137, 2020, pp. 1-9.

为受伤的概率会很大，21.4%的被调查对象非常同意交通违规行为受伤的概率会很大，只有1.1%的被调查对象非常不同意交通违规行为受伤的概率会很大。"交通违规行为受伤的程度会很严重"题项的平均值为4.298，中位数为4。从百分比来看，28.3%的被调查对象有点同意交通违规行为受伤的程度会很严重，30.2%的被调查对象同意交通违规行为受伤的程度会很严重，17.8%的被调查对象非常同意交通违规行为受伤的程度会很严重，只有3.2%的被调查对象非常不同意交通违规行为受伤的程度会很严重。大学生认为交通违规行为受伤的概率越大、受伤程度越严重，越有可能会抑制自己的交通违规行为。

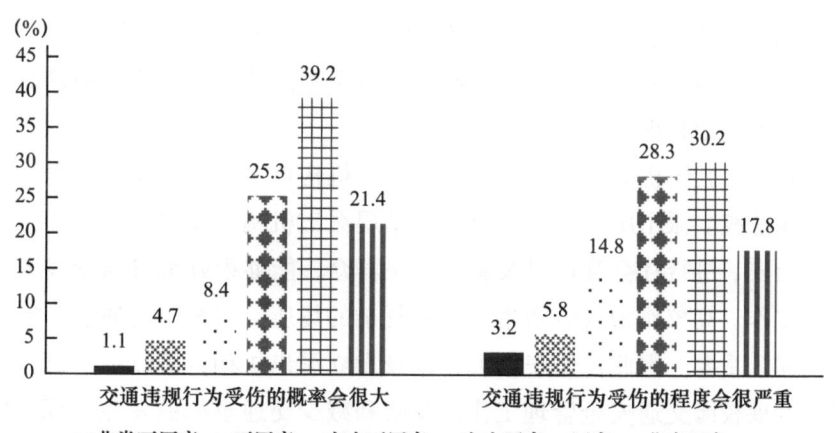

图 6-8　大学生感知身体损失的情况

第四节　大学生交通安全行为的综合治理对策

一　明确高校交通安全管理的法律依据

由于《中华人民共和国道路交通安全法》中对"道路"概念的界定较为模糊，除非发生影响较大、后果较为严重或者当事双方协商失败的校园交通事故，以及举办重大活动或者节假日期间，大学生的校园交通行为不在交警日常管理的范围之内，因此很多交通违规行为都未被发现或者未受到处罚。然而，高校保卫部门作为校园交通安全的管理部门又没有执法权和处罚权，不能查处校园内的大学生交通违规行为。为化解上述管理难题，最为有效的办法就是明确高校交通安全管理的法律依据。

首先，可以在现行的《中华人民共和国道路交通安全法》中增设高校道路交通安全管理的内容。具体而言，可以设立专门的章节或条款，对校园内车辆的行驶规则、校园交通安全管理的责任划分、违反校园交通安全管理规定的处罚措施等进行明确规定。在增设过程中，应注重与现行法律法规的衔接和协调，避免与现有法律法规产生冲突。

其次，可以制定专门的校园安全法，对高校校园交通安全管理做出详细的规定。美国布什总统在1990年9月19日签署了《联邦校园安全法》，使校园保卫有了联邦法律依据。该法对校园警察的任职条件、权力及校园保卫的要求做了详细的规定，使校园警察制度趋于完善。[1] 我国可以借鉴国外的校园安全法的制定经验，制定专门的法律法规，明确高校校园交通安全管理的法律依据。

最后，公安机关可以在高校设立派出机构负责校园的交通安全，给予其执法权。派出所作为公安机关的基层派出机构，其主要职能为维护社会治安、进行社会管理以及服务人民群众，能够很好地参与交通安全管理工作。高校作为人员密集、交通复杂的场所，其校园交通安全管理工作尤为重要。因此，公安机关在高校设立派出机构，可以更加直接有效地开展校园交通安全管理工作，预防和减少交通事故的发生。现在的大部分高校在校内都设有高校社区警务室，警务室联合了当地派出所与高校保卫处，这种群防群治、联合防范的安全工作格局有助于提升校园交通安全水平。

二 健全校园交通安全管理制度

（一）出台或完善校园交通安全管理规定

校园交通安全管理规定是更为具体、详细的规定，能够有效维护校园的道路交通秩序，保障师生人身安全。然而，仍有不少高校暂未出台校园交通安全管理规定或者规定的内容不够完善。因此，高校应根据本

---

[1] 李佳、陈楠、张艳：《高校校园道路交通安全法律问题研究》，《法制博览》2016年第19期。

校的实际情况，出台或完善校园交通安全管理规定，详细说明机动车、非机动车、行人的权利和义务，并明晰校园交通安全管理的责任、交通安全事故的处理流程和对交通违规行为的处罚措施。在校园交通安全管理规定制定完成后，高校应组织开展对于交通安全管理规定的宣传教育活动，确保校内的大学生了解并遵守规定。同时，在规定实施一段时间后，也应对其实施效果进行评估，收集师生的反馈意见，从而进行必要的修订和完善。

(二) 建立相应的奖惩机制

完善的奖惩机制可以有效地激发大学生遵守交通安全规制的积极性和主动性，营造一个安全、文明的校园交通环境。首先，对于遵守交通安全规则、表现优秀的大学生可以给予表彰和奖励，比如每月或每学期根据大学生在校园内外的交通行为表现，评选出"交通安全标兵"，并在校园内进行表彰，颁发荣誉证书和小礼品。其次，还可以为每位大学生设立交通安全积分账户，遵守交通规则、参与交通安全活动等行为可以获得相应的积分，积分可以兑换图书券、校园活动门票等实用奖品。最后，对于积极参与交通安全志愿服务的大学生，如协助组织交通安全宣传活动、担任交通安全劝导员等，颁发志愿服务证书。

此外，对于违反交通安全规则的大学生，也要进行批评教育和相应的惩罚。可以根据大学生交通违规行为的严重程度，实施阶梯式的惩罚措施。对于校内轻微的交通违规行为，如超速行驶、违法停车等，可以给予口头警告或通报批评、没收校内通行证等处罚；对于较严重的违法行为，甚至造成交通事故的师生，应移交相关部门处理，依法追究其法律责任。同时，对于多次做出交通违法违规行为的大学生，应该加大惩罚力度，帮助他们消除侥幸心理，保持对交通安全的敬畏心。

(三) 保持持续的执法活动

感知的正式制裁的确定性和严重性能够对大学生的交通安全行为产生威慑效果，那么为了产生和保持这种威慑效果，来自交警、保安等主体的行动应该是明显的、持续的和广泛的。任何基于威慑的执法实践的有效性很大程度上取决于驾驶者对因违法违规而被惩罚的风险的认识。因此，有必要利用各种策略来增加大学生对交通违法违规行为可能受到的处罚的了解。不少大学的保卫部门都联合后勤、宿管、交警、城管等部门开展过多次大大小小的针对校园违法违规骑行行为的集中整治，虽然每次都取得了一定的成效，但在集中整治过后，依旧存在不少交通违规行为，甚至大学生针对这些集中整治活动专门创建了信息交流分享群聊，对整治活动的动向进行"通风报信"，以避免自己的交通违规行为被发现和被惩处。因此，要想有效减少大学生的校园交通违规行为，应保持持续的执法活动，增加大学生对违规行为被惩罚的确定性的认识，在这一方面，可以增加校园内的交通巡逻频次，及时发现和纠正大学生违反交通规则的行为。同时，将日常的交通巡逻、执法检查和集中整治相结合，实现优势互补、效果倍增。

三　发挥重要他人对大学生的约束作用

非正式制裁在促进大学生遵守校园交通安全规则方面的有效性，为减少交通违规行为提供了思路。重要他人，如父母、朋友、同学对交通安全行为的态度能够影响大学生的交通安全决策，帮助大学生减少交通违规行为。

（一）建立健全家校联动机制

家庭是孩子成长的第一课堂，家长的言行举止、教育方式以及对待交通安全的态度都会直接或间接地影响到孩子的交通安全行为。因此，减少大学生的交通违规行为必须注重学校和家庭的合作，建立健全相应的家校联动机制。具体而言，首先，学校可以定期举办线上的交通安全知识讲座，邀请家长参加，家长在掌握相应的交通安全知识和技能后，也应在日常生活中向孩子灌输这些知识，提醒他们遵守交通安全规则，养成良好的交通安全习惯。其次，学校与家长之间应定期交流学生的交通安全问题，学校可以向家长发送交通安全提示信息或者在校交通安全表现，家长也可以及时向学校反馈孩子在交通方面的不良行为或存在的安全隐患，从而有效规范大学生校内、校外的交通安全行为。总而言之，家庭也应积极参与交通安全宣传和监督工作，共同营造安全、文明的交通环境，才能从多个方面减少大学生的交通违规行为。

（二）树立良好的榜样

如果交通违规行为源于同伴群体的价值观（比如身边的人都不认为交通违规行为是不对的，甚至认为是有个性的表现），那么基于威慑的办法可能无法有效打击大学生的交通违规行为。在这种情况下，只有改变潜在违规者周围的老师、同学、朋友对交通违规行为的态度，才能有效抑制大学生的交通违规倾向。学者李娜的研究也表明，如果违规成为一种去道德化的日常实践，那么必须依靠社会的力量，即通过形成有效的外部压力，运用更大的社会规范对违规行为和心理进行挤压，降低社会对违规行为容忍度的阈值。①

除了父母之外，还可以利用同龄人的影响力约束大学生的交通安全行为。同龄人之间往往存在着一定的群体压力。当大多数同学都自觉遵守交通安全规则时，个别不遵守规则的大学生可能会感到压力，从而调整自己的行为以符合群体规范。这种群体压力有助于形成积极的交通安全氛围，促进更多人养成良好的交通安全习惯。因此，高校可以在大学生群体内部选举交通安全模范人物，为其他大学生树立良好的榜样。交通安全模范人物可以分享他们的经验和故事，激发大学生的交通安全意识和责任感。通过这种方式，可以有效地让大学生意识到交通违规行为是不被他人认可的，只有遵守交通安全规则，才能维护自己的社会声誉。

四 优化校园交通设施

（一）合理规划校园道路，设置专用车道和人行道

合理规划校园道路是确保校园交通流畅、安全的关键，能够在一定程度上减少交通事故的发生，为大学生安全出行提供良好的环境。这首先要求高校对校园内的交通流量、道路状况进行深入分析，为后续规划提供数据支撑。由于历史原因，不少高校的老校区可能存在道路宽度过窄的问题，影响车辆通行，容易造成拥堵，需要在原来的基础上对道路进行改造。同时，近年来许多高校扩大了招生规模，建设新校区，在这一过程中也不得不考虑道路规划与设计问题。不管是新校区的规划建设还是旧校区的改造都应该考虑校园交通需求，具备一定的前瞻性、灵活性和可拓展性，将校园交通规划纳入学校基础建设整体规划之中。② 同时，可以根据校园的功能布局，将道路划分为不同的区域，如教学区、

---

① 李娜：《积习难返：日常性违规的生成机理及其后果》，《思想战线》2018 年第 3 期。
② 李伟：《高校交通安全管理问题及对策》，《中国公共安全（学术版）》2011 年第 4 期。

宿舍区、运动区等。不同区域的道路应有不同的设计标准和要求，以满足不同区域的交通需求。另外，学校应该为自行车、电动车等校园常用交通工具设置专用车道，合理规划人行道，避免与机动车混行，提升交通效率，降低事故风险。

（二）完善停车设施，增设交通监控设备

校园交通事故多发的一个原因就是部分大学生存在车辆乱停乱放的情况，使道路变得狭窄，通行能力下降，而乱停乱放主要是因为校园内停车设施不足，停车标识设置不规范。因此，高校应该合理规划校园的停车区域，根据校园内的建筑布局、道路状况以及停车需求，合理规划停车位的数量和位置，提供明确的停车标识和指引，方便师生快速找到停车位。同时，还可以引入智能停车系统，实时显示停车位的使用情况，方便师生查询和预约停车位，并利用车牌识别、移动支付等技术手段，实现停车场的自动化管理和便捷支付。此外，学校要建立健全相应的停车管理制度，加强对大学生违规停车行为的监管和处罚力度，规范停车秩序，避免乱停乱放现象。

此外，校园内交通监控设备不足也是导致大学生感知惩罚确定性低、交通违规行为发生率居高不下的一个原因。因此，学校应该在校园内的主要道路、交叉口、教学楼、图书馆、宿舍和食堂周围等关键区域增设高清摄像头等监控设备，实时监控校园内的交通状况，及时发现大学生的交通违规行为和交通事故，维护校园的交通秩序。与此同时，还可以辅以大数据、人工智能等技术手段，对监控数据进行深度分析和挖掘，进一步了解校园内的交通流量、拥堵情况、学生交通违规情况等信息，从而为针对性地治理大学生的交通违规行为提供科学依据。

五 加强对大学生的宣传教育

《中华人民共和国道路交通安全法》第六条规定："教育行政部门、学校应当将道路交通安全教育纳入法制教育的内容。"为了减少大学生的交通违规行为，高校应把交通安全纳入安全教育体系，普及交通安全知识，增强大学生的交通安全意识。

（一）开展专题教育

针对交通安全的专题教育能够帮助大学生更深入地了解交通安全方

面的知识。为了加强交通安全教育的针对性和实用性，学校可以在交通管理部门的指导下，针对大学生交通安全行为的特点和学校道路建设情况举办专题教育。首先，可以通过举办交通安全知识讲座的形式，邀请交警或交通安全方面的专家为学生讲解交通法规、交通安全常识和交通事故案例，如示范骑行时如何正确佩戴头盔等，增强大学生的交通安全意识。同时，还可以通过开展交通安全主题班会的形式，让大学生在讨论和互动中加深对交通安全的认识。

(二) 加强课程设置和教材建设

加强大学生交通安全课程设置和教材建设是提升大学生交通安全意识、减少交通事故发生的重要举措。在课程设置上，可以设置专门的交通安全教育课程，明确课程的目标，力求增强大学生的安全意识、规则意识以及应急处理能力。课程内容应覆盖交通法规、安全驾驶技巧、事故预防与应对等多方面的内容。与此同时，还可以在相关课程中增加交通安全教育的内容，如在思想道德修养与法律基础课程中加入交通法规的学习。在教材建设上，应该针对大学生的认知能力，编制专门的交通安全教育的教材，让大学生学习系统、全面的交通安全知识。教材中除了包括专业的交通安全法律法规知识外，还可以增加一些具体的、翔实的案例，介绍交通安全事故的过程和危害，确保道路交通安全知识普及每一位大学生，让他们懂得安全出行的基本要求和各类交通信号的含义，提高自我保护能力，减少道路交通违规行为和交通安全事故。

(三) 组织交通安全实践活动

组织交通安全实践活动是增强大学生交通安全意识和提高大学生交通安全行为能力的重要途径。具体而言，交通安全实践活动包括模拟交通场景、组织交通安全知识竞赛、实地参观交通安全教育基地等。首先，高校可以组织大学生参加交通安全志愿服务活动，如协助交警维护交通秩序、宣传交通安全知识和交通手势操等，通过这种生动活泼、参与度高的形式，不仅可以增强大学生的社会责任感，还能够提高道路交通安全宣传教育的吸引力和实效性。其次，大学生容易违反交通安全规则、卷入交通安全事故的原因之一就是感知行为控制过高，对自己的驾驶能力和技术过于自信，认为自己能够化解驾驶过程中可能出现的所有问题。

因此，可以在安全场地设置模拟交通场景，让大学生们参与模拟驾驶，从而发现自己在安全驾驶方面存在的不足，提升驾驶技能。最后，还可以组织大学生参观交通安全教育基地，了解交通安全设施、事故处理流程等内容，增强他们的交通安全意识。

第 七 章

大学生电信网络诈骗风险调查与综合治理对策

2023年,全国网络安全和信息化工作会议在北京召开,习近平总书记对网络安全和信息化工作做出重要指示,党的十八大以来,我国网络安全和信息化事业取得重大成就,新时代新征程,网信事业的重要地位作用日益凸显,要坚持统筹发展和安全,大力推动网信事业高质量发展,以网络强国建设新成效为全面建设社会主义现代化国家、全面推进中华民族伟大复兴做出新贡献。[1] 中国互联网络信息中心发布了第53次《中国互联网络发展状况统计报告》,《报告》显示,截至2023年12月,我国网民规模达10.92亿,互联网普及率达77.5%。[2] 青年一代的大学生几乎无人不使用互联网,其学习和生活都与网络高度联结,在接收海量网络信息的同时也频繁暴露在网络安全风险中,2021年国内高校信息化建设的十大热点中就包括信息网络安全和隐私保护。[3]

在一系列网络安全风险中,大学生面临严峻的个人数据泄露和电信网络诈骗问题。例如,2022年大学生常用的线上学习软件学习通披露逾1.7亿条用户数据疑似被泄露。高校电信网络诈骗事件也层出不穷。《大

---

[1] 《深入学习贯彻习近平总书记关于网络强国的重要思想——论贯彻落实全国网络安全和信息化工作会议精神》,《人民日报》2023年7月17日。

[2] 互联网数据资讯网-199IT:《CNNIC:第53次中国互联网络发展状况统计报告》,https://www.199it.com/archives/1682273.html,最后访问日期:2024年5月24日。

[3] 钟文锋、陈怀楚、邹向荣等:《2021年国内高校信息化建设热点调查分析》,《现代教育技术》2022年第7期。

学生金融反欺诈调研报告（2021年）》显示，在大学生遭遇金融诈骗的场景中，"网络诱导投资、赌博诈骗""注销校园贷""网购刷单""信用卡/网贷套现"为四大典型场景，占比靠前。① 2023年，中国青年报就反诈主题面向全国高校大学生展开问卷调查，调查结果显示44.86%受访大学生的身边人有过被骗经历，29.48%的受访大学生曾亲身遭遇过诈骗，但由于及时发现而免于被骗；10.67%的受访大学生掉入诈骗陷阱。② 此外，大学生遭遇网络骚扰、网络霸凌的事件也时有发生，2023年中国青年报社会调查中心对1000名受访青年进行的一项调查显示，65.3%的受访青年表示自己或周围人遭遇过网络暴力。③

本章聚焦大学生网络安全风险，首先，在界定大学生网络安全风险的基础上，描述了大学生网络安全风险的现实情况，并对大学生网络安全风险包含的类型进行了分析阐述；其次，针对大学生网络电信诈骗问题，探究了大学生网络安全风险的感知机制；最后，为大学生网络安全风险综合治理提出了对策建议，为高校及有关机构的网络安全风险治理实践提供理论依据与决策参考。

第一节 大学生网络安全风险概述

大学生网络安全风险目前尚未有统一的定义及类型划分。本节从网络安全的概念出发，明确大学生网络安全风险的定义，并基于定义和网络安全事件的发生情况对大学生网络安全风险进行分类与阐释。最后，在诸多大学生网络安全风险中，选取"电信网络诈骗""网络欺凌""网络舆情"三类高发风险的典型案例，叙述案例全貌，分析事件发生的深层原因，并提出应对策略。

---

① 中国网：《聚焦大学生校园欺诈 新浪数科发布〈大学生金融反欺诈调研报告〉》，https://finance.china.com.cn/roll/20210923/5660422.shtml，最后访问日期：2024年5月24日。
② 央视网：《超九成受访大学生期待反诈教育进校园》，https://news.cctv.com/2023/08/28/ARTIgn51nWk9RIqLQOfdFdW0230828.shtml，最后访问日期：2024年5月24日。
③ 央视网：《65.3%受访青年表示自己或周围人遭遇过网络暴力》，https://news.cctv.com/2023/06/20/ARTIDS1l9vYYhiRuDXuGa8Im230620.shtml，最后访问日期：2024年5月24日。

一 大学生网络安全风险定义

网络安全是我国国家安全的重要组成部分。自 2017 年 6 月 1 日起，《中华人民共和国网络安全法》正式施行，旨在保障网络安全，维护网络空间主权和国家安全、社会公共利益，保护公民、法人和其他组织的合法权益，促进经济社会信息化健康发展。作为网络空间中最活跃的群体之一，大学生是维护网络安全的主力军，但同时也暴露于各种网络安全风险中。

鉴于目前大学生网络安全风险未有统一定义，所以本书首先从网络安全的基本概念切入，分析其概念的核心要素。网络安全是非传统安全的下位概念，主要指"网络系统的硬件、软件及其系统中的数据受到保护，不因偶然的或者恶意的原因而遭受破坏、更改、泄露，系统连续可靠正常地运行，网络服务处于不中断状态"，[1] 以及"采取措施规避不法信息传播、防止域外的网络渗透及跨国网络犯罪、使网络信息传播处于可控范围之内等"。[2] 网络安全既包括网络硬件、软件及其携带数据的安全，也包括利用网络媒介传播信息的安全。[3]

本书在明确网络安全的概念基础上，明确何为"风险"，进而对网络安全风险进行定义。纵观关于风险定义的既往研究，主要有不确定性和损失性两种视角。德国社会学家贝克正是从不确定性视角出发认识风险，将现代社会称为风险社会。风险社会中的不确定性，意味着诸多风险问题呈现出没有确定的解决办法的特征，确切来说这些风险问题的特点是一种根本性的矛盾。同时，吉登斯亦从不确定性视角出发，提出现代社会的风险是"人为制造的不确定性"。从损失性视角出发研究风险的学者将风险理解为损失发生的可能性，认为风险的本质是

---

[1] 上海社会科学院信息研究所编著：《信息安全辞典》，上海辞书出版社 2013 年版，第 21 页。

[2] 朱正威、吴佳：《中国应急管理的理念重塑与制度变革——基于总体国家安全观与应急管理机构改革的探讨》，《中国行政管理》2019 年第 6 期。

[3] 何阳、娄成武：《新时代中国网络安全再认识：基于网络空间属性视角》，《西南民族大学学报》（人文社会科学版）2021 年第 8 期。

指损失的不确定性。① 基于上述论述，从不确定性视角看，网络安全风险包括在网络环境中由于技术、人为错误或外部攻击等因素引起的安全威胁的不确定性。从损失性视角看，网络安全风险则关注由于这些不确定性导致的潜在损失，例如数据泄露、系统瘫痪或网络服务中断等的可能性。结合以上两种视角，网络安全风险可以定义为："在由人、技术和制度组成的网络环境中，由于内部或外部的不确定因素，导致网络系统功能受损、数据泄露或运行中断等网络安全事件的可能性。"

随着互联网的高速发展，信息技术在社会生活中广泛应用，处于数字环境中的每个个体都无可避免地面对网络安全风险，网络安全问题频现。互联网技术在给高等教育改革赋能的同时，也给高校网络安全带来了前所未有的挑战。② 毫无疑问，处于网络环境中的大学生也无可避免地面临诸多网络安全风险。首先，从个体行为视角分析，大学生本身具有一定的脆弱性，例如大学生可能会因个人信息管理不当导致信息泄露；面对外来网络攻击或网络诈骗，因无法识别和没有能力抵御而遭受损失。其次，从硬件技术视角分析，技术本身就存在不确定性，例如硬件软件可能因故障而导致信息泄露、数据受损等不良后果。最后，从制度视角分析，尽管制度能在一定程度上限制网络环境中可能出现的不安全因素，通过规范个体网络行为和营造安全的网络环境发挥重要作用，但需要认识到，没有任何制度是完美无缺的。在广阔无垠的网络世界中，大学生有时可能会无意中触碰到这些制度的边界，暴露于潜在的网络风险之中。

综上所述，大学生网络安全风险可以定义为："在多因素交互的网络环境中，大学生由于个人安全意识不足、技术缺陷或制度不完善等原因，导致网络系统功能受损、数据泄露、个人隐私侵犯等网络安全事件的可能性。"

二 大学生网络安全风险的类型

大学生网络安全风险无处不在，情况复杂，为了更好地分析和防控网络安全风险，对其进行细致分类显得尤为重要。我国现行的《信息安

---

① 冯必扬：《社会风险：视角、内涵与成因》，《天津社会科学》2004年第2期。
② 李运福：《高校网络安全评估现实困境与行动建议》，《黑龙江高教研究》2023年第9期。

全技术网络安全事件分类分级指南》（GB/T 20986-2023）（后简称《指南》）中依照网络安全事件的起因、威胁、攻击方式、损害后果等因素，将网络安全事件分为恶意程序事件、网络攻击事件、数据安全事件、信息内容安全事件、设备设施故障事件、违规操作事件、安全隐患事件、异常行为事件、不可抗力事件和其他事件等10类。鉴于大学生网络安全风险的多样性和广泛性，本书结合《指南》中的内容，主要依据网络安全事件产生的原因对大学生网络安全风险进行分类。本书的分析可以帮助高校管理人员更好地理解风险的本质和来源，从而制定更有效的网络安全风险管理策略，最后通过更具针对性的风险管理策略来提升高校的网络安全风险管理水平和大学生的网络安全防护能力。

（一）信息安全风险

信息安全风险主要涉及以下两方面：第一，个人数据被服务供应商泄露、损坏、丢失；第二，个人数据被他人恶意获取、损坏。

导致信息安全事件的主要原因是服务供应商或他人利用技术或其他手段对数据实施篡改、假冒、泄露、窃取等行为。具体包括未经授权接触或修改数据；非法或未经许可使用、伪造数据；无意或恶意通过技术手段使数据或敏感个人信息对外公开泄露；通过非技术手段（如心理学、话术等）诱导他人泄露数据或执行行动；未经授权利用技术手段（例如窃听、间谍等）偷窃数据；在数据到达目标接收者之前非法捕获数据；非法检测系统、个人的地理位置信息或敏感数据的存储位置；无意或恶意滥用数据；无意或恶意侵犯网络中存在的敏感个人信息；因误操作、人为蓄意或软硬件缺陷等因素导致数据损失。大学生最常遇到的情况是在使用应用软件时，直接忽略或未能仔细阅读应用软件的信息使用说明，抑或使用未经许可的应用软件，使自己不能掌握信息授权情况，陷于危机之中。部分获得一定技术的大学生也可能出于猎奇心理，获取他人的数据，触犯法律的红线。此外，一些间谍行为也在大学生身边出现，这些间谍利用朋友、情侣等身份，步步诱导，逐步取得信任，从大学生手中窃取重要数据。

信息安全事件的发生背后可能牵扯诸多利益。一方面，应用软件未经授权收集个人信息往往涉及大数据个性推荐，无形之间的广告推送可以为相关业务带来巨大的经济收益，而使用这些应用软件的大学生则可能陷入消费陷阱，甚至可能超前消费导致走向借贷的末路。服务商也可能会出售收集到的大量用户信息，而这些信息最终很可能被电信网络诈骗分子获取，用于实施诈骗。另一方面，个人信息被他人窃取后，重要数据、文件的丢失可能导致业务损失甚至大额经济损失，"人肉搜索"往往还伴随着网络暴力，更有甚者可能会被极端分子利用，实施犯罪，牵涉刑事案件，这使大学生不仅遭受信息安全危机，人身安全也可能受到威胁。另外，如若服务商的数据受到非法攻击，导致大量数据泄露，可能会引发网络舆情，造成社会危害。

（二）账户安全风险

账户安全风险主要涉及个人网络账户，如电子邮件、社交媒体、网络银行账户等被盗用。

导致账户安全风险的常见原因包括使用弱密码、点击钓鱼链接或通过恶意软件泄露登录账号密码等。部分缺乏网络安全意识的大学生可能会为了便捷而使用简单密码，这种侥幸心理和行为给账户安全留下了隐患。一些高校在开展校园网络安全攻防演练时发现，部分大学生尚未掌握如何识别钓鱼网站的技能，或缺乏足够的防范意识，有时会在未进行身份验证的情况下点击钓鱼链接，而未能及时采取措施阻止损失的进一步扩大。恶意软件，包括计算机病毒、网络蠕虫、特洛伊木马、僵尸网络等，通常被设计用来损害或干扰数据、应用程序或操作系统的正常运行。因其技术性和隐蔽性高，大学生难以识别和防范，使其暴露于严峻的账户安全风险中。

账户安全风险事件的发生一方面会泄露个人信息，个人网络账户被盗用在一定时期内影响个人正常的工作、学习及生活，社交媒体账户被盗用可能会被用来发布不当言论或有害信息导致个人形象受损甚至恶劣的社会影响。另一方面如银行账户被盗用可能造成经济损失。个人账户被盗用还可能出现连锁反应，影响到个人账户上其他好友的账户安全。此外，遭受恶意软件的攻击后还可能影响计算机正常使用，破坏计算机功能，被操控实现非法窃取或截获数据，以获取数字加密货币为目的进行大量运算。

（三）电信网络诈骗

电信网络诈骗犯罪是指犯罪分子利用网络、电话、短信编造虚假信息制造骗局，使被害人陷入错误认识，并基于此错误认知向犯罪分子交付财物的犯罪，这是一种具有针对性的犯罪活动，会根据具体的人群心理特点设计贴切的个性化诈骗手段。

大学生大多缺乏社会经验，识别和应对网络诈骗的经验和技能亦存在不足，且如今电信网络诈骗的新手段层出不穷，诈骗者利用通过看似官方或可信的电子邮件、短信和社交媒体消息来诱骗受害者，诱导其提供敏感信息、进行金钱转账或访问恶意网站，由于大学生可能对此类欺诈手段不够警觉，而成为网络诈骗的易受攻击目标，这类风险也是近几年最为高发的、高校最着力管控的风险。

这类风险中常见的事件有以下几种。第一，购物诈骗，诈骗者利用大学生对于一些网络购物业务的不熟悉，多番哄骗、引导以及施加心理压力实施诈骗。第二，刷单诈骗，诈骗者招募大学生为刷单客、点赞员、推广员等，向其许诺高额佣金和返利，诱导其在 App 上垫资刷单，完成任务以获得佣金和返利，最终骗取大学生大额垫资，利用其侥幸心理实施诈骗。第三，贷款诈骗，诈骗者抓住一些大学生亟须用钱又希望支付较低的利息这种心理实施诈骗。此类事件的后果除了经济损失还可能伴随被骗大学生因心理压力过大自杀等严重后果。第四，虚假账号诈骗，这类事件大多发生在网络游戏产品交易过程中。第五，冒充熟人诈骗，诈骗者利用受害者遇事易慌乱的心理和助人的善心实施诈骗。第六，求职诈骗，毕业季来临之际，高校学生迫切需要获取招聘信息，而网络上各类招聘信息鱼龙混杂，辨别难度上升，大学生遭受网络诈骗的风险也大大增加。诈骗者的手段颇多，可能以"高收入、高回报、免费培训"为诱饵，诱骗大学生"高息网贷"支付所谓的"服装费""体检费""中介费"。为此，2023年教育部特别发布提醒，强调高校毕业生求职中要增强防范意识，防黑中介、防乱收费、防培训贷、防付费实习、防非法传销。[1]

（四）心理健康风险

大学生在网络环境中面临的心理健康风险主要是网络霸凌、信息讨

---

[1] 教育部教育信息化专项网：《@高校毕业生，"五防三要"教你避开求职陷阱｜就业创业政策知识卡②》，http://fx.xwapp.moe.gov.cn/article/202307/64a8d6fda10f4e4577e93f2d.html，最后访问日期：2024年5月24日。

载及网络成瘾三个方面。

网络空间的匿名性和去个人化特征可能导致网络霸凌和骚扰的增加，对大学生的心理健康构成威胁。大学生处于刚刚成年的年龄段，大部分尚且不具备独立生活的能力，心理上亦不够成熟，具有脆弱性，如若长时间暴露在消极的网络互动中可能导致消极情绪、焦虑、抑郁甚至对自己或他人造成伤害等更为严重的后果。

一方面，在网络空间中，个人可能会遭受来自他人的骚扰、威胁、羞辱等行为，来自外界的困境可能是大学生无法回避的，外界的声音超过其正常能够承担的心理压力范畴，就可能导致大学生出现心理健康问题，甚至导致自杀行为。另一方面，大学生本身高度依赖网络，在这种情况下长时间接触大量网络信息，尤其是负面信息的积累，即使这些信息本身与接受信息的大学生个人并不相关，也可能导致焦虑、抑郁等心理健康问题。事实上在网络信息大爆发的时代，每个人都可能面临这种情况，而大学生对于网络的强依赖和尚不完全成熟的心理使其抵御信息过载危害的能力更弱，网络上的信息很容易牵动大学生的情绪，进而影响其正常的学习生活。

网络成瘾是指上网者长时间习惯性沉浸于网络世界，高度依赖网络，乃至痴迷，难以自我解脱的行为状态和心理状态。大学生虽然大多已经成年，但并不一定具备良好的自制力，在没有网络使用限制的情况下，部分大学生就可能会出现沉迷网络社交、网络游戏的情况。而过度依赖网络游戏、社交媒体、短视频平台等，既影响大学生的学业、工作和人际关系，又可能导致生理和心理的负面后果。2024年两会也关注到这一现象，建立"大学生防沉迷网络游戏机制"引发讨论。

（五）网络舆情风险

大学生网络舆情是指大学生通过互联网表达和传播的对各种社会热点事件的情绪、态度和意见的总和。[①] 在当下的传播环境中，每个人在互联网上的发表言论都可能被迅速放大，并引起广泛的关注和讨论。

---

① 梅科、陈倩：《大学生网络舆情的新特点与引导策略》，《学校党建与思想教育》2023年第8期。

大学生是网络舆论场中的活跃分子，长于通过网络发表个人意见，表达个人利益诉求，虽然大学生具有一定的知识水平和主体意识，但也存在价值观不够成熟、较为情绪化、容易受到群体情绪感染的特点，可能陷入同质信息中而难以做到兼听则明，致使思维走向极端，盲目采取行动。

如此一来，一方面大学生容易在网络舆情的影响下，发表偏激言论，可能使事件发展脱离掌控甚至对他人造成伤害。另一方面，大学生辩证地看待问题的能力不足，一旦在现实生活中遇到难以解决的事情，加之年轻气盛，很大概率会在社交媒体上宣泄自己的情绪，时有不当的网络行为，如不恰当的言论或照片，这些可能会对大学生未来的学业和职业机会产生不利影响，若是引起广泛关注，导致网络舆情，更是会造成负面的社会影响。

三 大学生网络安全事件典型案例分析

为了更深入地理解大学生网络安全风险，根据大学生网络安全风险的不同类型，选取"女大学生遭电信网络诈骗自杀身亡""女大学生因染粉色头发被网暴患抑郁症去世""学生就某地打人案发表不当言论被处分"三起后果严重、引发广泛关注且社会影响巨大的典型案例进行概述与分析。

（一）女大学生遭电信网络诈骗自杀身亡[①]

1. 案例过程

2016年8月30日晚，某镇居民张某某到该地派出所，报称其女儿蔡某某3天前失联，要求协助寻找。

接报后，该地警方高度重视，全力开展寻找工作。8月31日，该地另一派出所民警反馈信息称：该所于29日下午在该地某度假村海边发现一具溺亡女性的尸体，面貌与蔡某某相似。后经张某某等家属辨认，确认该女尸就是失踪人员蔡某某。另据死者亲属反映，死者生前疑似被诈骗。

---

① 澎湃新闻：《广东女大学生遭电信诈骗自杀身亡案一审宣判：主犯被判无期》，https://www.thepaper.cn/newsDetail_forward_1925637，最后访问日期：2024年5月24日。

据死者亲属林先生所述，蔡某某今年夏天刚刚参加完高考，即将在 9 月上大学，其父母平时在外地工作，所以这个暑假她基本上一个人住在家中。30 日中午，蔡母联系林先生表示无法联系到蔡某某，请林先生去家中看看。林先生来到蔡某某家中多次叫门无人应答，无奈之下，林先生借来邻居的菜刀，破坏了门锁强行进入蔡家，结果发现屋内空无一人。后从邻居处获知，28 日早上蔡某某已离开家，手里只拎着一把伞。

蔡某某失踪后，家人四处发布寻人启事，并向当地警方报案。而在蔡某某离家后发布的最后一条 QQ 说说中写道："老弟，当你看到这条说说的时候，我应该已经自杀了，自杀的原因就是自己太蠢了，相信了短信诈骗，被骗光了老妈给我的一万多元钱……"正是这条说说揭开了蔡某某失踪的真相，在此之前，家人对蔡某某遭遇网络诈骗一事全然不知。得知蔡某某失踪原因，蔡母在网络寻人帖子中说："女儿，快点回家吧，我们真的很担心你，钱被骗了就骗了，最重要的是人还在！"但可惜的是，悲剧已经发生。2017 年 12 月，该电信网络诈骗案一审公开宣判，主犯被判处无期徒刑，虽然诈骗者受到法律的制裁，但蔡某某的悲剧已无可挽回。

2. 案例分析

首先，案例中的受害者蔡某某的父母平时在广州工作，而蔡某某大多时候并未同父母一起居住，且从案件经过来看，蔡某某和父母多通过手机联系，父母也未能在蔡某某失踪的第一时间发现这一情况，这说明蔡某某日常在防范电信网络诈骗方面并没有得到父母较为充分的教育和关心，父母对蔡某某平时的生活情况、心理状况的了解也有很大的缺失。

其次，蔡某某处于刚刚结束高考还未正式进入大学的阶段，这一时期是高校对准大学生进行网络安全教育的盲区，一方面蔡某某已经高中毕业，其所在的高中并没有对其做出网络安全提醒的义务，另一方面，蔡某某还没有正式去高校报到，其所在的高校也尚未充分了解她的个人情况，虽然如今高校的通常做法是在录取通知书中附上一份反诈提醒，但这一做法的作用实在有限，往往会被收到的学生及其家长忽略。

最后，蔡某某自身缺少防范电信网络诈骗的意识，其自述"太蠢了，相信了短信诈骗"，蔡某某作为刚刚高中毕业的学生，面对手段高明的诈骗分子，很难辨识真伪，甚至没有建设心理防线。而一万多元的经济损失使蔡某某心理崩溃采取极端行为，也体现出对于家庭经济状况一般，家庭财富教育存在缺失的大学生来说，电信网络诈骗带来的经济损失是其更加难以接受的。

面对电信网络诈骗这一类网络安全风险，大学生遭受的不仅仅是经济损失，还承担着巨大的心理压力，甚至造成更严重的后果。2022年12月30日，最高人民检察院发布4个依法惩治涉网络黑恶犯罪典型案例，其中包含1例黑社会性质组织案。该组织向在校大学生以及大学毕业三年以内的群体实施网络"套路贷"犯罪活动，采取发送拼接被害人头像的淫秽图片和侮辱、威胁性短信，以及电话滋扰、短信轰炸等"软暴力"手段，导致20余名年轻被害人自杀、自残、抑郁、退学等，影响非常恶劣。这些悲剧后果是由犯罪组织手段的欺骗性、网络监管的漏洞等，叠加个人防范电信网络诈骗意识不强造成的，也是家庭给予关心不够、高校网络安全教育存在盲区共同导致的。

（二）女大学生因染粉色头发被网暴患抑郁症去世①

1. 案例过程

2022年7月13日，某地一女大学生郑某某收到研究生录取通知书后第一时间赶往医院，将这一喜讯分享给躺在病床上的爷爷，用照片记录下这一温情时刻，并发布到个人小红书账号，照片中的她有着一头粉色长发，是因为她希望自己在拍摄毕业照时留下明媚而鲜艳的回忆。然而，这条小红书引发的后续事件是郑某某未曾预料也难以承担的，她发布的这张照片被盗用作广告引流，一些网友也因为她的粉色头发而对她展开人身攻击，对她进行侮辱，甚至造谣。

此后，郑某某曾试图诉诸法律。2022年7月26日，郑某某在小红书上公开了一份律师声明称，委托人已经对部分网络用户发表、转载相关内容的行为进行公证取证，要求构成侵权行为的相关网络用户立即停止侵权行为、删除相关不实信息，督促各网络平台立即下架、删除相关视频和图片。如逾期仍未删除的，委托人将采取必要手段，通过法律途径追究其全部的法律责任。其本人也曾表示因被网暴而严重抑郁，已接受

---

① 《因染粉色头发被网暴的女生去世，师友：她曾向网暴和抑郁症努力抗争》，央视网，https://news.cctv.com/2023/02/21/ARTIBI0UcMpHbHBNr5k8VZEG230221.shtml，最后访问日期：2024年5月24日。

心理医生的治疗并努力调整个人状态。

然而，2023年1月，郑某某因为抑郁症去世。该事件引发网络热议。更多网络暴力事件受到关注，也有媒体开始思考对于此类事件媒体该如何报道。

2. 案例分析

案例中的郑某某自2022年7月事件发生至2023年1月去世，同因遭受网络霸凌而患上的抑郁症斗争长达半年，最终未能战胜疾病，这起悲剧的开端是郑某某分享生活的一篇小红书帖子。她的悲剧也提醒大学生需要更加谨慎并做好心理建设。相对而言，大学生群体对新兴技术的接受程度高且使用频率高，但在隐私保护和网络安全意识方面往往缺乏了解和认知，这导致大学生在社交网络平台上过于随意地分享个人信息，包括位置信息、联系方式、身份信息甚至敏感照片等，从而增加了隐私泄露和被滥用的风险。

大学生处于刚刚成年的年龄段，大部分尚不具备独立生活的能力，心理上亦不够成熟，具有脆弱性，如若长时间暴露在消极的网络互动中可能导致消极情绪、焦虑、抑郁甚至对自己或他人造成伤害等更为严重的后果，虽然郑某某积极地寻求专业人士的帮助，但面对抑郁情绪，他人的帮助是有限的，更多需要自助，但没有太多人生经历的大学生很难有抵御外界伤害的强大心理。长期的网络霸凌，让郑某某难有喘息的时机和空间，且郑某某一开始也并没有预料到自己的一条帖子会引起轩然大波，对此毫无心理建设，他人的帮助有限而其亦难以自助。

此外，从社会层面来看，近几年时兴的诸如"穿衣自由"的概念，大学生们大多表现出认同，并在日常生活中积极践行，在自己的社交媒体上分享自己的"自由"行为，甚至希望感染更多人追求"自由"。但实际上，这类"自由"话题是十分具有争议性的，大学生自认表达自我的文字图片很有可能成为不接受这类"自由"概念且比较极端的人士攻讦的靶子。人言猛于虎，加之一些为了追求流量，不择手段扭曲事实，故意挑起争端的无良自媒体的挑拨，这些如郑某某的本意是分享生活的大学生，往往受到本不该承受的网络霸凌。

网络空间的匿名性和去个人化特性可能导致网络霸凌和骚扰的增加，对大学生的心理健康构成威胁，而我们目前的网络环境尚且没有很好的解决办法能够有效地遏制网络霸凌行为的发生，甚至受到网络霸凌的大学生有时也会在有意无意间在情绪的驱使下成为对他人实施网络霸凌的直接、间接推手。每位大学生都应该被教育保护好个人的信息安全，在社交媒体上发布言论时三思而后行，与此同时，大学生们也应该具备尊重他人意见、求同存异的意识，共同营造更加和谐、安全的网络环境。

（三）学生就某地打人事件发表不当言论被处分①

1. 案例过程

2022 年 6 月 10 日，某高校微博发布情况通报称：该校法学院学生刘某因在互联网就打人事件发表不当言论，造成不良影响。鉴于刘某能主动承认错误，检查认识深刻，经研究决定，给予刘某警告处分。

2022 年 6 月 10 日凌晨，某地发生了一起恶性伤人案件。案发时，犯罪嫌疑人对店内正用餐的 4 名女子中的一人进行骚扰及殴打，随后其他犯罪嫌疑人亦对受害者进行殴打，该事件引发全国关注，相关信息迅速登上微博热搜榜，引起广泛讨论，某高校法学院学生刘某也正是这一时期在自己的微信朋友圈内发布不当言论，又被转载至微博，引发网络舆情。

网络上流传的截图显示，刘某在自己朋友圈中发文称，打人男子被拍下来属于"运气不是很好"，"强迫一个喝大的人做什么有理智的行为没必要"。刘某声称要奉劝被打女子反思"为什么中奖的是她"。刘某发表在朋友圈的言论一开始引起小范围的讨论，随着这一言论被传播至微博，本就对某地打人事件高度关注的网友们很快注意到刘某就此事发表的意见，义愤填膺的网友开始对刘某的言论进行批判。这一过程中，也有站在不同立场的网友发布了极端的言论，截至该高校发布通告对刘某进行处罚的同时，微博官方依据《微博社区公约》等相关规定，对 200 余个发布极端言论的违规账号视情况予以禁言 15 天直至永久禁言处置。至此，因刘某的不当言论引发的网络舆情暂告一段落。

2. 案例分析

在这起案例中，刘某因个人的不当言论受到警告处分，但造成的恶劣后果不止于此，刘某本身作为一名法学学生，在警方尚未查明某地打

---

① 澎湃新闻：《就"唐山烧烤店打人事件"发表不当言论，一高校学生被处分！》，https://www.thepaper.cn/newsDetail_forward_18542398，最后访问日期：2024 年 5 月 24 日。

人事件缘由、发布官方通告时，就对该事件发表颇具争议的言论，这无疑是欠缺法律素养的表现。刘某的言论中表达对施暴者的开脱和对受害者的讥讽，也是对社会伦理道德的挑战。该言论一出，网民义愤填膺情绪高涨，引发网络舆情，更多为博眼球赚流量发表极端言论的账号涌现，破坏网络空间的健康清朗，网络舆情对某地官方调查处理打人事件也产生了影响。大学生们接受的教育对少数人来说并未有效形成正确的、符合社会主义核心价值观的品德，导致他们出现挑战社会公序良俗的言论、行为，有些是为了追求刺激、博取关注，有些甚至不认为这是错误的，除却个人、家庭、学校、社会都需要就此做出反思，教育的环节出现了何种疏漏，是否在学生成长过程中需要更加重视思想道德的教育，以帮助其树立正确的价值观。

对高校而言，一方面需要关注到在学生的品德教育上是否还存在缺失，另一方面，对于学生网络安全教育的开展是否需要查漏补缺，刘某对社会热点事件公开发表不够冷静客观言论的行为，既有悖于他作为法学学生的身份，又引起网络舆情，伤害公众感情，破坏网络环境，无论是对刘某个人还是对社会都造成了极其恶劣的影响。刘某已为自己的恶劣行为承担了后果，但需要关注到的是，除了提高大学生抵御网络安全风险的能力，培养大学生积极主动维护网络安全的意识也刻不容缓，大学生在社交网络平台发表任何言论前还应三思而后行，对于社会热点事件更要有"让子弹飞一会儿"的态度，切莫在未知事件全貌时，随意给出评价。

第二节　大学生电信网络诈骗风险感知的调查与分析

电信网络诈骗已成为危害公众财产和心理安全的重要社会问题。电信网络诈骗犯罪是指犯罪分子利用网络、电话、短信编造虚假信息制造骗局，使被害人陷入错误认知，并基于此错误认知向犯罪分子交付财物的犯罪。[①] 根据蚂蚁集团、支付宝等联合发布的《电信网络诈骗治理和技术应用研究报告（2022年）》可知，2017—2021年全国涉及信息网络犯

---

① 葛磊：《电信诈骗罪立法问题研究》，《河北法学》2012年第2期。

罪案件共涉及282个罪名，其中诈骗罪案件量占比最高，达到36.53%。为打击层出不穷的电信网络诈骗犯罪，国务院、中共中央办公厅在2022年4月印发了《关于加强打击治理电信网络诈骗违法犯罪工作的意见》，同年9月，十三届全国人大常委会第三十六次会议通过了《中华人民共和国反电信网络诈骗法》。电信网络诈骗是一种具有针对性的犯罪活动，会根据具体的人群心理特点设计贴切的个性化诈骗手段。大学生对电子设备和网络的频繁使用导致该群体在电信网络诈骗风险中的暴露度很高。同时，由于学生的社会经验不足、防范意识与自救意识不强，极易受到不法分子的关注。腾讯发布的《电信网络诈骗治理研究报告（2021年）》显示20—29岁的青年是电信网络诈骗的主要受害群体。[1] 由上述内容可知，电信网络诈骗属于大学生高发网络安全风险事件。风险感知作为个体不安全行为的主要诱因，解析大学生电信网络诈骗风险感知的影响机制，从个体层面和组织层面探讨大学生电信网络诈骗风险感知的前因变量，解读大学生受害行为背后的心理逻辑，能够为高校电信网络诈骗风险防范工作的有效推进提供参考。因此，本节利用问卷调查对大学生电信网络诈骗风险感知的影响机制进行探究。

一　问卷调查样本概述

本节通过电信网络诈骗风险感知影响因素的问卷调查，分析大学生感知电信网络诈骗风险的情况及其影响因素，调查问卷由3个分量表组成：信任测量量表、知识水平测量量表、校园电信网络诈骗安全氛围测量量表，详见表7-1。所有测量量表均用李克特五点量表测量。

表7-1　　　　　　　　　　变量的测量量表

指标	题项	测量方式
信任	互联网公司会如实提醒公众上网可能带来的诈骗风险 我相信互联网公司在设计产品时会采取保护措施降低公众面临的网络诈骗风险	李克特五点量表 （"1=不符合""5=符合"）

---

[1] 樊宇航：《高校电信诈骗防范对策研究——基于受害者被害心理视角分析》，《网络安全技术与应用》2023年第2期。

续表

指标	题项	测量方式
信任	我相信政府网警有能力维护安全的上网环境，使公众免于被诈骗	李克特五点量表（"1 = 不符合""5 = 符合"）
	我相信相关专业专家可以提供有效的建议，使公众避免发生网络诈骗事件	
知识水平	我至少可以描述出3种网络诈骗的常见套路	
	我至少知道3种避免网络诈骗的安全措施	
	我了解不法分子是如何利用钓鱼Wi-Fi进行网络诈骗的	
	我了解不法分子是如何利用微信视频进行网络诈骗的	
负面经历	我亲身经历网络诈骗的频次（不论结果如何都包括在内）	1 = "0次"，2 = "1—2次"，3 = "3—4次"，4 = "4—5次"，5 = "5次以上"
	我周围的同学、朋友和家人中有多少人遭受过网络诈骗（不论结果如何都包括在内）	1 = "0人"，2 = "1—3人"，3 = "4—6人"，4 = "7—9人"，5 = "10人及以上"
校园安全氛围	学院老师会经常提醒学生对网络诈骗风险保持警惕	李克特五点量表（"1 = 不符合""5 = 符合"）
	学院的网络诈骗安全教育提高了我防范网络诈骗的能力	
	学校的安全教育使我了解了网络诈骗的常见类型及方式	
	"防范网络诈骗"主题班会的开展提高了我防范网络诈骗的能力	
风险感知	当你经常利用社交软件、游戏等途径进行线上交友活动时，自己可能会面临多大的诈骗风险	李克特五点量表（"1 = 没有风险""5 = 高风险"）
	当你接到公安局电话，请求你协助办案时，自己可能会面临多大的诈骗风险	
	当有淘宝客服告知你物流运输出现意外（或产品质量出现问题），请求你配合退款时，自己可能面临多大的诈骗风险	
	当你经常进行线上理财时，自己可能面临多大的诈骗风险	
	当你接到陌生人的电话或微信时，自己可能会面临多大的诈骗风险	

问卷主要以高校学生为调查对象,利用问卷星发放在线问卷1135份,通过微信、QQ等方式邀请各大高校的学生填写问卷。为确保问卷数据的有效性,问卷回收后按照三个标准进行筛选:(1)答卷时间是否小于200s;(2)答卷填写是否具有规律性;(3)答卷是否存在漏填情况。最终获得有效问卷618份,有效问卷回收率为54.45%。被调查对象的基本信息描述性统计见表7-2。

在618份有效样本中,男性为284人,占比45.95%;女性为334人,占比54.05%,样本在性别分布上总体较为均衡,具有一定的代表性。在学历层次上以本科生为主,占比90.13%,约为硕、博研究生总数的9倍。在年龄分布上,18—24岁的学生人数最多,占比94.50%。

表7-2　　　　　　　　样本描述性统计(n=618)

样本基本特征	选项	样本数(份)	百分比(%)
性别	男	284	45.95
	女	334	54.05
年龄	18—24岁	584	94.50
	24—30岁	34	5.50
在读年级	本科生	557	90.13
	硕士研究生	40	6.47
	博士研究生	21	3.40

二　大学生电信网络诈骗安全风险感知的测量结果

本节使用5个题项对大学生电信网络诈骗风险感知的基本情况进行测量,5个题项分别对应5种常见的大学生电信网络诈骗风险情境,分别为线上购物、冒充政府部门、线上理财、线上交友活动、被陌生电话或微信联系。本节的调查结果显示:(1)在"线上购物"情境中,35.2%的被调查对象选择"中风险",平均值为3.18,该结果表明大部分大学生认为线上购物情境中遭遇电信网络诈骗的风险为中等水平;(2)在"冒充政府部门"情境中,34.9%的被调查对象选择"较高风险",平均值为3.82,大部分大学生认为在此情境中,遭遇电信网络诈骗的风险为较高水平;(3)在"线上理财"情境中,31.7%的被调查对象选择"中风险",平均值为3.59,结果表明大部分学生认为在线上理财情境中遭遇电信网络诈骗的风险为中等水平;(4)在"线上交友活动"情境中,35.7%的被调查对象选择"高风险",平均值为3.94,大部分学生认为在线上交友活动中,遭遇电信网络诈骗为高风险;(5)在"被陌生电话或微信联系"情境中,31.7%的被调查对象选择"较高风险",平均值为3.74,该结果表明大部分学生认为当被陌生电话或微信联系时遭受电信网络诈骗的风险为较高水平,见图7-1。总的来看,大学生普遍认为"线上交友活动"情境中遭受电信网络诈骗的风险最高,认为"线上购物"情境中遭受电信网络诈骗的风险最低。

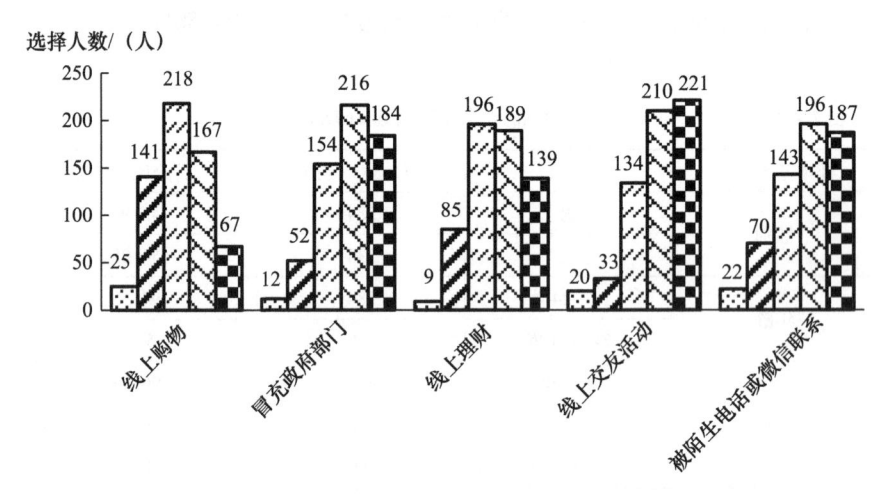

图7-1 不同风险情境大学生电信网络诈骗风险感知分布情况

在618份有效问卷中,大学生电信网络诈骗风险感知总分的平均值为18.26,低于平均值的为289人,占比46.76%。其中参与调查的557名本科生电信网络诈骗风险感知总分的平均值为18.24;40名硕士研究生电信网络诈骗风险感知总分的平均值为18.03;21名博士研究生电信网络诈骗风险感知总分的平均值为19.38,见图7-2(a)。

此外,本书将大学生电信网络诈骗风险感知分数(0.00—25.00)划分为5个等级:低风险感知(0.00—5.00)、较低风险感知(5.00—10.00)、中等风险感知(10.00—15.00)、较高风险感知(15.00—

20.00)、高风险感知（20.00—25.00）。调查数据表明处于低风险感知水平的为2人，占总人数的0.32%；处于较低风险感知水平的为27人，占比4.37%；处于中等风险感知水平的人数为106，占比17.15%；处于较高风险感知水平的为306人，占比49.51%；处于高风险感知水平的为177人，占比28.64%，具体见图7-2（b）。

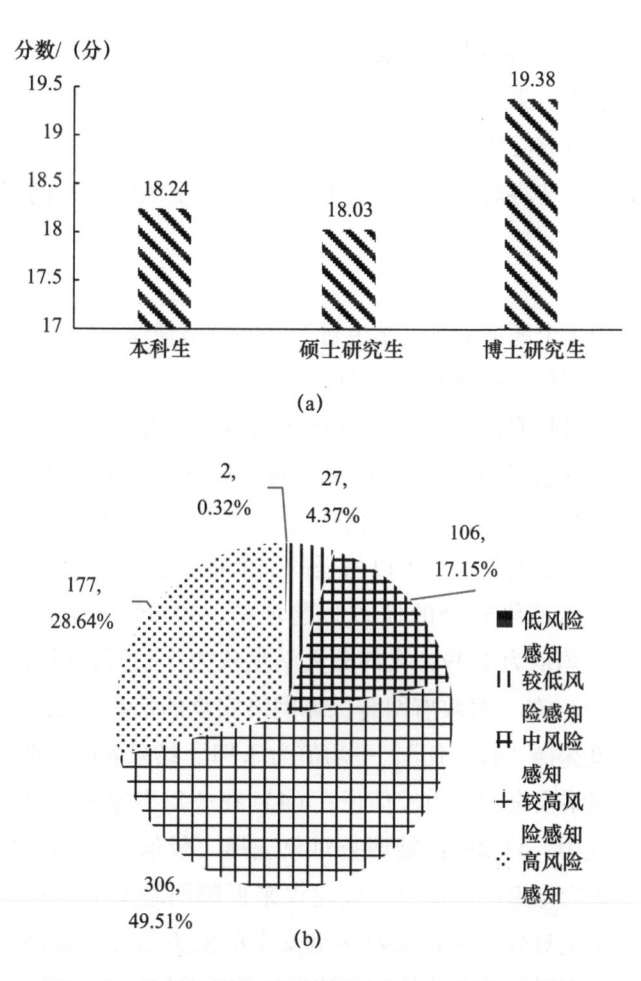

图 7-2　大学生电信网络诈骗风险感知总体分布情况

从大学生电信网络诈骗风险感知水平级别分布情况来看，大学生电信网络诈骗风险感知现状较为乐观，参与问卷调查的同学中超过78%的人具备中等以上的风险感知水平。本科生、硕士研究生及博士研究生的电信网络诈骗风险感知平均水平也呈现差异，本科生是高校反诈教育的重点对象，潜移默化下具备一定的电信网络诈骗风险感知能力，博士研究生拥有更多的阅历和社会经验，对于电信网络诈骗风险更加敏感，而硕士研究生电信网络诈骗风险感知方面略低于样本总体平均水平，是高校开展反诈教育应该给予更多关注的群体。

三 大学生电信网络诈骗安全风险感知影响因素的测量结果

由上述分析结果可知，大学生对不同电信网络诈骗情境的风险感知存在差异，所以有必要对大学生电信网络诈骗风险感知的影响因素和机制进行研究。本节将对大学生电信网络诈骗安全风险感知的影响因素进行测量分析。

（一）信任

本节使用4个题项测量大学生对互联网的信任情况，4个题项分别对应4种类型的信任，包括对互联网公司的信任、对互联网公司保障网络安全的信心、对政府网警保障网络安全的信心、对专家可以提出有效建议的信心。调查结果显示：（1）在"对互联网公司的信任"的题项中，40.1%的被调查对象选择"一般信任"，平均值为3.12，该结果表明大部分大学生认为互联网公司是可以信任的，但信任程度一般；（2）在"对互联网公司保障网络安全的信心"题项中，40.3%的被调查对象选择"较信任"，平均值为3.39，大部分大学生认为互联网公司有保障网络安全的能力；（3）在"对政府网警保障网络安全的信心"题项中，46.9%的被调查对象选择"较信任"，平均值为3.91，结果表明大部分学生对政府网警保障网络安全的能力较信任；（4）在"对专家可以提出有效建议的信心"题项中，43.2%的被调查对象选择"较信任"，平均值为3.52，大部分学生认为专家可以提出有效建议来保障网络安全，见图7-3。总体来看，大学生对政府网警保障网络安全的能力信任度最高，对互联网公司的信任度相对较低。此外，大学生的信任总体呈现较高水平。

大学生电信网络诈骗风险感知影响因素中关于信任的调查结果显示，618份有效样本中，大学生电信网络诈骗风险感知影响因素中信任总分的平均值为17.15，高于平均值的为287人，占比46.44%。其中参与调查的557名本科生信任总分的平均值为17.24；40名硕士研究生信任总分的

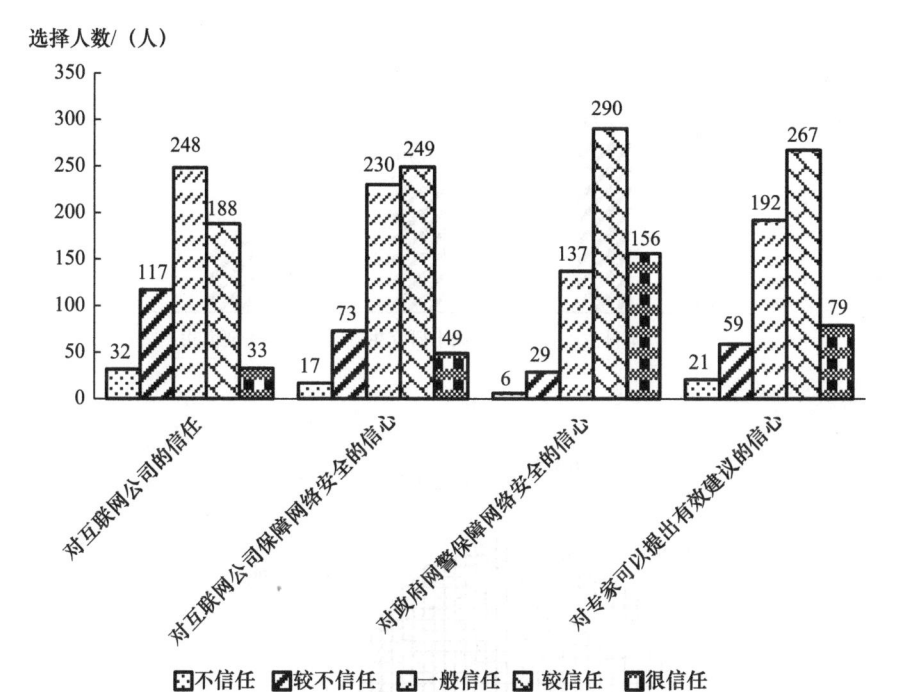

图 7-3 不同风险情境大学生的信任水平分布情况

平均值为 16.70；21 名博士研究生信任总分的平均值为 15.67，见图 7-4（a）。

本节将大学生电信网络诈骗风险感知影响因素中信任分数（0.00—25.00）划分为 5 个等级：低信任（0.00—5.00）、较低信任（5.00—10.00）、中等信任（10.00—15.00）、较高信任（15.00—20.00）、高信任（20.00—25.00）。调查数据表明处于低信任水平的为 2 人，占总人数的 0.32%；处于较低信任水平的为 18 人，占比 2.91%；处于中等信任水平的为 169 人，占比 27.35%；处于较高信任水平的为 352 人，占比 56.96%；处于高信任水平的为 77 人，占比 12.46%，具体见图 7-4（b）。

可以见得，大学生电信网络诈骗风险感知影响因素中信任情况呈现的结果与上述风险感知呈现的结果具有很强的相似性，有近半数同学的信任水平高于样本总体平均水平，博士研究生的信任水平最低，其对于企业、警方以及专家在帮助公众防止电信网络诈骗方面的作用保持更审慎的态度。

(a)

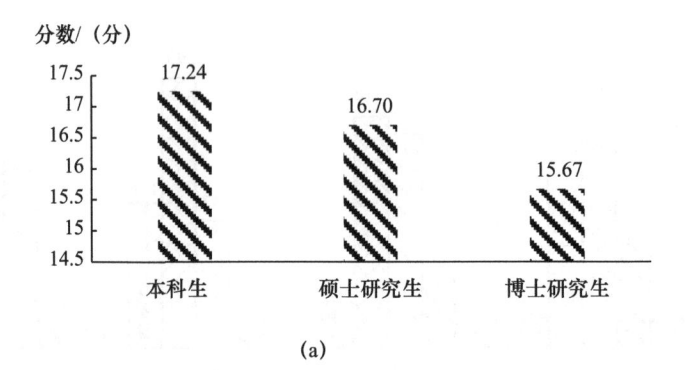

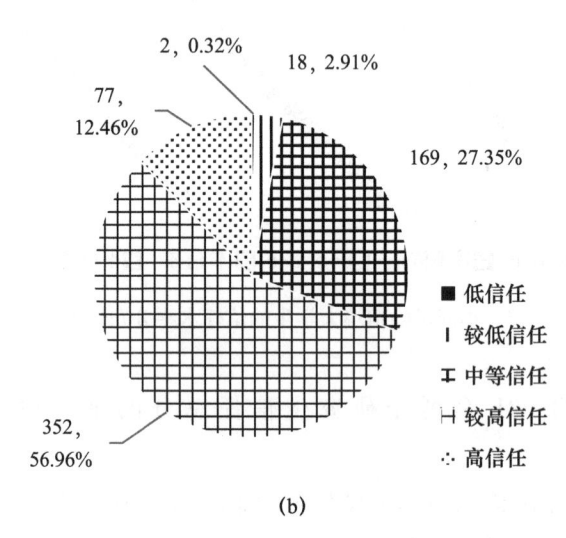

(b)

图7-4 大学生信任水平的总体分布情况

(二) 负面经历

本节使用两个题项对调查样本的负面经历基本情况进行测量，两个题项分别测量：（1）自己经历过电信网络诈骗的次数；（2）自己身边有多少人经历过电信网络诈骗。本书的调查结果显示：（1）在"自己经历过电信网络诈骗的次数"的题项中，45.9%的被调查对象选择"0次"，平均值为1.90，该结果表明大部分大学生都经历过电信网络诈骗事件，见图7-5；（2）在"自己身边有多少人经历过电信网络诈骗"题项中，47.3%的被调查对象选择"1—3人"，平均值为2.33，大部分大学生身边有1人及以上人数遭受过电信网络诈骗，见图7-6。上述结果表明，高校的电信网络诈骗风险形势较为严峻，遭受过电信网络诈骗的人数较多。

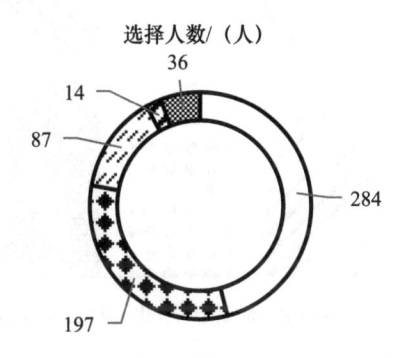

选择人数/（人）

□0次 ▨1—2次 ▧3次 ▨4—5次 ▩5次以上

图7-5　大学生本人经历过电信网络诈骗的次数统计

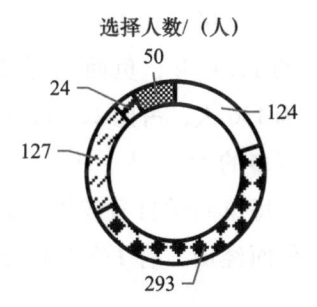

选择人数/（人）

□0人 ▨1—3人 ▧4—6人 ▨7—9人 ▩10人及以上

图7-6　大学生身边经历过电信网络诈骗的人数统计

大学生电信网络诈骗风险感知影响因素中关于负面经历的调查结果显示，618份有效问卷中，大学生电信网络诈骗风险感知影响因素中负面经历总分的平均值为4.23，高于平均值的为208人，占比33.66%。其中参与调查的557名本科生负面经历总分的平均值为4.27；40名硕士研究生负面经历总分的平均值为3.68；21名博士研究生负面经历总分的平均值为4.24，见图7-7。

本节将大学生电信网络诈骗风险感知影响因素中负面经历分数（0.00—10.00）划分为5个等级：负面经历少（0.00—2.00），负面经历

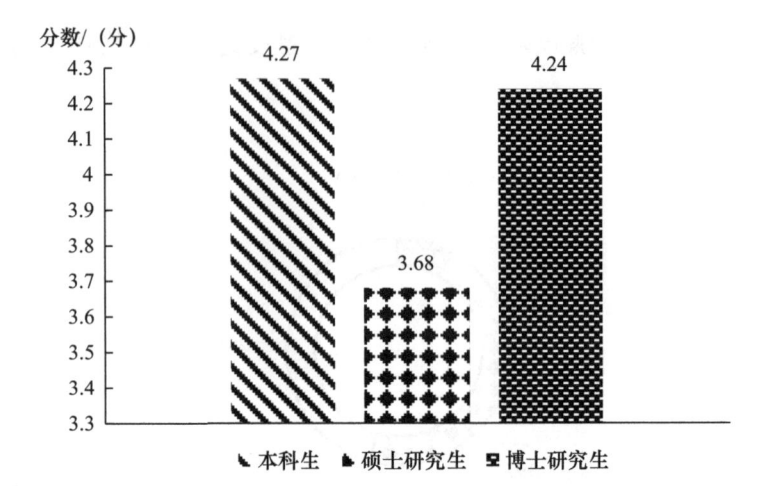

图 7-7　不同类别大学生负面经历总分分布情况

较少（2.00—4.00），负面经历中等（4.00—6.00），负面经历较多（6.00—8.00），负面经历多（8.00—10.00）。调查数据显示，负面经历少的为 106 人，占总人数的 17.15%；负面经历较少的为 304 人，占比 49.19%；负面经历中等的为 136 人，占比 22.01%；负面经历较多的为 47 人，占比 7.61%；负面经历多的为 25 人，占比 4.05%，具体见图 7-8。结果表明，参与问卷调查的每位同学自身或周围的同学、朋友和家人都有过遭受电信网络诈骗的负面经历，有 1/3 的同学有负面经历的次数高于样本总体平均水平。

（三）知识水平

本节使用 4 个题项对大学生电信网络诈骗知识水平的基本情况进行测量，4 个题项分别对应 4 种类型的电信网络诈骗知识，分别为对网络诈骗套路类型的了解、对避免网络诈骗安全措施的了解、对微信视频网络诈骗手段的了解、对钓鱼 Wi-Fi 网络诈骗手段的了解。本书的调查结果显示：（1）在"对网络诈骗套路类型的了解"的题项中，43.2% 的被调查对象选择"比较了解"，平均值为 4.02，该结果表明大部分大学生对网络诈骗套路类型较了解；（2）在"对避免网络诈骗安全措施的了解"题项中，38.5% 的被调查对象选择"比较了解"，平均值为 3.81，大部分大学生对避免网络诈骗的安全措施较为了解；（3）在"对微信视频网络诈骗手段的了解"题项中，34.1% 的被调查对象选择"比较了解"，平均值为 3.53，

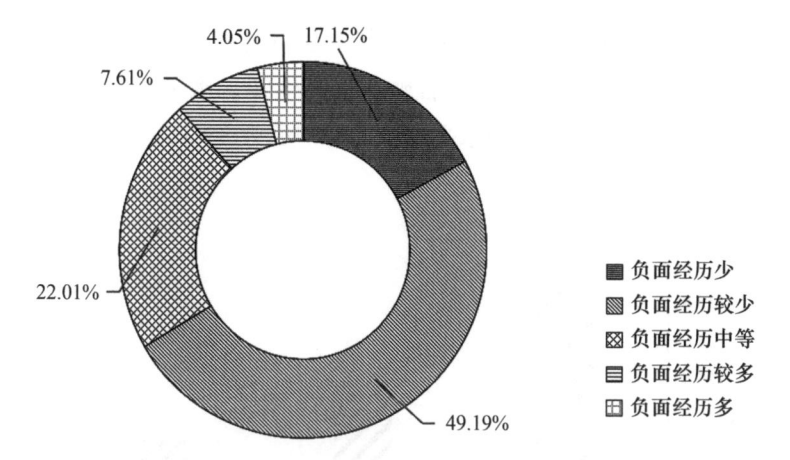

图 7-8 大学生负面经历水平总体分布情况

结果表明大部分学生对微信视频网络诈骗手段较为了解；（4）在"对钓鱼 Wi-Fi 网络诈骗手段的了解"题项中，34.6% 的被调查对象选择"半知半解"，平均值为 3.23，该结果表明大部分学生不是很了解钓鱼 Wi-Fi 网络诈骗手段，见图 7-9。总体来看，大学生的电信网络诈骗知识水平较高，对大部分电信网络诈骗知识处于比较了解及以上的水平。

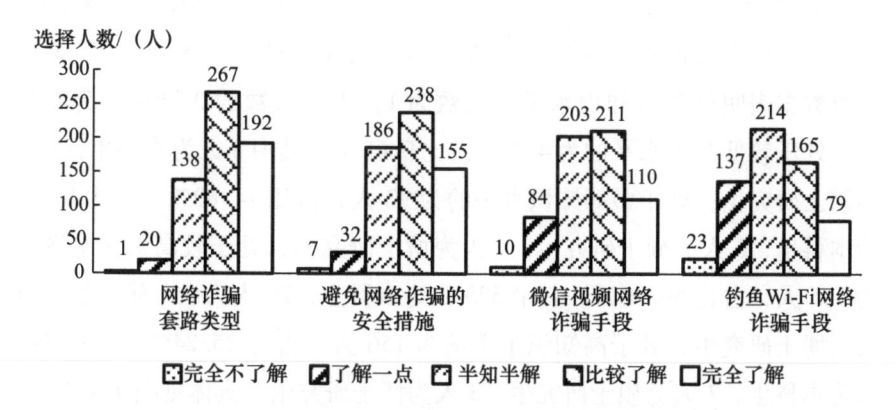

图 7-9 大学生对不同类型电信网络诈骗知识掌握的分布情况

大学生电信网络诈骗风险感知影响因素中关于防范电信网络诈骗知识水平的调查结果显示，618 份有效问卷中，大学生电信网络诈骗风险感知影响因素中知识水平总分的平均值为 25.8，高于平均值的为 309 人，占比50.00%，分布情况见图7-10。其中参与调查的557名本科生知识水平总分的平均值为25.88；40名硕士研究生知识水平总分的平均值为25.43；21名博士研究生知识水平总分的平均值为25.10，见图7-10。

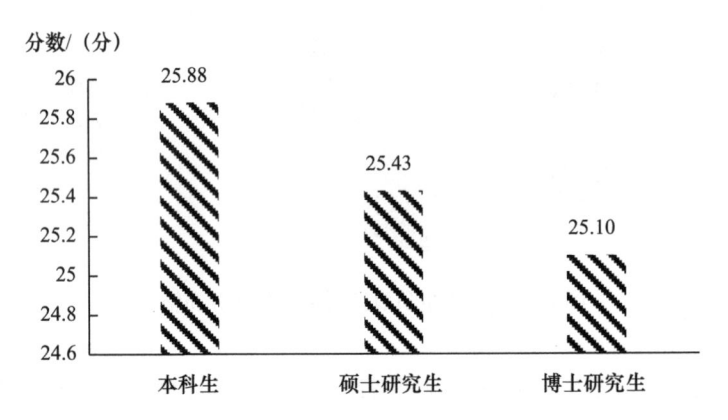

图7-10 不同类别大学生防范电信网络诈骗知识水平分布情况

本节将大学生电信网络诈骗风险感知影响因素中关于防范电信网络诈骗知识水平分数（0.00—35.00）划分为5个等级：低知识水平（0.00—7.00）、较低知识水平（7.00—14.00）、中等知识水平（14.00—21.00）、较高知识水平（21.00—28.00）、高知识水平（28.00—35.00）。调查数据表明处于低知识水平的人数为1，占总人数的0.16%，为本科生；处于较低知识水平的为4人，占比0.65%，其中3人为本科生，1人为硕士研究生；处于中等知识水平的为92人，占比14.89%，其中82人为本科生，6人为硕士研究生，4人为博士研究生；处于较高知识水平的为365人，占比59.06%，其中325人为本科生，26人为硕士研究生，14人为博士研究生；处于高知识水平的为156人，占比25.24%，其中146人为本科生，7人为硕士研究生，3人为博士研究生。具体见图7-11。

综上所述，参与问卷调查的同学普遍了解一定的防范电信网络诈骗的知识，只有极个别同学防范电信网络诈骗知识水平远低于样本总体的平均水平。在本科生、硕士研究生及博士研究生三个群体中，本科生的防范电信诈骗知识水平最高，符合高校着重针对本科生开展反诈教育的现实情况。

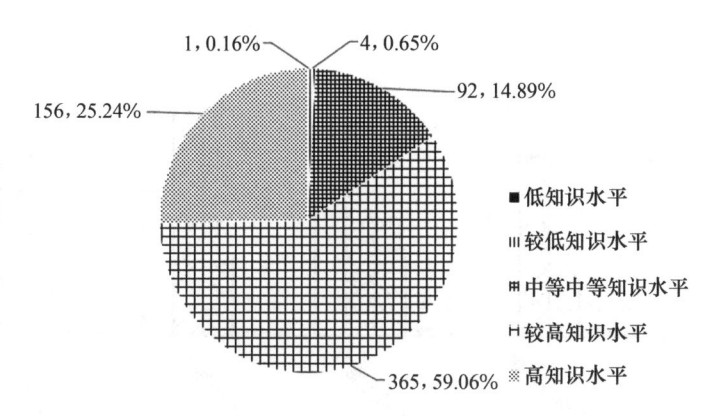

第七章 大学生电信网络诈骗风险调查与综合治理对策 / 211

图 7-11 大学生防范电信网络诈骗知识水平的等级分布情况

（四）校园安全氛围

本节使用4个题项对校园安全氛围的基本情况进行测量，4个题项分别对应4种情况，分别为老师是否会宣传防范电信网络诈骗的知识、学校的安全教育有没有提升电信网络诈骗防范能力、安全教育有没有增长电信网络诈骗知识、主题班会有没有提升电信网络诈骗防范能力。调查结果显示：（1）在"老师会经常提醒学生防范电信网络诈骗"的题项中，45.3%的被调查对象选择"非常符合"，平均值为4.27，该结果表明老师在日常教学中会经常提醒学生防范电信网络诈骗；（2）在"安全教育提高了防范电信网络诈骗的能力"题项中，46.6%的被调查对象选择"较符合"，平均值为4.09，表明大部分大学生认为安全教育能够提升自己的电信网络诈骗防范能力；（3）在"安全教育增长了我相关的知识"题项中，48.8%的被调查对象选择"较符合"，平均值为4.10，结果表明大部分学生认为安全教育有助于增长其电信网络诈骗知识；（4）在"主题班会提高了防范电信网络诈骗的能力"题项中，48.0%的被调查对象选择"较符合"，平均值为4.11，该结果表明大部分学生认为主题班会有助于提升其电信网络诈骗防范能力，具体见图7-12。总体来看，校园安全氛围呈良好状态，校园安全教育工作开展比较到位，有助于学生提高其知识水平和风险防范能力。

大学生电信网络诈骗风险感知影响因素中关于校园安全氛围的调查结果显示，618份有效问卷中，大学生电信网络诈骗风险感知影响因素中校园安全氛围总分的平均值为16.57，低于平均值的为337人，占比

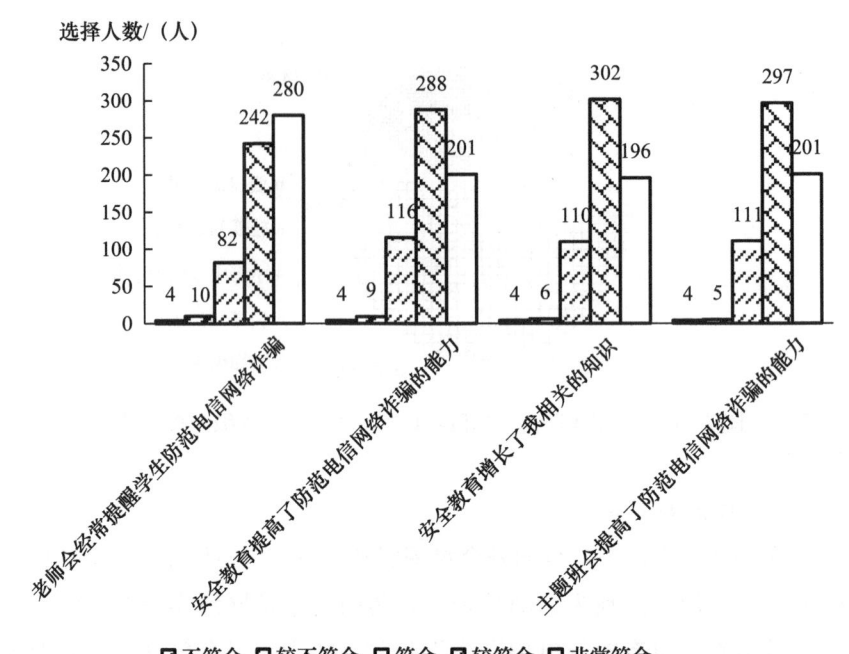

图 7-12 校园安全氛围的基本情况

54.53%，分布情况见图 7-13。其中参与调查的 557 名本科生校园安全氛围总分的平均值为 16.66；40 名硕士研究生校园安全氛围总分的平均值为 15.93；21 名博士研究生校园安全氛围总分的平均值为 15.33。

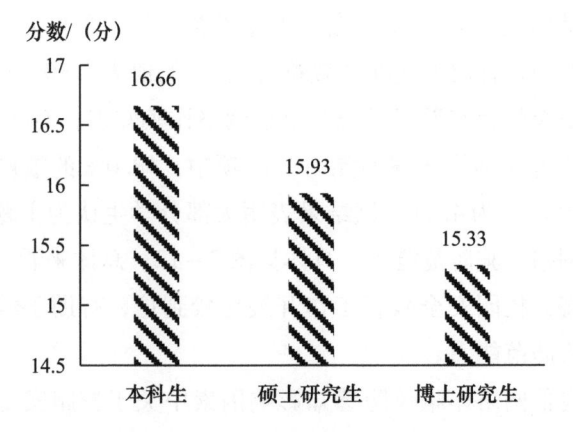

图 7-13 不同类别大学生对校园安全氛围的评价情况

本节将大学生电信网络诈骗风险感知影响因素中关于校园安全氛围分数（0.00—20.00）划分为 5 个等级：安全氛围差（0.00—4.00）、安全氛围较差（4.00—8.00）、安全氛围一般（8.00—12.00）、安全氛围较好（12.00—16.00）、安全氛围好（16.00—20.00）。认为安全氛围差的为 1 人，占总人数的 0.16%；认为安全氛围较差的为 3 人，占比 0.49%；认为安全氛围一般的为 50 人，占比 8.09%；认为安全氛围较好的为 283 人，占比 45.79%；认为安全氛围好的为 281 人，占比 45.47%，具体见图 7-14。

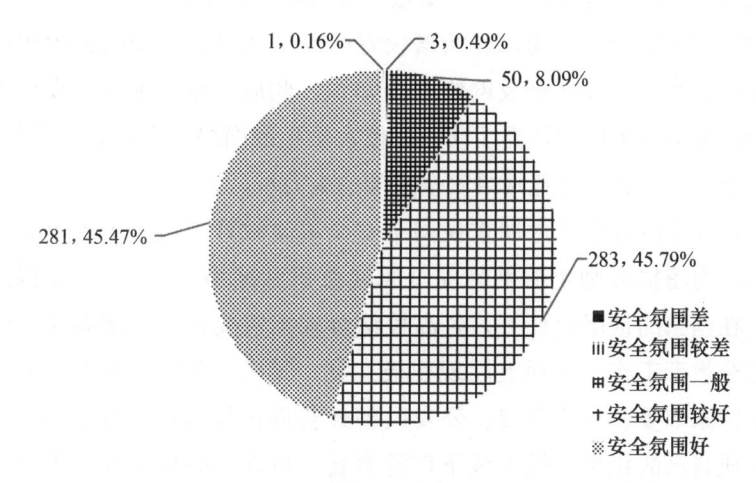

图 7-14 大学生对校园安全氛围的评价等级分布情况

总的来说，参与问卷调查的同学普遍认为其所在的高校所开展的安全教育对于其个人防范电信网络诈骗是有效的，但超过半数的同学对其所在高校校园安全氛围的评价低于样本总体的平均水平。在本科生、硕士研究生及博士研究生三个群体中，本科生对所在高校的校园安全氛围评价最高，符合高校着重针对本科生开展一系列安全教育的现实情况。

第二节 大学生电信网络诈骗风险的综合治理对策

《中华人民共和国网络安全法》重点指出国家倡导诚实守信、健康文明的网络行为，力求增强全社会的网络安全意识，使全社会共同参与，促进网络安全良好环境的形成。国家支持高校参与网络安全国家标准、行业标准的制定，参与国家网络安全技术创新项目，以及开展网络安全相关教育与培训。国内诸多高校已经开展了大学生网络安全教育，针对各个学校遇到的现实情况提出相关准则，本节基于大学生网络安全风险治理现状，结合上述调查研究结果提出对策建议。

一 大学生网络安全风险的治理现状与不足

我国于 2014 年开展的第一届国家网络安全宣传周，起初参与单位主要为三大基础电信运营商、各主要银行及互联网企业。待到 2015 年第二届的国家网络安全宣传周，开始增设青少年主题日，并开展青少年网络安全知识竞赛，向公众普及网络安全知识。此后，越来越多的高校参与国家网络安全宣传周的各类活动，高校大学生的网络安全意识日益提升。高校大学生逐渐成为防范网络安全风险的生力军。

中国各高校近年来愈加重视网络安全风险教育，通过组织各种活动和培训，力图提升师生的网络安全风险意识和网络安全风险应对能力。首先，在国家的顶层设计下，各高校结合现实情况开展了常态化大学生网络安全教育工作，主观上展现积极态度。其次，各高校整合多渠道资源，从国家部委、兄弟高校、公安民警处获得宣传资料、有效经验，内化后形成自己的指南，线上线下广泛宣传。再次，高校主动培养网络安全人才，有能力的高校推出相关课程，并利用慕课等平台投放，使大学生不受时间、空间的限制，都能够学习专业知识。最后，高校开展的大学生网络安全教育有的放矢，对于新入职教职工、新生重点教育，再结合实战演练，使大学生网络安全教育不再是空中楼阁，而是落地生根。

综合来看，各高校的大学生网络安全教育主要围绕以下几方面开展：增强师生的网络安全意识；传授网络安全知识与技能；建立网络安全行为习惯等。这些教育活动通常采用多种形式和渠道，以适应不同学生的学习习惯和需求。但也需要关注高校在大学生网络安全教育工作方面的进步空间，一是活动开展缺乏连贯性，应建立反馈机制，在了解学生真实感受的同时，拉近教师和学生之间的距离，增进信任，更好地开展教育活动；二是尚未能充分利用数据和技术，形成监测预警系统；三是还需站在大学生的角度考虑，提升其主体意识和责任感，既有的指南、课程要发挥最大的效用,让大学生真正提升网络安全知识水平;四是高校在开展大学生网络安全教育工作时已经关注到了合作的重要性,但合作的范围还可以进一步扩大,纳入更多主体,使安全氛围更加浓厚。

二 大学生电信网络诈骗风险治理的对策建议

大学生网络安全风险类型广泛,涉及多个方面,包括个人隐私泄露、数据安全受损、账户安全问题、电信网络诈骗、网络欺凌、信息过载、网络成瘾、社交媒体引发网络舆情风险等,影响的对象从个人到集体,可能产生短期影响也可能造成长期的危害。本节以问卷调查结果为锚点,同时结合目前大学生网络安全风险治理的现状与不足,提出大学生网络安全风险治理对策,具体建议如下所示。

(一)对大学生电信网络诈骗风险开展综合治理

治理大学生电信网络诈骗风险,是高校校园安全中不可避免的一项重要工作。毫无疑问,这项工作复杂性高、难度大、细节多,高校的工作重点需要放在有效预防危机事件的发生上,尽可能从源头降低大学生电信网络诈骗风险。

第一,高校需要构建更加积极的校园安全氛围,建立校园网络安全领导小组,负责协调管理校园网络安全相关事宜,定期评估校园网络安全状况。鼓励学生积极报告网络安全事件,对提供有效信息的学生给予奖励或表彰,以此营造积极的安全文化氛围。

第二,高校需要联合有关政府部门,建立有效的电信网络诈骗风险监测和预警机制,利用现代信息技术手段,如大数据分析和人工智能,对校园网络进行监控,及时发现并处理安全威胁。建立电信网络诈骗事件预警系统,一旦检测到潜在风险或异常行为,立即通知全体师生,将负面影响最小化。

第三,高校需要做好大学生电信网络诈骗风险治理工作的长期跟踪和及时反馈,建立反馈机制,通过问卷调查、访谈等方式收集师生对网络安全教育活动的反馈,以及定期检查网络安全知识掌握情况,这一方式有助于高校不断调整和优化教育内容,提高教育效果。

(二)加强网络安全教育以提升网络安全意识

高校固然应该有所作为,但大学生网络安全风险无法被完全消除,抵御网络安全风险的主体仍然是高校学生，提升大学生的网络安全风险意识和应对能力，是大学生网络安全风险治理最为关键和行之有效的一环。

首先，高校需要继续开展既有的常态化大学生网络安全教育，定期开展网络安全知识讲座和培训，特别是针对电信网络诈骗、个人隐私保护、数据安全等方面的知识，增强大学生的风险识别和防范能力。利用校园论坛、社团活动、网络平台等多种媒介普及网络安全知识，提高学生对网络风险的认识。

其次，提升大学生网络安全知识水平，将网络安全知识纳入必修课程或选修课程，通过正式的课程教育提高学生的网络安全知识水平。中国大学慕课上已有高校开设了"网络安全"课程，可充分利用此类资源，借由在线学习平台和资源，开设网络安全自学课程，鼓励学生在空余时间提升自己的网络安全知识。

再次，强化个人隐私和数据保护。在开展大学生网络安全教育时，强调设置复杂的密码，并定期更换，使用双因素认证等技术手段提高账户安全性。指导学生合理设置社交媒体隐私权限，减少个人信息的过度暴露。

最后，规范高校学生在社交网络平台的言行。除却保护自己免受侵害，大学生也应该被教育规范自己在社交网络平台上的言行，避免有意或无意伤害他人。大学生对待社交网络平台上的信息应该持有审慎的态度，切忌人云亦云，一时冲动发表具有争议的评论，给自己带来麻烦，甚至引发网络舆情。

（三）鼓励家校合作参与网络安全教育

即使学生已经进入大学，家长仍然在其成长和教育过程中扮演重要角色。家长的参与可以帮助学生更好地意识到网络安全的重要性，尤其是在个人信息保护和网络行为方面。虽然大学生在网络使用上更加自主，但他们可能仍缺乏必要的判断力来识别复杂的网络威胁，如网络钓鱼、身份盗窃等。家长的参与可以确保安全教育的持续性，帮助学生学习和更新相关的防护知识。家长可以为子女在面对网络安全挑战时提供必要的支持和指导。例如，在遭受电信网络诈骗或网络欺凌时，家长正确的协助和建议可以帮助学生更快地恢复并采取适当的应对措施，使学生不至于走向极端。鼓励家校合作参与网络安全教育还有助于桥接资源与信息差距，家长对学生在校情况的了解，有助于遏制诈骗分子利用家校信息不对称实施诈骗。此外，家长的参与并不仅限于技术层面的支持，更重要的是在道德和行为层面上的引导，帮助大学生塑造负责任的网络行为。

由此，鼓励家校合作参与网络安全教育是一个重要的策略，可以有效增强学生的网络安全意识和防护能力。这种合作不仅增强了家庭和学校在网络安全教育方面的联系，还有助于形成一个共同的防护前线。

首先，高校可以定期向家长发送网络安全相关信息，发布月度或季度电子版通讯，包含最新的网络安全趋势、常见威胁、防护建议以及学生情况的更新信息。与此同时，提供定制化的安全建议，根据学生的具体情况和网络使用习惯，向家长提供具体指导，这一行为可借助人工智能完成。还可以为家长提供在线资源库，使家长可以随时访问并了解如何保护网络安全。

其次，高校可以在开展大学生网络安全教育时，鼓励家校联合网络安全教育活动，比如组织线上的家长会，邀请网络安全专家开展讲座，解释网络风险并演示保护措施。在寒暑假举行工作坊和研讨会，鼓励家长和学生一起参与，学习如何配置安全设备，如家庭网络安全设置、智能手机的隐私保护等。

再次，高校应该提供更多的家校互动和参与机会。比如，创建家校互动平台，如专门的社交媒体群组或论坛，家长可以在这里分享经验、提出问题和获取资源。鼓励家长参与学校的网络安全政策制定，使政策更加全面和实际。

最后，高校在开展网络安全攻防实践和演练活动时，可以将家长纳入进来，通过模拟网络钓鱼攻击或其他网络安全事件，让家长和学生体验网络攻击的严重性，并学习如何应对，如告诉家长如何检查家庭网络的安全状况，如路由器安全设置、设备的软件更新等。

通过这些措施，不仅能增强家长对子女网络安全的重视和支持，还能促进家长和学校在创建安全网络环境方面的合作，共同为学生的网络安全提供更为坚实的保障。

第八章

数智赋能校园安全管理的新进展

自 21 世纪以来，尤其是 2010 年以来，以移动互联、云计算、大数据、物联网、人工智能为代表的新技术迅猛发展，并快速向社会生产、生活各个领域扩散，成为促进社会发展进步的主要技术推动力，人类社会开始迈入数智时代。在数智时代，我国各级政府和各类学校大力开展数智赋能校园建设，在校园安全方面确保各类基础性安防系统建设到位，并积极应用数智化技术的最新成果提升校园安全管理效果。本章对数智赋能校园安全管理的各类技术、政策要求进行了梳理，介绍了数智赋能校园安全管理中应用的技术和安防系统，以案例形式展示了一些地方在数智赋能校园安全管理方面的典型经验，最后对数智赋能校园安全管理进行了展望。

第一节 数智赋能校园安全管理的发展背景

一 数智赋能的内涵

"数字化"与"数智化"是一对非常相近的概念，经常存在交叉混用的情况。为了更好地呈现数智化、数智赋能等概念，本书同时对其相近概念"数字化"进行了介绍，并通过概念辨析更好地揭示数智化、数智赋能的内涵。

（一）数字化

有学者认为，"所谓数字化是用 0 和 1 两位数字编码来表达和传输一切信息的一种综合性技术,即电话、电报、数据、传真、图像等各种信息全都变成数字信号,在同一种综合业务网中进行传输"[①]。清华大学哲学系蔡曙山教授认为,"计算机中所有信息对象如数字和运算、字符、声音、颜色、图形、图像,连同计算机指令都用'比特'(即计算机所使用的二进制数字中的位)来表示,这一关键技术被称为'数字化'(digitalization)"[②]。以上都是在纯技术层次上对数字化进行界定,没有体现其时代性或社会性特征。

尼葛洛庞帝的《数字化生存》一书是较早对数字技术的社会影响进行探讨的著作。作者在该书中不仅指出了信息数字化的意义,而且提出了"后信息时代"的概念。在后信息时代,人们所需要的不是数量巨大但相当粗放、个人针对性不强的信息,而是经过智能筛选后的有效信息。因此,信息产业主要任务不再是生产和传输信息,而是像裁缝一样以信息为原材料,为每个人量身定制各种产品和服务。旧的信息技术的主要价值在于消除了物理空间的距离,而新的信息技术由于对机器赋予了智能,从而可以消除人和机器的"心理距离",实现人与机器的良好沟通。

雷·海蒙德认为,信息时代经历了物质化(physical)信息时代和数字化(digital)信息时代两个发展阶段。在物质化信息时代,信息的载体是"原子",如书籍、报纸、杂志、模拟信号的电话、电视及传真等;在数字化信息时代,信息的载体是比特,无论是数字、文字、符号还是声音、图形或图像都被转化为"比特"。[③] 可见,数字时代是信息时代的新阶段,后信息时代即数字时代。

北京大学新闻与传播学院陈刚教授等认为:"进入21世纪以来,由于数字化技术的发展,生产力和生产方式开始发生质的改变,全球正在经历前所未有的系统化、深层次社会变革,新的技术社会形态逐渐成型,'信息社会'等概念不适用于描述这种新的社会形态,'数字社会'则是对其更准确的概括及表述。""数字社会是由于数字化技术的推动,在大

[①] 郑明珍:《人类社会生存发展的新概念:数字化》,《中国行政管理》2000年第1期。
[②] 蔡曙山:《论数字化》,《中国社会科学》2001年第4期。
[③] 蔡曙山:《论数字化》,《中国社会科学》2001年第4期。

数据、人工智能等基础上所形成的社会系统。"①

综合技术和社会两个层面的内容，本书认为数字化即由于移动互联网、云计算、大数据、物联网、人工智能等现代数字技术的发展和应用从而推动人类社会向数字社会变迁的过程。从微观层面上说，数字化就是个人或组织发展或利用数字技术的过程；从宏观层面上说，数字化是人类社会向数字社会转型的过程。

（二）数智化

当前，信息社会已迈入数字化社会和智能化社会的压缩式和并行发展阶段，即数智化（Digitalization & Intelligentization）社会。可见，信息社会的发展演进主要包括信息化社会和数智化社会两大阶段。无数据不智能，数字化是第一步，智能化才是未来趋势。数智化实则是数字化的高级阶段，是数字化与智能化的有机融合，它融合了数字化与智能化的双重特征。②

北京大学"知本财团"课题组将数智化理解为数字智能化与智能数字化的集合。所谓数字智能化，是指从数据中提炼出数据智能，使数据变得有用和增值，挖掘和释放数据的价值；所谓智能数字化，是指运用数据技术管理和利用人类智能。数智化将数字智能化与智能数字化有机结合，旨在构成人机的深度对话与互相的深度学习，即以智能为纽带，形成人机互融、智能协同与虚实同构的新生态。③ 正因如此，齐延平指出，数智化逻辑是人机互融、虚实同构与算法主导。④

由上可知，就某一系统而言，数智化的本质是通过系统数字化实现系统智能化，最终实现系统内的数智融合，从而推动系统智慧生成。首先，通过对系统数字化，依托大数据、云计算与人工智能等数智技术，使系统具备全周期、全领域、全时空的状态感知、数据搜集、实时分析、自动科学决策与精准执行的能力。其次，借助数字化模拟和再现人类智

---

① 陈刚、谢佩宏：《信息社会还是数字社会》，《学术界》2020年第5期。
② 陈剑、刘运辉：《数智化使能运营管理变革：从供应链到供应链生态系统》，《管理世界》2021年第11期。
③ 刘国斌、祁伯洋：《县域城镇数智化与信息化融合发展研究》，《情报科学》2022年第3期。
④ 齐延平：《数智化社会的法律调控》，《中国法学》2022年第1期。

能，使智能数字化，进而应用于系统决策和运筹，使系统具有自我学习与提升的能力。同时，智能化有助于解放人的脑力，从而推动数据成为基本而关键的生产要素。[1]

综上所述，可进一步解读数智化的内涵。所谓数智化，是指以培育和发展数据这一新的生产力为目标，在数字化的基础上，以数据为核心生产要素，充分利用"数据（物联网、传感器与大数据等）+算力（云计算与边缘计算等）+算法（流程模型与人工智能等）"的数智技术，满足经济社会发展过程中信息数据智能化处理、分析与管理需要，深入挖掘和释放数据价值，从数据中所获得与创造价值，并形成自主决策行动及自我学习提升能力，进而推动经济社会发展转型和进步，特别是实现经济社会数字化与智能化发展的历史进程。[2] 简言之，数智化是指依托和利用数智技术来培育和发展数据这一新的生产力并使之造福于社会的历史过程，它是一个漫长的持续推进过程，数智化进程可用社会的数智化程度来衡量。

与数字化相比，数智化的主要不同在于三大方面：一是数智化更加注重人工智能与深度学习等智能技术的应用，强调数据的智能化分析与处理；二是数智化更加注重数据的应用（即数字化是技术概念，而数智化属于数据技术的应用），以期让数据反馈经济社会，并赋能经济社会发展和转型进步，特别是实现经济社会结构和发展模式的优化与重塑；三是数智化在数字化基础上实现了决策自优化、执行自动化与自我学习提升。[3]

概括而言，数智化时代具有六大主要特征：以数据为核心生产要素、以万物互联（连接）构筑数据基础、以数智技术变革生产工具、以系统集成形成数智社会、以数据智能驱动为价值中枢，以及以数字网络和内容重构社会结构。同时，数智化主要以连接、计算、协同、数据与智能为核心能力组成要素。[4]

---

[1] 张建云：《大数据技术体系与马克思未来社会理论》，《北京理工大学学报》（社会科学版）2023年第1期。

[2] 张建锋、肖利华、李道亮等：《数智驱动乡村振兴》，电子工业出版社2022年版。

[3] 刘长明：《从数字化到数智化，智能技术赋能出版融合创新》，《出版广角》2022年第6期。

[4] 张建锋、肖利华、李道亮等：《数智驱动乡村振兴》，电子工业出版社2022年版。

（三）数智赋能

数智赋能源于工业革命与社会信息化进程，是指运用大数据、人工智能等数智技术推动流程再造、模式革新、体系重构和价值共创的过程。① 数智赋能的要素包括数据智能（针对某一应用场景从数据中挖掘提取用以服务与支持管理的有用信息）、数智化（依托数智技术培育新生产力从而推动社会发展的持续过程）、数智技术（数据技术与智能技术深度融合，如机器学习）和数字智商（应对与适应数字生活与挑战的综合性技术、认知、元认知与社会情感能力）。② 从过程角度看，数智赋能是拥有数字智商的人运用数智技术获取和生产数据智能来提供依据支撑实现数智化进而为某对象赋能的过程。

所谓校园安全，是指师生的人身安全、和谐的学习环境、良好的教育秩序、师生财产安全、身心健康、个人发展等，并将所有可能造成危害的各因素影响程度降至最低。③

因此，可将数智赋能校园安全理解为：利用数智技术挖掘提取出有用信息，实现校园安全态势的智能化分析，形成自主决策行动及策略，进而维护和塑造校园安全的过程。数智赋能校园安全是伴随信息技术发展及其在人类社会经济活动中的广泛应用和融合渗透而形成的新趋势，它是数智赋能概念和校园安全概念有机融合的产物。

二 数智赋能的标志性技术及对校园安全的影响

数智时代的到来以移动互联网、云计算、大数据、物联网、区块链、人工智能等先进数智化技术的出现并对人类生产、生活产生广泛影响为主要标志。

（一）数智赋能的标志性技术

1. 移动互联网

移动互联网是智能移动通信设备（主要是智能手机）和互联网融合的产物，移动互联网降低了人们上网的门槛，扩展了人们上网的时间和

---

① 陈海贝、卓翔芝：《数字赋能研究综述》，《图书馆论坛》2019年第6期。
② 王秉：《何为数智：数智概念的多重含义研究》，《情报杂志》2023年第7期。
③ 方益权等：《中国学校安全治理研究》，中国社会科学出版社2018年版。

空间。伴随着移动通信设备智能化水平的不断提升和入门产品价格的不断降低，以及移动通信技术的快速升级换代，移动互联网普及人群不断扩大。国家统计局发布的《2022年国民经济和社会发展统计公报》显示，我国互联网上网人数10.67亿人，其中手机上网人数10.65亿人。[1] 由于使用方便、覆盖面广的优点，移动互联网在很大程度上密切了人类与网络的关系，从而在各个领域中都得到了广泛应用，覆盖了人们生产、生活的方方面面。通过移动互联网，人们可以借助各种应用软件随时随地连接网络以搜寻所需信息，进行文字、语音、视频多种形式的沟通，实现商品和服务的交易，获得交通、教育、医疗等服务，开展各种休闲娱乐活动。同时，移动互联网也会收集移动终端使用者的位置、个人信息以及线上行为记录等，这导致各种手机APP中存储了大量的数据化信息。这些信息一方面有利于手机后台分析数据进行精准服务，另一方面也给个人隐私带来了风险。

2. 云计算

云计算是一种基于互联网的计算，能够向各种互联网应用提供平台服务、软件服务、存储服务乃至硬件服务、基础架构服务等。该系统的各项服务通常是由第三方拥有的机制提供。[2] 云计算实现了计算能力在互联网中的按需分配，在云计算系统中，用户不需要自己存储信息，也无须购买硬件和软件，只需要向计算平台提交自己在硬件配置、软件安装、数据访问等方面的需求，云平台就会对用户提供相应服务。更直观来讲，在云计算系统中计算能力在网络中的分配类似于水、电在水网、电网中的分配，用户只需付费购买需要的水、电，而不用自己挖井或建造电站。

对用户来说，云计算具有如下意义。第一，有助于节约数字化管理成本。用户不再需要部署、管理和维护各种数字化系统，从而大大降低了数字化转型的成本。第二，可以更好地实现数据共享和远程办公。在一般的系统中，数据和程序只存储在特定设备中，必须接触到这一特定

---

[1] 国家统计局：《中华人民共和国2022年国民经济和社会发展统计公报》，https://www.stats.gov.cn/sj/zxfb/202302/t20230228_1919011.html，最后访问日期：2023年5月3日。

[2] 张建勋、古志民、郑超：《云计算研究进展综述》，《计算机应用研究》2010年第2期。

设备才能读取相应信息或进行相关操作。在云计算系统中数据存储在云端，任何经授权的用户都可以进入云端进行访问并操作，从而实现远程办公。

3. 大数据技术

"大数据是指无法在可容忍的时间内用传统信息技术（IT）和软硬件工具进行感知、获取、管理、处理和服务的数据集合。"① 大数据主要源于科学研究产生的数据、传感器或监控收集的数据和互联网数据。其中，互联网数据是大数据的主要来源，互联网数据又可以进一步细分为自媒体数据（社交平台数据）、日志数据（用户接受在线服务产生的行为、日志数据）、富媒体数据（文本、图片、音视频等）。

根据大数据处理的基本过程，大数据技术主要包括数据采集与预处理技术、存储与管理技术、分析与挖掘技术、可视化技术。大数据采集与预处理是对来自各个渠道（网络、传感器等）的数据进行抽取、清洗、转化并把数据加载到存储端，通过这一环节可以筛选并排除噪声数据、无效数据等，从而优化大数据的质量，为后续的数据分析和挖掘提供基础。大数据存储与管理主要采用分布式存储模式，这一模式将存储任务切分为小块，分配到集群中的各个机器中。大数据分析与挖掘技术主要包括数据的分布式统计分析技术和数据的分布式挖掘、深度学习技术，通过构建机器学习模型和海量训练，可以提升数据分析与预测的准确性。数据可视化是将大数据分析与预测的结果以直观的图形或图像方式展示给用户的过程，通过数据可视化技术可以发现海量数据背后隐含的规律性信息，为管理决策提供支持。

通过大数据，人们可以对事物获得全面深入的了解。对企业来说，大数据技术可以帮助其深入分析和优化业务流程，把握客户行为习惯和需求偏好，为客户提供个性化服务。对公共部门来说，通过大数据可以

---

① 李国杰、程学旗：《大数据研究：未来科技及经济社会发展的重大战略领域——大数据的研究现状与科学思考》，《中国科学院院刊》2012年第6期。另，大数据的特点可以概括为4V，即Volume（规模性，数据量以TB、GB为起步单位进行衡量，甚至以EB、ZB进行计数）、Variety（多样性，数据类型众多，包括结构化、半结构化和非结构化数据，以非结构化数据为主）、Velocity（快速性，大数据往往以数据流的形式产生，具有很强的时效性）和Value（价值性，价值量大但价值密度低，使人们面临信息量巨大但知识匮乏的窘境）。

更好地掌握交通、教育、卫生等领域运行情况，在交通方面可以通过对交通大数据的分析改进交通管理措施；在教育方面通过对教育数据的分析，可以全面掌握教师教学和学生学习的实际情况，从而制定出更符合实际的教育教学策略；在公共卫生领域，卫生部门和医务工作者可以借助大数据平台对感染患者、接触者进行行程追踪，从而采取精准的隔离措施。

4. 物联网

物联网的核心思想是"按需求连接万物"，在网络协议支持下通过射频识别技术、信息传感技术等将包括人、机、物在内的所有能够被独立标识的物体按需求连接起来，借助网络技术进行信息传输和协同交互，以实现对各种物体的识别、定位、跟踪、监控和管理。物联网实现了万物沟通，可以准确采集、获取联网物体信息，随时随地进行可靠的信息交互和共享，做出智能化的决策和控制。

当前，物联网已经在交通、物流、环保、电网、消防、家居等方方面面得到广泛应用，给人们的生产、生活带来各种便利。随着物联网技术的不断发展进步，未来物联网将给生活带来革命性的变化，帮助人们真正步入智慧时代。

5. 人工智能

人工智能是"利用数字计算机或者数字计算机控制的机器模拟、延伸和扩展人的智能、感知环境、获取知识并使用知识获得最佳结果的理论、方法、技术及应用系统"[①]。人工智能的关键技术主要包括机器学习、知识图谱、自然语言处理、人机交互、计算机视觉、生物特征识别、虚拟现实（增强现实）技术等。

人工智能可以将员工从枯燥的劳动中解放出来，当前社会上越来越多的简单、重复甚至具有危险性的任务都能交由人工智能来完成。人工智能已经较为广泛地应用在教育、医疗、养老、环境保护、城市运行、司法服务等领域，在很大程度上提高了公共服务的精准化水平，满足了人民群众对公共服务更高水平的要求。将人工智能与大数据、云计算、

---

① 中国电子技术标准化研究院：《人工智能标准化白皮书（2018版）》，https://www.cesi.cn/201801/3545.html，最后访问日期：2024年5月3日。

物联网等相结合，通过深度学习，可以实现人工智能与人、网、物的相结合，从而形成以"城市大脑"为代表的复杂智能系统，可以准确感知基础设施和社会安全运行的重大态势，及时把握群体认知及心理变化，并进行及时预警，帮助人们做出（或者系统主动做出）决策反应，提高社会治理能力和水平，保障公共安全。

6. 区块链

区块链被视为继蒸汽机、电气化、计算机之后的第四次工业革命的重要成果，区块链技术本质上是一种具有去中心化、不可篡改、可追溯和可信等特性的分布式数据库。区块链技术使互不信任的组织或个人，在没有中心控制机构的情况下验证和传递信息，核心技术包括 P2P、密码学、智能合约等。目前，区块链技术已从早期的以加密货币为主的区块链 1.0 阶段，到引入智能合约的区块链 2.0 阶段，再到多领域应用的区块链 3.0 阶段，最后可能到基于工业的区块链 4.0 阶段。

区块链是将区块数据按照时间顺序形成链式结构的去中心化分布式账本，并通过密码学、共识机制和智能合约等技术保证数据安全、更新和操作，具有防篡改、可追溯、可编程和安全可靠等特性。[①] 区块链可分为公有链、联盟链和私有链，其中：公有链指任何人都可参与区块链网络，属于完全去中心化状态，如比特币、以太坊；联盟链指由几个组织共同组成的区块链系统，进入联盟链需要一定的权限，如 Hyperledger Fabric；私有链则是组织内部使用的区块链系统，不对外开放。从比特币、以太坊到 Hyperledger Fabric 等区块链应用，尽管实现方式有所不同，但它们的体系架构均可划分为网络层、共识层、数据层、合约层和应用层。其中，前 4 层是区块链系统的基础保障和核心，主要涉及交易处理、共识机制、智能合约和网络安全等共性关键技术，而应用层则与应用场景和具体业务有关。

近年来区块链技术在教育、医疗、金融、政务、电子存证、数字身份等各领域不断铺开。在教育领域，区块链可对教育资源进行数字存证、保护教育用户信息隐私、推进数字教育资源流通、实现多部门教育信息系统互联和数据可信共享等，同时可形成基于区块链的教育联盟基础数

---

① 袁勇、王飞跃：《区块链技术发展现状与展望》，《自动化学报》2016 年第 4 期。

据库，应用于身份认证、在线教学、办事审批、学分证明、学术资源共享等。

（二）数智赋能的标志性技术对校园安全的影响

数智技术既有自身发展的逻辑，又互相支撑互相促进，对社会生活的方方面面产生深刻影响。在数智技术对校园安全影响方面，移动互联网由于相对成熟，已经深入校园安全管理的日常活动中，如对学生进行定位，记录学生的日常活动。但是校园安全数智化还远远不够，云计算作为后台性的计算平台对校园安全管理的影响还不够直观；物联网在校园安全管理中的应用还不够深入，大部分学校的安防设备尚未实现"万物互联"。总之，数智技术已经开始在校园安全管理中获得应用，但是其影响还没有普遍展开，加之校园是一个半封闭化的环境，尤其是中小学大都采用封闭式管理，禁止学生使用电子设备，在一定程度上限制了数智技术对校园安全管理的影响。然而，校园并非真正隔绝于社会，在校园内利用数智技术提升物防、技防水平，提升安全保卫能力，确保师生人身、财产安全，既是大势所趋，也是现实需要。随着数字校园、智慧校园建设的推进，校园安全数智化管理必将迎来巨大发展。

三 数智赋能校园安全管理的政策要求

进入21世纪第二个十年，随着数字化、智能化技术的不断发展，中央和地方各级政府及教育行政部门、公安机关和其他相关部门持续关注校园安全数智化建设，出台了一系列相关政策，提出了数智赋能校园安全管理的要求，为校园安全数智化管理提供了政策支持。

（一）中央有关数智赋能校园安全管理的政策要求

在北大法宝法律数据库中检索"数智赋能校园安全管理政策"时，我们分别以"校园安全+数字化""校园安全+智能化"为关键词对中央法规库进行全文搜索，共查到中央层面有关数智赋能校园安全管理的政策10条，相关政策及政策要求详见表8-1。

表 8-1　中央层面有关数智赋能校园安全管理政策及内容要求

政策名称	发布部门	发布时间	相关内容要求
《关于进一步加强学校幼儿园安全防范工作建立健全长效工作机制的意见》	中央社会治安综合治理委员会办公室、教育部、公安部	2010年8月	校园安全防范工作的组织网络、工作机制和保障机制更加健全，校园安全防范工作的法制化、规范化、信息化、社会化水平全面提升
《2017年教育信息化工作要点》	教育部办公厅	2017年1月	推进"高校校园安全管理及应急指挥系统"建设，完成75所部属高校全联网
《国务院办公厅关于加强中小学幼儿园安全风险防控体系建设的意见》	国务院办公厅	2017年4月	要将校园视频监控系统、紧急报警装置接入公安机关、教育部门的监控或报警平台，并与公共安全视频监控联网共享平台对接，逐步建立校园安全网上巡查系统，及时掌握、快速处理学校安全相关问题
《教育部关于进一步推进职业教育信息化发展的指导意见》	教育部	2017年8月	推进平安校园、节能校园平台建设，实现对校园安全、能源管理过程跟踪、精准监控和数据分析
《中小学数字校园建设规范（试行）》	教育部	2018年4月	①配备数字校园智能安防系统，实现校园安全的统一管理和控制。②主要出入口、人员聚集场所、保密室等地方安装视频图像采集装置。③安防系统与区域行政部门数据同步，与当地公安部门安防系统互联互通。④安全防护范围涵盖校园的所有物理空间和网络空间、校园周边设置电子围栏等防范非法入侵校园设施设备。⑤安防系统的设计应符合《视频安防监控系统 技术要求》《安全防范视频监控联网系统信息传输、交换、控制技术要求》和《安全防范工程技术规范》等相关规定

续表

政策名称	发布部门	发布时间	相关内容要求
《学校食品安全与营养健康管理规定》	中华人民共和国教育部、国家市场监督管理总局、中华人民共和国国家卫生健康委员会	2019年2月	学校在校园安全信息化建设中，应当优先在食堂食品库房、烹饪间、备餐间、专间、留样间、餐饮具清洗消毒间等重点场所实现视频监控全覆盖
《中共中央、国务院关于深化教育教学改革全面提高义务教育质量的意见》	中共中央、国务院	2019年6月	加强信息化终端设备及软件管理，建立数字化教学资源进校园审核监管机制
《关于印发〈加快推动全国中小学幼儿园安全防范建设三年行动计划〉的通知》	公安部、教育部	2019年9月	推进智慧安防系统建设。积极推动新技术、新手段在校园安防建设领域的深度应用，建立健全智慧校园智能预警平台，进一步规范一键式紧急报警、入侵报警、视频监控、出入口控制和电子巡查等系统建设，推进校园安防系统与公安、教育信息化应用服务体系的有效融合
《职业院校数字校园规范》	教育部	2020年6月	平安校园系统包括智能安防综合管理平台和视频监控、出入口管理、周界防护、人员对讲、车辆管理、电子巡查、预案管理、消防可视化、应急指挥等多个子系统，并参照GB50348-2004的相关规定实施安全防范工程

续表

政策名称	发布部门	发布时间	相关内容要求
《高等学校数字校园建设规范（试行）》	教育部	2021年3月	明确高等学校网络安全工作应遵守《中华人民共和国网络安全法》并符合网络安全等级保护相关的要求。同时，网络安全管理应充分利用新技术，如大数据、人工智能等，对产生的数据充分分析挖掘其中价值，保障数字校园的整体运行安全

资料来源：作者自制。

（二）地方有关数智赋能校园安全管理的政策要求

类似中央层面政策的检索方法，在北大法宝法律数据库中，分别以"校园安全＋数字化""校园安全＋智能化""校园安全＋信息化"等为关键词对地方法规规章库进行全文搜索，共查到地方层面有关数智赋能校园安全管理的政策14条，相关政策及政策要求详见表8－2。

表8－2　地方层面有关数智赋能校园安全管理政策及内容要求

政策名称	发布部门	发布时间	相关内容要求
《吉林省人民政府关于2014年民生实事的安排意见》	吉林省政府	2014年2月	建立校园安全监管与数字化资源平台。完成市（州）、县（市、区）与所属学校联网的校园安全管理信息平台建设
《景德镇市人民政府办公室关于印发景德镇市教育信息化试点工作实施方案的通知》	景德镇市政府办公室	2017年6月	集中整合现有的公文传输系统、学校教学管理及资产管理系统、学生资助管理系统、平安校园监控系统、招生考试监控系统等教育信息化系统，将行政办公、学校管理、资助助学、校园安全、招生考试等数字化资源统一在全市教育云平台的自动化办公平台上运行、管理、维护

续表

政策名称	发布部门	发布时间	相关内容要求
《市政府关于统筹推进城乡义务教育一体化促进优质均衡发展的实施意见》	南通市政府	2017年10月	推进校园安防巡查监管系统建设，常态化开展校园及周边治安、环境综合排查整治，提升校园安全信息化、智能化、立体化综合管理水平。全面落实校车安全管理要求，制定落实校车安全问题解决方案，实现标准化专用校车安全运行与监管
《山东省"十三五"教育事业发展规划的通知》	山东省政府	2017年10月	加强校园网络管理，建立数字化校园安全监管系统。强化校园安防设施建设。加强中小学校园校舍校车安全工作
《陕西省社会治安综合治理委员会办公室、陕西省教育厅、陕西省公安厅等印发〈关于加强中小学幼儿园安全风险防控体系建设的实施意见〉的通知》	陕西省社会治安综合治理委员会办公室、陕西省教育厅、陕西省公安厅、陕西省交通运输厅、陕西省食品药品监督管理局	2018年2月	各级教育行政部门要进一步加大在校园安全、风险防控等信息化建设的投入力度，围绕公安监控系统、省教育厅大数据中心等互联网信息技术，不断加强学校在技防监控方面的建设，尽快建成全省教育安全视频监控系统，为师生提供安全、可靠的校园安全保障
《海南省教育厅关于做好2018年"安全生产月"和"安全生产琼州行"活动的通知》	海南省教育厅	2018年5月	调研各地各校运用信息化、数字化、智能化等现代方式提高校园安全基础保障能力等方面的工作开展情况

续表

政策名称	发布部门	发布时间	相关内容要求
《忻州市人民政府办公厅关于加强中小学幼儿园安全风险防控体系建设的实施意见》	忻州市人民政府办公厅	2018年5月	各地要按照公安部办公厅、教育部办公厅《中小学幼儿园安全防范工作规范（试行）》（公治〔2015〕168号）要求，结合当地实际和需要，加强学校"三防"（人防、物防、技防）建设，不断提高建设和管理水平，逐步实现校园安全科学化、信息化、网格化的工作目标
《中共吉林省委、吉林省政府关于鼓励社会力量兴办教育促进民办教育健康发展的实施意见》	吉林省委、省政府	2018年8月	民办学历教育学校建立"校园警务室"并配备"一键式网络报警装置"，建立校园安全监管与数字化资源平台，安装校园安全视频监控系统，确保校园安全技术防范系统建设符合有关标准
《合肥市教育局、合肥市市场监督管理局、合肥市卫生健康委员会关于印发〈合肥市中小学幼儿园集中用餐食品安全与营养健康管理实施方案〉的通知》	合肥市教育局、合肥市市场监督管理局、合肥市卫生健康委员会	2019年7月	学校在校园安全信息化建设中，应当优先在食堂食品库房、烹饪间、备餐间、专间、留样间、餐具饮具清洗消毒间等重点场所实现视频监控全覆盖
《关于深化全市教育系统平安建设工作的通知》	洛阳市教育局	2019年11月	积极推进双重预防体系及校园安全管理信息化建设，解决安全检查、隐患排查、安全教育、信息上报、应急管理、信息发布等手段落实的问题，使学校安全治理模式从单向管理转向双向互动，从线下转向线上线下融合，从单纯的上级监管向全员协同治理转变，使学校安全决策科学化、安全治理精准化、安全服务高效化进一步提升

续表

政策名称	发布部门	发布时间	相关内容要求
《铜仁市人民政府办公室关于印发铜仁市中小学智慧教育建设实施方案的通知》	铜仁市人民政府办公室	2020年1月	提升校园安全管理信息化水平。建设智能平安校园管理平台，按照总体规划、分步实施、统一标准、分类指导、融合创新的原则，综合运用大数据、物联网、视频结构化等技术，实现校园全景监控、出入管理、智能预警、风险感知等功能，使校园内部管理进一步规范，校园安防设施进一步完善，安全保卫措施更加有力，校园及周边社会安全综合治理机制更加完善，实现智能平安校园管理平台和铜仁平安警务云智能平台的互联互通
《广东省学校安全条例》	广东省人民代表大会常务委员会	2020年4月	各级人民政府应当支持和督促本行政区域的学校运用信息化技术，完善校园安全管理平台信息化建设
辽宁省教育厅关于印发《加快推进我省高等学校数字校园建设实施方案》的通知	辽宁省教育厅	2021年8月	充分利用信息技术特别是智能技术，实现辽宁省高等学校在信息化条件下育人方式的创新型探索、网络安全的体系化建设、信息资源的智能化联通、校园环境的数字化改造、师生信息素养的适应性发展以及核心业务的数字化转型
《广西中小学数字校园建设指南（试行）》	广西壮族自治区教育厅	2023年9月	以"云—网—端"为基本架构，依托广西智慧教育平台（简称"桂教通"平台），加快推进中小学建设数字校园。同时，建立健全学校网络安全管理制度，加强师生个人信息保护，提高数字校园安全防护能力

资料来源：作者自制。

第二节　数智赋能校园安全管理的发展现状

一　数智赋能校园安全管理的常用技术

（一）人脸识别技术

人脸识别技术是人工智能技术的一种，其背后有一套复杂的识别算法。人脸识别过程大致可分为检测、对齐、编码、匹配四个关键步骤。人脸检测即对输入的图像或视频进行分析，判断是否存在人脸，当设备发现人脸存在时便会对人脸的坐标信息进行标注，或者将人脸图像切割出来的过程；人脸对齐是将人的面部特征点通过几何变换进行对齐并形成一种标准形状的过程；人脸编码是将人的面部图像转换成紧凑且可被机器判别的特征向量的过程；人脸匹配是将人脸的特征向量与数据库中的人脸特征向量进行对比并判断相似度的过程，当相似度达到设定域值则匹配成功。由于人脸识别技术具有快速、准确、非接触性等诸多优点，因此在校园安全管理方面有着比较广泛的应用。

1. 考勤或门禁

当前不少学校在校园门口、教室门口、学生公寓楼入口处设立具有人脸识别功能的考勤或门禁系统，有的学校甚至在教室安装具有人脸识别功能的智能摄像头，可以主动计算并准确报告教室内的学生人数。相较传统的刷卡、指纹识别等技术，人脸识别技术具有非常明显的优势，如可以有效防止代打卡，保证了考勤数据的真实性，另外学生公寓楼入口处的人脸识别进出系统可以记录学生进、出公寓情况。如果将数据连接移动互联网，学生家长、老师便可以随时掌握每个学生在校的考勤情况，可以有效防止学生逃课、夜不归宿等情况，从而有效保证学校安全管理人员及学生家长对学生的精准监督，大大提升校园的安全水平。

2. 视频分析与预警

具有人脸识别功能的监控系统可以对视频中人员进行计数，一旦视频监控下的某一区域出现人口过密的情况，便可以启动相关预警，安排学校相关工作人员对密集的人群进行疏导，防患于未然。另外，可以提前将具有偷盗、拐卖甚至恐怖行为的人员人脸数据与校园监控数据进行联网，一旦这些人员进入校园监控范围内，便可以被立刻识别，从而启动相应预警。

(二) 异常行为检测技术

异常行为检测技术属于计算机视觉技术,是人工智能研究的一个分支领域。这一技术能够通过数字图像处理和视频信号分析技术来提取和理解视频画面中的内容。为识别或检测异常行为,需要首先对正常行为进行建模并在此基础上检测异常行为;或者通过批量、在线观察数据的统计特性自动推断异常行为。

异常行为检测技术的关键是如何准确发现异常行为。对异常行为的判别方法包括异常行为识别和异常行为检测两类。

异常行为识别需要对异常行为和姿态进行划分,并建立异常行为样本库,利用动作识别方法识别具体行为,即提前对感兴趣的事件或行为进行定义,结合标签对网络进行训练,通过识别目标的具体动作和姿态,判断其行为是否异常。这种方法与场景具有相关性,有助于了解具体发生了何种异常行为,但是这一方法在视频中人数较多的场景中会显示出较大的局限性。

在拥挤的场景中,异常行为检测就显得十分重要,异常行为检测仅将行为分为正常和异常两个类别,从大量的视频数据中学习经验,实现像素级、帧级或视频级的异常行为判别。比如,具有异常行为检测技术的视频监控系统能够自动分析监控范围内的人体行为,并将监控到的人体行为与经验库(或报警规则)进行对比,当发现异常行为时可以自动进行报警,提醒监控人员进行确认,从而保证在第一时间发现异常行为。在具备行为检测功能的视频系统中,监控人员可以不用时刻盯着监控视频,只需在发生自动报警时进行人工确认即可。由于异常行为检测技术可以对视频监控画面进行不间断的"分析"和"监视",只需少量的监控人员便可以胜任多路监控视频的管理工作,也无须将所有监控视频都投射到屏幕上进行实时播放,只要将监控接到"行为检测"的功能模块中即可,当出现异常行为警报时再临时切换到显示屏幕并采取其他应对措施。

(三) 无线射频识别技术

无线射频识别(Radio Frequency Identification, RFI)是一种无线通信技术,可以在识别系统与特定目标之间没有线路连接的情况下,通过无线电信号识别特定目标并读写相关数据，是物联网的基础技术之一。无线射频识别系统主要包括阅读器、电子标签及应用数据交换与管理系统三个组成部分。其工作原理为：阅读器通过其天线向外发射一定频率的射频信号，当电子标签（又称视频卡）靠近阅读器后，接收到阅读器发出的射频信号并产生感应电流，依靠感应电流产生的能量发送出存储在芯片中的产品信息（无源标签或被动标签），如电子标签自带能量（有源标签或主动标签）可以主动发送某一频率的信号，阅读器读取电子标签的信息并解码后将信息传送至数据交换与管理系统进行相关数据处理。

当前无线射频识别技术在校园内主要应用于校园一卡通系统，相对于人脸识别，该技术由于成本较低，适合广泛应用。目前大部分校园的门禁、考勤都是通过基于无线射频识别技术的一卡通来进行数据收集。经过联网的一卡通系统可视为一个物联网系统，相关人员（如老师、家长）可以随时查看学生出入校园、教室、宿舍等的情况。另外，校园巡更系统也使用了无线射频识别技术，不过校园电子巡更系统更多地使用超高频的无线射频识别技术，该技术可利用无线电信号识别特定目标并读写相关数据，同时可以在独立供电、非接触的情况下实现远距离识别。

（四）智能分析技术

校园安防主要联合应用视频监控系统及门禁，以及防盗报警等多个安防系统以保障校内人员安全。其中，为加强学生安全保障，本地监控的主要范围包括各个教室、活动区和校门口区域。应用智能监控分析有助于提前规避危险。随着校园安防监控逐渐朝着智能化、数字化的方向快速发展，启用视频监控不仅能为事后查证提供重要证据，更能够发挥智能分析技术优势，实现事前智能预警以及事中及时响应。同时，通过报警系统和视频监控装备的有效联动，在发生异常事件的情况下，能即刻向校内监管人员传递信息，有助于管理人员第一时间掌握事件情况并做出处理意见，有效降低突发事件导致的危害。

（五）"互联网＋"一体化智慧平台

数字时代"互联网＋"与校园安防的融合主要是通过一卡通及多种智能终端联合实现的，主要在校内支付、智慧管理以及新技术应用等多个领域为升级智慧校园管理带来启发及创新。此外，智慧校园平台的建立是遵循不同年级学生习惯及其偏好设定的。通过打通智慧校园平台和智能硬件系统，学生只需要通过自己的手机就可以体验智慧校园的服务，随时随地完成在线支付、身份验证以及业务办理等服务，同时还能够查询院校公告、考试成绩以及课程安排等。此外，借助校园安防大系统更能应用"大数据平台"和公安信息平台及学校教委产生联动，对校内多个核心区域开展24小时监控，"门禁系统"以及"视频监控系统"同样可以借助"大数据平台"完成定点摄像和用户操作信息的联动，从而预防校内安全事件的发生，保障师生人身安全。

二 数智赋能校园安全管理使用的主要系统

（一）一键式紧急报警系统

一键式报警是集物联网、云计算、移动通信等技术于一体的联网报警系统，主要是在校园内安装一键式报警装置或者一键报警按钮，当遇到紧急情况时直接按下紧急按钮即可触发校园报警主机报警，然后再由报警主机通过移动通信或网络技术将警情上传到当地校园一键应急报警管理中心。此系统具有一键快速报警、多机联防、电子地图定位、双向语言对讲等多种功能，可以通过手机APP或电脑软件进行管理控制。当有人按下报警键时，一键式紧急报警系统可以同时呼叫通知110指挥中心、巡逻警察、保安人员、学生工作人员等，接到报警的人员可以实时查看报警位置，快速到达现场处理警情。如果系统集成了视频功能或与现场视频进行了联网，还可以看到现场视频。

在实际应用中，可将一键紧急按钮安装在办公楼、教学楼、学生宿舍楼、主要通道等位置，当学生或老师遇到紧急情况需要求助时，可以按下一键紧急按钮。校园一键应急报警系统可以快速处置校园警情，有效遏制违法行为，在维护校园治安秩序中起到了非常重要的作用。除了链接一键报警按钮外，该系统还可以链接烟感器、红外、门磁装置等，而且一键式紧急报警系统的主机之间还可以联网，当一个主机报警后，其他主机可以同时报警，并发出高分贝的警报。因此一键式紧急报警系统不仅可用于校园暴力警情，还可用于火灾、地震等警情的报警。

（二）入侵报警系统

入侵报警系统是利用各种传感器技术、信息与通信技术探测非法进入或试图非法进入设防区域的行为并发出报警信息的安防系统。这一系统通常由探测器、控制设备、信道组成，也可以根据需要加入监控设备。其中，探测器负责对闯入或试图非法闯入的行为进行侦测并向控制设备发出报警信号。探测器通常由传感器和信号处理器组成，传感器是探测器的核心部分，可以将被测的物理信号（如力、速度、震动、冲击、温度、声响、光强等）转换成易于精确处理的原始电信号（如电流、电压、电阻、电感、电容等），然后由信号处理器进一步加工成适合在信道中传播的探测电信号。市场上使用的探测器主要有红外对射探测器、激光对射探测器、振动电缆（或光缆）探测器、玻璃破碎探测器、电子围栏等。信道是传送探测信号的通道，包括有线信道和无线信道两类。控制设备又称为报警控制器，其主要作用是接收探测器的报警信号，然后按预先设置的程序驱动相关设备、执行相应的警报处理，如发出声光报警信号，将报警信号发送至手机或报警中心等。另外可以在入侵报警系统中添加监控设备，将报警与监控功能合二为一，既可以对报警信息进行验证，也可以第一时间观察到现场情况。

入侵报警系统可以对学校周围及其内部的非法隐蔽进入、强行闯入等行为进行实时有效的探测与报警，是校园安防体系必不可少的组成部分。可以在校园围墙附近、建筑周围、重要房间内进行布置，形成点、线、面相配合的综合防护系统。

（三）视频监控系统

视频监控系统是一种利用光电成像技术探测、监视设防区域并实时显示、记录现场图像的电子系统。视频监控系统主要由视频采集部分、视频传输部分、控制部分、显示部分、记录部分等组成。视频采集部分主要是各种监控探头（或称摄像头），它可以将拍摄到的图像转换为可传输信号。视频传输部分即信号传输线路主要负责将监控探头采集到的图像信号传输到监控中心，目前常用传输线路有同轴电缆、双绞线、光纤、无线信号等。控制部分为视频监控系统的核心组成部分，它可以控制各个探头视频信号的显示切换，进行系统资源的分配，控制监控探头云台的移动和镜头的推拉。显示部分主要是各种显示屏，负责将视频信号再输出为画面进行显示。记录部分主要保证图像数据最终被完好地存储并归档。

总的来看，视频监控系统经历了模拟视频监控、半数字视频监控和数字视频监控三个阶段。从20世纪90年代末至今，随着网络和通信技术的快速进步，视频监控系统逐渐发展成以嵌入式技术为依托、以智能图像分析为特色的数字化系统。当前视频监控已经实现了全数字化、网络化，并向智能化方向不断发展。

虽然当前部分视频监控系统实现了人脸、车辆识别甚至能够进行异常行为检测，但大部分学校面临着视频监控线路多、控制人员少的矛盾，视频监控的功能主要局限在威慑和事后取证方面，没有起到"实时监控，即时反应"的作用，因此有必要推动视频监控技术进一步向智能化方向发展。

（四）出入口控制系统

"出入口控制系统是利用自定义编码信息识别和模式特征信息识别技术，通过控制出入口控制点执行装置的启闭，达到对目标在出入口的出入行为实施放行、拒绝、记录和警示等操作的电子系统。"[1] 出入口控制系统可以自动实现对出入人员或物品的控制，如人员或物品符合出入条件即予以放行，不符合条件则禁止通行，同时可以记录出入的人员（物品）和时间信息。常用的出入口控制系统的信息认证方式有密码输入、刷卡（如磁卡、无线射频卡）、生物特征识别（如人脸识别、虹膜识别、声纹识别）等。

出入口管理系统一般包括识读、传输、控制和执行四个部分。识读部分负责识别和读取进出人员或物品的信息，部分识读装置同时兼具了多类型识别功能，如既可以人脸识别也可以刷卡；传输部分主要是各种传输媒介，包括有线传输媒介、无线传输媒介或有线和无线传输的组合等形式；控制部分包括出入口控制管理系统和控制器，可以处理从识读装置发来的信息，并对出入口实施开关控制，同时记录相关信息；执行部分有多种形式，可以是闸机、电动栏杆、电动防冲闯路障等装置。

当前的校园出入口控制系统融合了无线通信技术、物联网、云计算、移动互联、人脸识别等新一代技术，可以将学生进出校园、宿舍信息即时上传到网络平台，方便老师和家长查看。

---

[1] 王永升：《出入口控制在智慧社区建设中的应用》，《中国安防》2018年第5期。

（五）电子巡查系统

电子巡查系统又称电子巡更系统，是一种对保安巡逻人员的巡逻路线、方式和过程进行管理的电子信息系统。电子巡查系统具有巡逻数据的采集和分析查询两项主要功能，分别由数据采集子系统、信息存储及发布子系统实现。其中数据采集子系统由巡检仪（或称巡更棒）和信息钮组成，作用是收集安保巡逻人员的巡查路线信息并上传到服务器；信息存储及发布子系统包括 PC 服务器（或智能移动设备）、应用软件及网络系统等，作用是把巡查数据存储到数据库中，进行加工整理并输出报表，为用户查询分析提供服务。传统的电子巡查系统需要利用数据上传设备（通信座）将巡检仪与服务器进行连接，随着技术的发展当前的巡检仪实现了多种信息传输技术的集成，可以通过 USB、移动通信（GPRS）等多种方式进行信息的传输。

电子巡查系统的工作过程如下：首先把巡查线路节点信息和相关巡查人员信息录入系统中，然后把巡查档案、人员信息下载到电子巡检仪中。每次巡查开始时，巡查人员持巡检仪按照巡查点的顺序进行巡逻，在各个巡查点将巡检仪与巡检钮进行信息交互从而把相应数据录入巡检仪中，巡查结束后通过通信座把巡检仪与服务器进行连接，或者通过内置的 SIM 卡将信息实时发送到相应智能化移动终端，管理人员可通过服务器或移动网络查询到详细的巡查情况，从而实现对巡查过程的监督管理，保证保安人员严格进行校园巡逻。

（六）校园交通管理系统

校园的车辆管理系统主要是对校园出入的车辆进行管理，对于车辆进行实时监控，记录车辆的相关信息以便于后期调查时使用，可以保存交通监控记录数据，上传到相应的服务器，这对校园安全管理有着重要的意义，不仅能够监控交通事故发生，还能够为后期寻找原因提供依据。校园的交通管理系统包括道路监控系统，需要对校园内道路交通进行实时监控，还包括车辆自动化管理，主要是设置车辆的门禁系统，对于符合权限的车辆可以自动打开校门。另外包含了交通管理系统平台，有效地对记录的车辆信息进行数据保存。这一系统可以有效地对人员的信息进行管理，安装了车辆的感应装置，方便了一些车辆的进出。还有就是能够对车辆进出进行记录，对道路的情况进行实时监控，有效地控制了道闸开关，还能对相关数据进行管理。

第三节 数智赋能校园安全管理的典型案例

一 杭州数峰科技 KANKAN AI 校园大脑

杭州数峰科技的 KANKAN AI 为中小学校园构建数字化大脑，利用先进的 AI 技术，推进学校进入数据驱动的新时代。主要围绕"学生健康与安全""全面育人""教师智慧成长"与"校园设施智能管理"等关键功能，构筑网络化、数字化、智能化及个性化的校园发展体系。深度整合校园大数据和人工智能技术，KANKAN AI 赋予教育以数字智能，确保校园管理和教育教学工作的精准化、高效化，促进教育资源的优化配置，为师生提供更安全、更富有成效的学习环境，引领中小学校园走向数字化转型的前沿。

学生的安全管理面临着时间和地点不确定性的问题，班主任难以独立确保班级所有学生的安全。班主任不仅需要提供安全指导和提醒，还面临着全面监控学生活动并防止课间安全事故发生的沉重负担。在校园中部署先进的 AI 安全监控系统，引入校园安全管理新模式，成为减轻教师管理负担的新办法。文理小学在全校安装超过 50 个 AI 安全监测终端，实现对学生活动的全面覆盖。三墩中学与大禹路小学等校区也引入 AI 系统，通过区域入侵告警和奔跑行为智能分析，实现 24 小时对校园各个角落的监控，以及对学生奔跑行为的实时警示，大幅提升校园安全水平。同时，系统优化学生离校的出门单管理，确保学生请假离校的流程闭环，进一步加强校园安全管理的有效性。

为确保学生安全，学校的关键区域，如地下车库和楼顶天台，限制非必要时段的进入。针对特定区域，部署区域入侵告警系统，该系统能够实施 24 小时连续监控，保障校园关键位置的安全。当系统检测到未授权入侵时，相关的警报信息、入侵者的身份信息、闯入者的具体位置信息能够实时传输给班主任，快速准确地启动应对措施。智能化监控手段极大提升学校关键区域安全管理的效率和响应速度，为学校安全管理体系提供有力的技术支持。

在学校环境中，走廊和楼道是学生奔跑碰撞事故的高发区域。为降低这类事故的发生率，采用基于 AI 的奔跑行为智能分析系统，在关键位置部署 AI 分析设备，能够对学生的移动轨迹、速度、奔跑行为以及个人身份进行精确识别。通过实时分析行为数据，系统能够准确监测到潜在危险奔跑行为，并通过语音告警机制对学生进行即时警示。系统的数据分析能力支持学校管理层有效识别奔跑行为的高发地点和时间段，为安全管理措施和教育策略的制定提供数据支持。基于 AI 技术学校能够采取针对性的预防措施，降低学生在校园内发生意外的风险，提高校园的整体安全水平。

在传统的学生请假与离校管理流程中，学生需携带纸质请假条或出门证至门卫处，随后当值保安需通过电话与班主任进行沟通确认，以验证学生离校的合法性。此过程不仅烦琐而且耗时，影响了教育管理的效率。针对这一问题，KANKAN AI 引入针对学生临时离校管理的电子化解决方案。该方案通过电子出门单系统实现了学生请假离校全流程的数字化管理，覆盖从家长提交请假申请、教师进行审批、学生离校流程、保安审核，直至离校通知的全程推送，形成闭环管理体系。该系统通过自动化流转各职能部门的工作，消除重复确认的需求，显著提升学校管理效率与响应速度，增强校园安全管理的准确性与可靠性。

KANKAN AI 校园大脑，通过"神经末梢"网络，实现对每位校园成员的全覆盖接触，显著降低教师在校园安全管理上的工作压力，并构建高效数字化安全防护体系，提升校园安全巡检的执行效率和成效，构建以数字化智能为核心的管理生态环境。KANKAN AI 校园大脑针对学生的健康与安全、全面育人、教师的智能化成长以及校园设施的智能管理，为学校数字化提供支持，优化校园管理流程，提高教育质量和为校园安全提供创新性解决方法。

二 西安邮电大学"我在校园"智慧学生全周期安全管理平台

西安邮电大学"我在校园"平台是全周期智慧学生安全管理系统，提供从新生入学至毕业离校的全面、连续、整体管理。面向高等教育机构在学生工作管理中多头管理、多样化场景、频繁突发事件、业务集成难度大、数据采集效率低等问题，该平台采取综合性管理策略，基于网格化管理原则，采用场景化应用和移动化功能，以数据整合作为核心目标，为高校学生工作流程管理、日常精细化管理以及安全校园构建提供高效、便捷的解决方法。推进智慧校园建设，以智能化手段赋能学生管理，平台不断进行创新和优化，为师生提供更加安全、便利、智能的学习和生活环境，高效、精准推动高等教育机构的育人模式实现。迄今为止，该平台已在长安大学、陕西师范大学、西北大学、西安邮电大学、昆明理工大学、广东外语外贸大学等全国300余所高校服务超过600万名师生，获得学生管理部门的广泛认可和好评。

在新冠疫情暴发期间，西安邮电大学利用"我在校园"智慧学生全周期安全管理平台，在应对重大突发公共卫生事件的一级响应措施中扮演了关键角色。通过该平台的高级功能，能够对学生的流动性进行实时监控，确保对学生动态信息高效、迅速和实时的管理。智慧学生全周期安全管理平台加快了疫情防控信息的收集和统计速度，为疫情防控工作的有效实施提供坚实数据支持基础，在疫情防控中采取更为科学、精确的措施，有效降低疫情在校园内传播的风险。

通过运用"我在校园"智慧学生全周期安全管理平台，构建全面信息网格化管理体系，覆盖班级、辅导员、学院及学校层面，实现纵深覆盖的管理网络。该体系能够快速且准确地进行学生信息汇总、学校公告发布、防疫知识推广和健康状况调查等关键操作。利用移动互联网技术，该平台能够实时追踪和分析学生的行为和健康状态，确保信息采集的时效性和准确性，为疫情防控工作提供重要的数据支持，维护校园的安全与稳定。

面对学校在新冠疫情防控、数据信息整合及学生动态监测方面的紧迫需求，西安邮电大学采用智慧学生全周期安全管理平台，实施全面的数据跟踪和分析。通过高效的数据采集和统计分析工具，向学校提供关于疫情动态的精确数据支持，确保疫情相关信息的透明化，防控措施的数据驱动化，以及防控策略的全面宣教。借助该信息化平台，西安邮电大学强化信息传播机制，疫情防控工作更加高效、精确且便捷，有效提升疫情应对和管理能力。

三 复旦大学数智赋能智慧校园安全建设

(一) 数字化赋能实验室安全管理

复旦大学针对现行实验室安全管理中的关键问题，实施数字化转型策略，通过技术赋能提高实验室安全管理效率。该策略包括整合实验楼宇内的消防、技术防范、门禁及环境监控系统，采用先进的安全技术和大数据分析，为实验室安全事故的预防和应对提供数据支撑。通过数智系统的实施，形成综合性实验室安全管理解决方案，该方案利用视频监控、门禁控制、人脸识别、电力监控、气体泄漏报警、智能 AI 分析、实验室热成像测温、实验楼宇内外 3D 映射以及智能安防联动平台等技术，构建治安防控、消防、门禁管理、突发事件处理及校园安全风险预防在内的全方位安防可视化管理平台。

实验室安全防控系统在运行中能够实时发现和预警潜在安全隐患，对发生的安全事件进行全程记录，事前预警、事中处理和事后回顾，对事件进行深入分析和总结。基于系统的及时报警功能，复旦大学实现实验室的零火灾和零伤亡目标，显著提高实验室安全管理的水平和效率。

(二) 数字化赋能消防安全管理

通过整合物联网、大数据和移动互联网等前沿信息技术，加速"智慧消防"系统的发展，促进数字化技术与消防业务的深度融合。构建多维度、全方位的校园火灾防控体系，实现校内所有建筑的消防烟雾探测报警系统全面覆盖，利用物联网技术将所有消防设备与中央监控室连接，实现 24 小时的全面监控，显著提高了消防预警的能力。

消防安全检查信息系统实现安全检查流程的数字化，能够对发现的安全隐患进行实时反馈、有效跟进并实施闭环管理，确保消防安全检查的全过程监管，贯彻"预防为主、防治结合"的消防安全理念。在此基础上引入消防机器人控制系统，利用智能设备增强消防值守能力，实现人员配置的优化和效能提升。在电梯内部安装的区域报警系统能够智能识别电动自行车进入电梯的行为，通过自动控制电梯停运并发出语音告警，防范潜在火灾风险。针对电动自行车集中充电区域，布置热成像测温摄像机，当检测到超过安全警戒值的温度，监控中心即会通过弹窗警报并联动断电，保障充电安全。数智创新提升复旦大学校园消防安全管理的智能化水平，为校园安全保驾护航。

（三）数字化赋能交通安全管理

复旦大学利用数字化赋能，着眼学校交通安全管理的难点和痛点，加大投入力度，建设完成了云 AI 智慧校园机动车管理系统大平台。该平台集校门出入口智能道闸管理系统、校内违章停车和超速告警系统、违章处置与安全教育系统于一体。利用前端车辆专用功能抓拍机，收集车辆的出入记录、违停信息、超速信息汇总至监控中心，机动车智能综合管理服务平台对所有数据分析汇总后智能处置，并将处置信息同步反馈至校门口道闸管理系统。实现数据上传、判断、下发全过程自动处理，所有数据可在监控中心一屏统览，为管理人员提供直观的参考。对于校园超速违章，可实现线上处理，并通过安全教育线上学习来消除违停超速，将处置与教育同步进行。

（四）数字化赋能校园开放管理

针对入校登记、认证以及入校后的安全秩序管理等方面，利用数字化技术实现校园对外开放的科学、安全与有序管理，通过手机微信公众号进行自助登记的机制便于公众进入校园，同时自动化数据同步至门岗认证系统，以及自助身份识别技术，显著提升进校流程效率，并存储数据痕迹以供后续管理之需。

复旦大学与上海市公安局建立了校警联动机制，通过校内监控中心与公安系统的实时数据比对，加强对可疑人员的识别与监控，发现可疑人员，即可实现市公安局、文保分局与学校三级同步报警和快速反应，显著增强校园门口的安全管控能力。

校园内重要区域装配了高清监控系统、关键点位抓拍以及楼宇门禁系统等智能化设施，加强校园内的安全秩序，有效遏制无关人员的干扰，提高对可疑人员的快速识别和位置追踪能力，提升安全事件处理的效率。

监控中心建设具有视频数据服务与对接入设备的动态管理能力，根据实际管理需求调整数据收集与处理流程，最大限度扩大前端设备的数据收集范围，实现设备的互联互通与管理流程的细化，体现出复旦大学在校园安全管理方面的前瞻性思维和高效实施能力。

智慧校园安全建设的数字化赋能，管理效率显著提高，但同时也引发对数据安全保护的关切。在当前网络安全问题日益复杂的背景下，诸如勒索软件、分布式拒绝服务（DDoS）攻击等网络安全威胁不断增加，智能联网设备所面临的数据安全风险也在加剧。确保数字化过程中数据安全的重要性不言而喻。高校管理数据量的几何式增长，如何有效挖掘数据中的价值信息以优化管理和教育服务，支持学生的学习、生活和心理健康，成为需要深入探讨的问题。为满足智慧管理对高质量人才的需求，加快数据科学人才的培养显得尤为关键。

为维护校园的安全稳定，需要各部门协同合作，突破信息孤岛，打造机制完善、体系健全的智慧校园安全管理系统。通过建立"一网统管、一屏统览"的管理架构，有效提升校园安全管理的效率和效果，为新时代校园安全建设贡献力量。

四　数智赋能深度构建高校食安底座

数字化技术的引入为传统食堂管理提供智能化转型的路径。受到全国范围内关于构建学校食堂食品安全智能化管理系统政策的推动，通过数字技术赋能，与生态系统内的合作伙伴共同作用，实现软硬件资源的整合。在深度构建以高校为基础的食品安全保障架构，形成全面的数字化食品安全监管网络，高校食堂管理向着更加透明、高效和安全的方向迈进，同时展现出数字技术在提升食品安全领域中的重要作用。

西南民族大学通过部署食品安全监管系统，对其食堂进行智能化升级，保障高校师生的食品安全，确保校园食品安全管理的透明度。鉴于高校食堂操作环节的复杂性，涉及多个销售点的管理问题，设计食品安全流程智能系统，具有流程追溯、实时验证结果等，以满足食堂日常运营中的采购、库存管理和成本计算需求。系统实现与省级教育部门食品安全平台的接口对接，支持自定义检查模板，能够数据录入、上传流程标准化，有效提升了前线工作人员的操作效率和食品安全监管的实时性。

成都航空职业技术学院"学生食堂食品安全监管平台和互联网加明厨亮灶工程"建设，按照关于食品卫生安全监管的要求，搭建网络监管平台，接入省教育厅管理系统。平台建成之后各个环节都形成"智能化、数字化、定向化"管理，存储影像和台账进行溯源回查，从根源保障学生的食品安全。

四川警察学院实施智慧监管平台的构建计划，根据高校食堂的具体运营需求，系统性提高食堂食品安全管理的能力，采取精细化的监管策略。引入"互联网+明厨亮灶"的模式，利用在线平台将食品安全的关键区域和环节公开化，向政府、企业、社会及公众展示，确保食品安全管理的透明度和公开性。综合监管平台和大数据分析中心的高级管理系统，通过智能化手段加强对食堂运营的监督。针对经营许可证、员工健康证明、食材有效期、员工着装规范以及食品溯源等关键方面，实现对潜在风险的智能提醒和证据收集。全方位、多维度的智能化风险预警和证据管理机制，提升食品安全监管的效率和透明度，确保食堂管理的高度公正和高效运作。

四川体育职业学院拥有分布于川内的 9 个校区，具有因地理分散带来的食材采购与管理问题，在传统管理模式下，单一的管理方法导致成本增加，在半信息化或非信息化环境中，数据的分散性和难以控制性加剧管理的复杂度。加之食堂管理的多环节操作、潜在安全风险以及从业人员能力的不均衡，导致食堂安全管理难度大。传统依赖于孤岛式、事后处理的管理模式已不再适应当前的需求，构建智慧监管云平台，实现对原先分散的数据源的集中化管理。采用电子化和信息化技术，有效连接学校、家长、供应商以及政府监管部门，形成互联互通的食品安全管理网络。食堂数智转型优化数据管理，提高食品安全的可追溯性，提高食堂管理的透明度和效率，确保餐饮服务的安全可靠，为高校在食品安全管理方面树立新标杆。

四川电影电视学院引入先进智能化信息管理系统，集成智能硬件设备提升物资管理流程的效率与便捷性。该系统利用网络高清摄像头实施视频流传输，实时捕捉食堂内的影像数据、食品安全监控与溯源信息，将数据上传至云服务器进行存储，有效节约本地存储资源。云端平台支持数据的即时公开展示实时视频监控与录像回放，能够支持大量用户同时访问。基于 AI 技术系统赋予摄像头智能识别功能，不能够预防未经授权的人员进入敏感区域，实时发出预警。对收集到的大量数据进行智能分析，系统能够自动生成数据可视化看板，为学校管理层提供决策支持工具，实现食堂运营的集中监控与指挥管理。学校食堂管理向着更高级别的智能化、数字化转型，在确保食品安全的同时，也提高了管理的透明度和响应效率。

井冈山大学利用"互联网+明厨亮灶"策略，引入远程监控技术对校园内各餐饮设施进行管理，标志着食堂管理系统向信息化转型的初步实践。在加强过程控制的同时，学校秉持严格的食品安全与卫生管理原则，指派专门人员负责对食堂的原材料采购、员工健康状态、环境卫生、餐具消毒程序、食物留样以及农药残留检测等关键环节进行常规性审查。通过选拔优质的硬件资源，学校不断提高食堂管理的信息化程度，为师生群体提供高标准的专业服务。井冈山大学对校园内的餐饮设施进行系统性的升级改造，通过专项基金的投入，引进现代化的餐饮设备，全方位提升师生的就餐体验及后厨的操作条件。以智慧餐厅的构建标准为基准，创建校园内首个符合智能化餐饮服务规范的餐厅，推动学校食堂向高效、透明和智能化方向发展。

第四节　数智赋能校园安全管理的展望

为提升校园安全管理的效率、精确度与预防能力，人工智能、大数据、物联网和云计算等技术的逐步应用，校园安全管理转型为智能化、数据驱动的体系。校园作为教书育人的前沿阵地，安全管理至关重要，面对内外部风险，校园安全管理积极拥抱变化，承担起先行先试的重任。

一　校园安全管理将更加依赖于数字化技术

在校园信息化建设的过程中，信息资源整合面临的主要挑战包括系统间的信息孤岛现象，导致功能互联互通的困难，以及信息资源共享与有效利用的障碍。针对这些问题，数字化建设被视为解决校园安全风险有效监测和管控的关键。为此校园安全管理的未来方向将聚焦于利用数字化建设作为改革和创新的突破点，推动校园安全管理模式的根本转变。通过整合人工智能、大数据分析、物联网技术和云计算等数字化工具和平台，校园安全管理能够实现对安全风险的精准识别、评估和响应，确保信息资源的高效共享和利用。

具体来说，将采用数据驱动的安全风险评估模型，利用实时数据分析预测潜在威胁，实现动态的安全防控策略。同时，通过建立标准化、统一的数字化安全管理平台，打破信息孤岛，实现系统间的无缝对接和数据共享，支持更为协同和集成的安全管理流程。并且，加强校园社区的安全意识教育和培训，利用数字化手段如在线课程、模拟演练等，提升师生的安全防范能力和应急响应技能，是实现全面安全管理的重要一环。

深度融合数字化技术与校园安全管理，未来的校园安全将实现更加智能化、精准化和高效化的管理模式，为创造更加安全和谐的校园环境提供坚实的技术支持和保障。

二 在线调度，推进高效应急

在构建现代化的校园安全管理体系中，实施在线调度和高效应急响应策略成为提升应对突发事件能力的关键。基于学校的具体需求和实际情况，制定目标明确的应急演练计划，集成数字化技术，设计一键激活应急预案的机制，能够确保在面对潜在危机时，能够迅速、科学、有序地启动安全演练和应急响应流程。

针对数智赋能校园高效应急，利用高级信息系统进行实时调度，以及采用数据分析来评估和优化应急预案的有效性，增强校园管理者对于突发事件的响应速度和处理能力，通过实践演练活动，提高师生对应急预案的熟悉度和操作技能。

开发和应用基于云计算平台的应急管理系统，集成了智能分析、预警通知以及资源调配功能，能够在紧急情况发生时，实现跨部门、跨区域的快速响应与资源整合。支持对演练过程和应急响应实施的全程记录和分析，提供事后评估和持续改进的依据，确保每次演练和真实响应都能达到最优效果。

在线调度和高效应急策略的实施，结合演练和评估，校园安全管理将向智能化、响应迅速和处理高效的方向发展，显著提升校园应对各类安全事件的综合能力。

二 数字联动校园智慧应急管理

在构建校园智慧应急管理系统中，实施数字联动机制是关键。数字联动机制依托于安全风险防控体系，实现与上级管理部门及校内不同职能模块之间的高效对接。设计"条线对接、模块互通"的策略，确保平台间的数据共享与信息流畅传递，优化安全数据的集成分析、隐患监控、安全档案维护、任务完成度监督及安全绩效评估等关键功能。

数字联动策略基于大数据分析、云计算及物联网技术，加强校园安全风险的实时监测与分析能力，提高安全隐患的早期识别和预警。数字联动支持实时更新和管理安全档案信息，为校园安全管理提供动态的、历史的和全面的数据支持。

基于数字联动智慧应急管理机制，校园能够实现对安全事件的快速响应和有效指挥，保障应急措施的科学性和时效性，内置安全工作考核与评价模块，促进安全管理工作的规范化和系统化，确保安全管理措施的持续优化和改进。数字联动校园智慧应急管理的实施，增强校园安全风险的管理和应急处置能力，推动校园安全管理向更加高效、智能化的方向发展。

四　全域感知，构建智慧大脑

利用数字化技术的应用，传统校园安全管理正向构建集成化智慧校园管理平台迈进，汇聚和整合来自学校各管理部门的信息系统及数据资源，实现全域感知的管理生态系统。基于云计算、大数据分析、物联网（IoT）及人工智能（AI），促进校园资源的高效利用，通过实现跨部门的信息流通、协同合作和资源共享，提升整体的管理效率和决策的准确性。

智慧校园管理平台支持动态的资源调配和实时的数据分析，能够对校园范围内的安全、学习、生活及后勤支持等关键领域进行全面监控和管理。集成化的数据处理和分析能力，使平台能够深入洞察，支持基于数据的决策制定，实现预测性维护和风险管理。

智慧校园管理平台的实施能增强校园的全域感知能力，促进学校管理模式从传统的反应式向更加主动、预测性的转变，为师生创造更加安全、高效和便捷的学习与工作环境，学校能够以智能化的手段应对日益复杂的管理问题，实现校园管理的创新和优化，为校园安全效率的提升提供坚实的技术支持。

主要参考文献

一 中文文献

陈刚、谢佩宏：《信息社会还是数字社会》，《学术界》2020年第5期。

陈海贝、卓翔芝：《数字赋能研究综述》，《图书馆论坛》2019年第6期。

陈剑、刘运辉：《数智化使能运营管理变革：从供应链到供应链生态系统》，《管理世界》2021年第11期。

丁汉青、刘念：《网络舆情中网民的情绪表达——以中关村二小"校园欺凌"事件为例》，《新闻大学》2018年第4期。

董新良、刘艳：《学校安全标准化建设的问题及对策》，《教学与管理》2020年第31期。

董新良、闫领楠：《学校安全政策：历史演进与展望》，《教育科学》2019年第5期。

杜运周、贾良定：《组态视角与定性比较分析（QCA）：管理学研究的一条新道路》，《管理世界》2017年第6期。

杜运周、刘秋辰、程建青：《什么样的营商环境生态产生城市高创业活跃度？——基于制度组态的分析》，《管理世界》2020年第9期。

高虓源、张桂蓉、孙喜斌等：《公共危机次生型网络舆情危机产生的内在逻辑——基于40个案例的模糊集定性比较分析》，《公共行政评论》2019年第4期。

顾海硕、贾楠、孟子淳等：《基于SEIR SPN的突发事件网络舆情演化及预警机制》，《情报杂志》2024年第4期。

关志康、董新良：《新时代学校安全治理：价值意蕴、现实困境与优化路径》，《教育学术月刊》2023年第8期。

关志康、董新良:《学校安全能力建设存在的问题与对策》,《教学与管理》2020年第1期。

李忱典、李丹丹:《基于GIS技术的智慧校园管理系统设计》,《中学地理教学参考》2023年第24期。

李国杰、程学旗:《大数据研究:未来科技及经济社会发展的重大战略领域——大数据的研究现状与科学思考》,《中国科学院院刊》2012年第6期。

李佳、陈楠、张艳:《高校校园道路交通安全法律问题研究》,《法制博览》2016年第19期。

李明、曹海军:《信息生态视域下突发事件网络舆情生发机理研究——基于40起突发事件的清晰集定性比较分析》,《情报科学》2020年第3期。

李明、曹海军:《"沟通式"治理:突发事件网络舆情的政府回应逻辑研究——基于40个突发事件的模糊集定性比较分析》,《电子政务》2020年第6期。

李明超:《高校网络舆情的类型、特征及引导措施研究》,《河北师范大学学报》(教育科学版) 2023年第2期。

李娜:《积习难返:日常性违规的生成机理及其后果》,《思想战线》2018年第3期。

李晚莲、高光涵:《突发公共事件网络舆情热度生成机理研究——基于48个案例的模糊集定性比较分析(fsQCA)》,《情报杂志》2020年第7期。

刘国斌、祁伯洋:《县域城镇数智化与信息化融合发展研究》,《情报科学》2022年第3期。

刘浩田、王加铭:《高校校内交通管理的现状、问题及对策——以西南大学为例》,《法制与经济》2021年第1期。

刘亚男:《我国网络舆情研究现状述评》,《情报杂志》2017年第5期。

刘长明:《从数字化到数智化,智能技术赋能出版融合创新》,《出版广角》2022年第6期。

齐延平:《数智化社会的法律调控》,《中国法学》2022年第1期。

滕玉成、郭成玉:《什么决定了地方政府的回应性水平?——基于模糊集定性比较分析》,《西安交通大学学报》(社会科学版) 2022年第6期。

王秉：《何为数智：数智概念的多重含义研究》，《情报杂志》2023 年第 7 期。

王超：《我国学校安全政策注意力演进研究——基于35 年〈教育部工作要点〉的内容分析（1987—2021）》，《广州大学学报》（社会科学版）2022 年第 2 期。

王丹：《基于大学城调查数据的校园共享电单车用户出行行为分析》，《统计与管理》2020 年第 3 期。

王菁菁：《高校校园安全风险治理：情势、机制与进路》，《江苏高教》2023 年第 12 期。

王兴超、史浩凌：《负性生活事件与青少年网络欺凌行为的关系——愤怒反刍的中介作用和网络去抑制的调节作用》，《华南师范大学学报》（社会科学版）2024 年第 1 期。

杨兰蓉、邓如梦、邰颖颖：《基于信息生态理论的政法事件微博舆情传播规律研究》，《现代情报》2018 年第 8 期。

杨雨娇、袁勤俭：《信息生态理论其在信息系统研究领域的应用及展望》，《现代情报》2022 年第 5 期。

于卫红：《基于多 Agent 的高校网络舆情监测与分析系统》，《现代情报》2017 年第 10 期。

俞国良、黄潇潇：《学生心理健康问题检出率比较：元分析的证据》，《教育研究》2023 年第 6 期。

俞凌云、马早明：《"校园欺凌"：内涵辨识、应用限度与重新界定》，《教育发展研究》2018 年第 12 期。

张建勋、古志民、郑超：《云计算研究进展综述》，《计算机应用研究》2010 年第 2 期。

张建云：《大数据技术体系与马克思未来社会理论》，《北京理工大学学报》（社会科学版）2023 年第 1 期。

张亚明、高祎晴、宋雯婕等：《信息生态视域下网络舆情反转生成机理研究——基于10 个案例的模糊集定性比较分析》，《情报科学》2023 年第 3 期。

赵丹、王晰巍、相甍甍等：《新媒体环境下的微博舆情传播态势模型构建研究——基于信息生态视角》，《情报杂志》2016 年第 10 期。

周晶晶:《网络意见领袖的分类、形成与反思》,《今传媒》2019年第5期。

朱海龙、胡鹏:《高校校园网络安全管理问题与对策研究》,《湖南社会科学》2018年第5期。

庄媛:《ISM模型在网络热点话题舆情信息监控中的应用》,《情报科学》2023年第2期。

二 英文文献

Bradshaw, C. P., Cohen, J., Espelage, D. L., Nation, M., "Addressing School Safety Through Comprehensive School Climate Approaches", *School Psychology Review*, Vol. 50, 2021.

Beynon, M. J., Jones, P., Pickernell, D., "Country-level Entrepreneurial Attitudes and Activity through the Years: A Panel Data Analysis Using FSQ-CA", *Journal of Business Research*, Vol. 115, 2020.

Chen, T., Peng, L., Yang, J., Cong, C., "Modeling, Simulation, and Case Analysis of COVID-19 over Network Public Opinion Formation with Individual Internal Factors and External Information Characteristics", *Concurrency and Computation: Practice and Experience*, Vol. 33, 2021.

Cornell, D., Huang, F., "Authoritative School Climate and High School Student Risk Behavior: A Cross-sectional Multi-level Analysis of Student Self-Reports", *Journal of Youth and Adolescence*, Vol. 45, 2016.

Douglas, E. J., Shepherd, D. A., Prentice, C., "Using Fuzzy-set Qualitative Comparative Analysis for a Finer-grained Understanding of Entrepreneurship", *Journal of Business Venturing*, Vol. 35, 2020.

Fisher, B. W., Higgins, E. M., Kupchik, A., Viano, S., Curran, F. C., Overstreet, S., Plumlee, B., Coffey, B., "Protecting the Flock or Policing the Sheep? Differences in School Resource Officers' Perceptions of Threats by School Racial Composition", *Social Problems*, Vol. 69, 2023.

Freeman, J., Parkes, A., Lewis, N., Davey, J. D., Armstrong, K. A., Truelove, V., "Past Behaviours and Future Intentions: An Examination of Perceptual Deterrence and Alcohol Consumption upon a Range of Drink Driving Events", *Accident Analysis and Prevention*, Vol. 137, 2020.

Kaviani, F., Young, K. L., Robards, B., Koppel, S., "Understanding the Deterrent Impact Formal and Informal Sanctions have on Illegal Smartphone Use while Driving", *Accident Analysis and Prevention*, Vol. 145, 2020.

Kraus, S., Ribeiro-Soriano, D., Schussler, M., "Fuzzy-set Qualitative Comparative Analysis (fsQCA) in Entrepreneurship and Innovation Research- the Rise of a Method", *International Entrepreneurship and Management Journal*, Vol. 14, 2018.

Li, X., Li, Z., Tian, Y., "Sentimental Knowledge Graph Analysis of the COVID－19 Pandemic Based on the Official Account of Chinese Universities", *Electronics*, Vol. 10, 2021.

Shen, C., Kuo, C. J., "Learning in Massive Open Online Courses: Evidence from Social Media Mining", *Computers in Human Behavior*, Vol. 51, 2015.

Wang, J., Zhang, X., Liu, W., Li, P., "Spatiotemporal Pattern Evolution and Influencing Factors of Online Public Opinion—Evidence from the Early-stage of COVID－19 in China", *Heliyon*, Vol. 9, 2023.

Weng, Z., "Application Analysis of Emotional Learning Model Based on Improved Text in Campus Review and Student Public Opinion Management", *Mathematical Problems in Engineering*, Vol. 2022, 2022.

Xu, B., Liu, Y., "The Role of Big Data in Network Public Opinion within the Colleges and Universities", *Soft Computing*, Vol. 26, 2022.

Xu, J., Tang, W., Zhang, Y., Wang, F., "A Dynamic Dissemination Model for Recurring Online Public Opinion", *Nonlinear Dynamics*, Vol. 99, 2020.

Yang, S., "Analysis of Network Public Opinion in New Media Based on BP Neural Network Algorithm", *Mobile Information Systems*, Vol. 2022, 2022.

Yu, Y., Zhang, R., Zhao, Y., Yu, Y., Du, W., Chen, T., "A Novel Public Opinion Polarization Model Based on BA Network", *Systems*, Vol. 10, 2022.

Yu, L., Li, L., Tang, L., "What Can Mass Media Do to Control Public

Panic in Accidents of Hazardous Chemical Leakage into Rivers? A Multi-agent-based Online Opinion Dissemination Model", *Journal of Cleaner Production*, Vol. 143, 2017.

后　　记

经过中国应急管理学会校园安全专业委员会和全体编写人员共同努力，《中国应急教育与校园安全发展报告2024》顺利编写完成，由中国社会科学出版社出版面世。

本书以年度报告的形式，整理、归纳和分析了2023年应急教育与校园安全的发展状况，借鉴和引用了大量法规文献、研究论文、著作、新闻报道等资料，书中注释已注明出处。对此，我们向全部资料的所有者、起草者、署名作者致以诚挚的谢意！

本书由中国应急管理学会校园安全专业委员会主任委员高山担任主编，秘书长兼副主任委员张桂蓉担任副主编，并负责全书的总体策划、框架确定和审阅定稿。本书以文责自负原则，由来自校园安全专业委员会的研究人员共同撰写，具体如下：第一章，高山、张淑缘（中南大学）；第二章，江发明、王杰铖（南华大学）；第三章，左绿水、马梓轩（中南大学）；第四章，何雷、何思琪、吴建宏（中南大学）；第五章，付名琪、刘博（中南大学）；第六章，严惠麒、刘璇（中南大学）；第七章，张桂蓉、花昕愉、马文悦（中南大学）；第八章，李小莉、付强、李玉琼（南华大学）。中国应急管理学会会长洪毅先生、中国应急管理学会秘书长钟开斌教授对本书的出版给予了支持，对此谨致谢忱！同时，本书得到湖南省"十四五"教育科学研究基地（教育舆情与风险防控研究）项目（XJK24AJD019）的支持，也是中南大学社会稳定风险研究评估中心的研究人员共同努力的成果。最后，特别感谢中国社会科学出版社编校老师的鼎力支持,本书才得以及早面世。

由于编写者水平有限,时间仓促,书中难免存在不足之处,编委会恳请广大读者不吝指正,我们将在今后的工作中不断完善!

编 者

2024 年 8 月